W0259279

Teubner Studienbücher

Physik Elektrotechnik

Bourne/Kendall: **Vektoranalysis**
227 Seiten. DM 15,80

Heber/Weber: **Grundlagen der Quantenphysik**
Band 1: Quantenmechanik. VI, 158 Seiten. DM 12,80
Band 2: Quantenfeldtheorie. VI, 178 Seiten. DM 13,80
Vertrieb nur in der BRD und West-Berlin

Lautz: **Elektromagnetische Felder**
Ein einführendes Lehrbuch. 180 Seiten. DM 15,80

Leonhard: **Statistische Analyse linearer Regelsysteme**
266 Seiten. DM 18,80

Leonhard: **Regelung in der elektrischen Antriebstechnik**
216 Seiten. DM 22,–

Mayer-Kuckuk: **Physik der Atomkerne**
Eine Einführung. 2. Aufl. 288 Seiten. DM 19,80

Walcher: **Praktikum der Physik**
366 Seiten. DM 22,–

Mechanik

Becker: **Technische Strömungslehre**
Eine Einführung in die Grundlagen und technischen Anwendungen der Strömungsmechanik. 3. Aufl. 144 Seiten. DM 11,80

Becker/Piltz: **Übungen zur Technischen Strömungslehre**
120 Seiten. DM 10,80

Magnus: **Schwingungen**
Eine Einführung in die theoretische Behandlung von Schwingungsproblemen. 2. Aufl. 251 Seiten. DM 18,80 (LAMM)

Magnus/Müller: **Grundlagen der Technischen Mechanik**
300 Seiten. DM 24,– (LAMM)

Müller/Magnus: **Übungen zur Technischen Mechanik**

Informatik

Hotz: **Informatik: Rechenanlagen**
Struktur und Entwurf, 136 Seiten. DM 12,80 (LAMM)

Kandzia/Langmaack: **Informatik: Programmierung**
234 Seiten. DM 18,80 (LAMM)

Wirth: **Systematisches Programmieren**
Eine Einführung. 160 Seiten. DM 14,80 (LAMM)

Regelung in der elektrischen Antriebstechnik

Von Dr.-Ing. W. Leonhard
o. Professor an der Technischen Universität Braunschweig

1974. Mit 195 Bildern

B. G. Teubner Stuttgart

Prof. Dr.-Ing. Werner Leonhard

Geboren 1926 in Weiden/Oberpfalz. Von 1946 bis 1951 Studium der Elektrotechnik an der Technischen Hochschule Stuttgart. Von 1951 bis 1954 Mitarbeiter und Assistent am Institut für Theorie der Elektrotechnik der Technischen Hochschule Stuttgart (Prof. Dr. W. Bader). 1954 Promotion zum Dr.-Ing. an der Technischen Hochschule Stuttgart. Von 1954 bis 1958 bei Westinghouse Electric Corp., Pittsburgh/USA. Von 1959 bis 1963 bei Siemens-Schuckert-Werke, Erlangen. Seit 1963 o. Professor für Regelungstechnik an der Technischen Universität Braunschweig.

ISBN 978-3-519-06102-1 ISBN 978-3-322-94747-5 (eBook)
DOI 10.1007/978-3-322-94747-5

Satz: H. Aschenbroich, Stuttgart

Umschlaggestaltung: W. Koch, Stuttgart

Vorwort

Elektrische Antriebe spielen als elektromechanische Energiewandler bei allen Transport- und Produktionsvorgängen eine wichtige Rolle. Von besonderer Bedeutung ist dabei ihre leichte Steuer- und Regelbarkeit, die es ermöglicht, den als Folge der technischen Rationalisierung steigenden Ansprüchen an die Flexibilität und Präzision der Antriebsaggregate gerecht zu werden.

Umgekehrt hat in der Vergangenheit aber auch die Regelungstechnik durch Forderungen aus dem Bereich elektrischer Antriebe wesentliche Impulse erhalten, die dazu führten, daß neuartige Regelverfahren entwickelt und in die Praxis eingeführt werden konnten. Dabei war auch der Gesichtspunkt maßgebend, daß Antriebe – im Gegensatz z.B. zu verfahrenstechnischen Regelstrecken – wohlbekannte Strukturen und gut definierte dynamische Eigenschaften aufweisen.

In den letzten Jahren ist das Gebiet der geregelten elektrischen Antriebe durch die Fortschritte der Halbleitertechnik und Leistungselektronik stark in Fluß gekommen; völlig neue Möglichkeiten, vor allem bei kommutatorlosen Regelantrieben, wurden erschlossen. Diese Entwicklungsphase wird noch einige Jahre andauern; zum gegenwärtigen Zeitpunkt zeichnet sich noch kein neuer stationärer Zustand ab.

Das vorliegende Buch umfaßt den Inhalt einer Vorlesung, die der Verfasser seit 1963 an der Technischen Universität Braunschweig entwickelt hat. Es kennzeichnet den gegenwärtigen Stand der Technik ohne Anspruch auf Vollständigkeit zu erheben. Manche interessanten Details mußten weggelassen werden; dies bedeutet aber nicht unbedingt einen Nachteil, da Details erfahrungsgemäß auch am schnellsten veralten. Auswahl und Anordnung des Stoffes erfolgten vorwiegend unter didaktischen Gesichtspunkten.

Voraussetzung für das Verständnis sind Grundkenntnisse über elektrische Maschinen und Regelungstechnik, wie sie üblicherweise im Pflichtteil eines Studiums der Elektrotechnik erworben werden. Für weitergehende Einzelheiten wird auf entsprechende Lehrbücher verwiesen. Der Text ist jedoch genügend abgerundet, um auch für ein Selbststudium oder zur Vertiefung und Auffrischung geeignet zu sein.

Beim Aufbau der Vorlesung haben mich über die Jahre hinweg verschiedene Mitarbeiter des Instituts für Regelungstechnik wirksam unterstützt, zuletzt vor allem die Herren Dipl.-Ing. F. Maurer, H. Theuerkauf und H. Eisenack. Einige für das Verständnis besonders wichtige graphische Darstellungen gehen auf von ihnen ausgearbeitete Rechenprogramme zurück; außerdem haben sie verschiedene Themen als Studien- und Diplomarbeiten betreut. Die Zeichnungen wurden auch diesmal von Frau H. Haahtela, das Manuskript von Frau M. Niedner mit Umsicht und Sorgfalt angefertigt.

Allen Beteiligten möchte ich für ihre Unterstützung sehr herzlich danken.

Braunschweig, Herbst 1973 W. Leonhard

Inhalt

Verzeichnis der wichtigsten Symbole

1. Alle Gleichungen sind Größengleichungen, d.h., jede physikalische Größe ist das Produkt aus einer Einheit und einem (von der gewählten Einheit abhängigen) Zahlenwert.

2. Kennzeichnung durch Schreibweise

$u(t)$, $i(t)$, usw.	Augenblickswerte
$\bar{u}$, U_g, $\bar{i}$, I_g	Mittelwerte
U, I	Effektivwerte
$\tilde{U}$, $\tilde{I}$	komplexe Zeigergrößen bei sinusförmigen Vorgängen
$U(p) = L(u(t))$	Laplace-Transformierte (Bildfunktionen)
$\mathbf{u}(t)$	komplexe Vektoren (bei Drehfeldmaschinen)
$^1\mathbf{u}(t)$	Vektor in besonderem Koordinatensystem
$\bar{\tilde{U}}$, $\bar{U}(p)$, $\bar{\mathbf{u}}(t)$	konjugiert komplexe Größen

3. Besondere Symbole

A	Oberfläche
a	Strombelag
b	Beschleunigung
	Induktion
	Feldschwächfaktor
C	elektrische oder thermische Kapazität
D	Dämpfungsfaktor
e	induzierte Spannung
f	Frequenz, Kraft
f_a	Antriebskraft
f_w	Widerstandskraft
$F(p)$	Übertragungsfunktion
G	Gewicht
g	Erdbeschleunigung
i	Strom
i_a, i_e	Anker-, Erregerstrom
i_g, i_w	Gleich-, Wechselstrom
i_R, i_S	Rotor-, Ständerstrom
L	Induktivität
L_a, L_e	Anker-, Erregerinduktivität
L_R, L_S	Rotor-, Ständerinduktivität
ℓ	Länge
M	Masse, Gegeninduktivität
m	Drehmoment
m_a	Antriebsdrehmoment
m_b	Beschleunigungsdrehmoment
m_k	Kippmoment
m_w	Widerstandsmoment
N	Windungszahl
N_R, N_S	Rotor-, Ständerwindungszahl
n	Drehzahl
P_w, P_b	Wirk-, Blindleistung
$p = \sigma + j\omega$	komplexe Frequenzvariable
R	elektrischer Widerstand
R_w, R_b	Wirk-, Blindwiderstand
S	Torsionssteifigkeit
s	Schlupf, Weg
s_k	Kippschlupf
T	Zeitkonstante, Periodendauer
T_a, T_e	Anker-, Erregerzeitkonstante
T_m, T_{mk}	Anlaufzeitkonstante
T_ϑ	thermische Zeitkonstante
t	Zeit
u	Spannung
u_a, u_e	Anker-, Erregerspannung
u_R, u_S	Rotor-, Ständerspannung
v	Geschwindigkeit
w	Arbeit, Energie
y	Admittanz
z	Impedanz

α	Wärme-Übergangszahl, Zündwinkel
γ	Spezifisches Gewicht, Löschwinkel, Konstante ($2\pi/3$)
ϵ	mechanischer Drehwinkel
η	Wirkungsgrad
Θ	Trägheitsmoment
ϑ	Temperatur, Durchflutung
μ_0	Permeabilitätskonstante
σ	Streuziffer
σ_R, σ_S	Rotor-, Ständer-Streuziffer
$\tau = \omega t$	normierte Zeit
Φ	magnetischer Fluß
φ	Phasenwinkel
ψ	Spulenfluß
ψ_R, ψ_S	Rotor-, Ständer-Spulenfluß
$\omega = 2\pi n$	Winkelgeschwindigkeit
$\omega = 2\pi f$	Kreisfrequenz
$\alpha, \beta, \delta,$ $\epsilon, \zeta, \lambda,$ μ, ξ, ρ	Winkelkoordinaten

Einleitung

Energie ist die Grundlage jeder technischen Entwicklung. Solange nur menschliche und tierische Arbeitskräfte zur Verfügung stehen, fehlt eine wesentliche Voraussetzung für Wohlstand und sozialen Fortschritt. Der Energieverbrauch je Kopf der Bevölkerung ist somit ein Maß für den technischen Entwicklungsstand eines Landes; er unterscheidet sich in Ländern in verschiedenem Entwicklungsstadium um mehr als zwei Größenordnungen.

Energie ist fast überall latent vorhanden (Wasserkräfte, Erdöl- und Kohlelagerstätten, Uranvorkommen, Ebbe und Flut, Sonnen- und Windenergie, geothermische Energie etc.), doch muß sie erschlossen werden und am Ort des Bedarfes in geeigneter Form, z.B. als thermische, mechanische oder chemische Energie zu einem günstigen Preis verfügbar sein. Dabei entstehen die Probleme der Übertragung vom Ort des Vorkommens zum Ort des Bedarfes und der Umwandlung in die endgültig gewünschte Energieform. Sie sind in vielen Fällen mit einer elektrischen Zwischenstufe am besten lösbar; denn elektrische Energie läßt sich

1. aus ihren Primärformen (chemische Energie in fossilen Brennstoffen, potentielle Energie in Form von Wasserkraft, Kernenergie) nach Durchlaufen einer thermischen und mechanischen Zwischenstufe einfach und mit tragbaren Verlusten gewinnen,
2. fast verlustfrei auf weite Entfernungen übertragen, billig verteilen und
3. am Ort des Bedarfes auf einfache Weise wieder in jede gewünschte Endform umwandeln.

Diese Flexibilität der elektrischen Energieform wird von keiner anderen erreicht.

Von besonderer Bedeutung ist die mechanische Endform der Energie, da beim Transport von Gütern und Personen und bei vielen Produktionsvorgängen mechanische Arbeit in einem weiten Größenbereich und in leicht steuerbarer Form benötigt wird. Für diese Zwecke haben sich elektromechanische Antriebe überwiegend durchgesetzt; dabei sind vor allem folgende Gesichtspunkte von Bedeutung:

1. Elektrische Antriebe lassen sich für nahezu beliebige Leistungen verwenden.

   $<$ 1 W bei elektrischen Uhren
   $> 10^8$ W bei Speicherpumpen in Kraftwerken.

2. Sie überstreichen einen weiten Drehzahl- und Drehmoment-Bereich

Walzmotor	$>$ 100 mt,	(10^6 Nm);	100 min^{-1}
Zentrifugenmotor	1 mkp,	(10 Nm);	100.000 min^{-1}

3. Elektrische Antriebe lassen sich an fast beliebige Arbeitsbedingungen anpassen. Betrieb unter Luftabschluß, in Flüssigkeiten, in explosionsgefährdeter oder radioaktiver Umgebung ist möglich. Da Elektromotoren keine feuergefährlichen Brennstoffe benötigen, und da keine Abgase entstehen, sind elektrische Antriebe besonders „umweltfreundlich“. Die Geräuschentwicklung ist im Vergleich zu anderen Antriebsmaschinen gering.
4. Elektrische Antriebe sind jederzeit betriebsbereit und sofort voll belastbar.

Es ist kein Treibstoff aufzufüllen, Vorwärmen oder Warmlaufen sind unnötig. Der Wartungsbedarf elektrischer Motoren ist, verglichen mit anderen Antriebsmaschinen, sehr gering.
5. Elektromotoren zeichnen sich durch kleine Leerlaufverluste und hohen Wirkungsgrad aus.
6. Elektrische Antriebe sind leicht steuer- und regelbar. Die Kennlinien lassen sich fast beliebig verformen, so daß z.B. Fahrzeugmotoren ohne Schaltgetriebe auskommen können. Elektrische Stellglieder ermöglichen eine hohe Regelgeschwindigkeit.
7. Bei elektrischen Antrieben ist ein Dauerbetrieb in allen vier Quadranten der Drehzahl-Drehmoment-Ebene möglich, ohne daß hierfür ein besonderes Wendegetriebe benötigt wird (Bild 0.1). Beim Bremsbetrieb ist gewöhnlich Nutzbremsung, d.h. Energierückspeisung in das elektrische Netz, möglich. Ein Vergleich mit Verbrennungsmotoren oder Turbinen macht diesen Vorzug elektrischer Antriebe besonders deutlich.

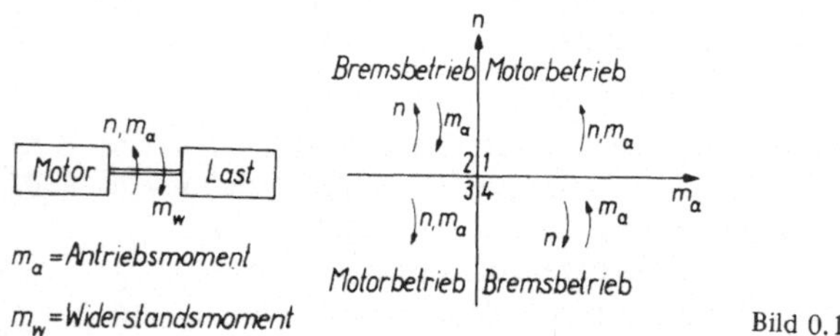

Bild 0.1

8. Die rotierende Bewegung und die (bei den meisten Motoren) gleichförmige Drehmomenterzeugung haben einen schwingungsarmen Lauf zur Folge. Da keine hohen Temperaturen auftreten, die die Werkstoffe besonders beanspruchen, ist eine lange Lebensdauer zu erwarten (vgl. z.B. Gasturbinen).
9. Elektromotoren werden in einer Vielzahl konstruktiver Formen gebaut, um sie an die Arbeitsmaschine anpassen zu können. Eine beliebige räumliche Anordnung der Antriebswelle ist möglich (Flanschbauweise, Motor mit Außenläufer usw.). Werkzeugmaschinen, die früher mit einer einzigen Antriebswelle ausgerüstet waren, was komplizierte mechanische Übertragungen erforderte, haben heute zahlreiche getrennt steuerbare Teilantriebe, die mit der Maschine konstruktiv vereinigt sind. Dies gibt dem Konstrukteur ein hohes Maß an Freizügigkeit.
In besonderen Fällen, z.B. bei Fahrzeugantrieben, ist auch eine lineare Bewegung möglich (Linearantrieb).

Den Vorzügen stehen auch einige Nachteile gegenüber:

1. Die Abhängigkeit von einer leistungsfähigen Stromversorgung bringt Schwierigkeiten bei Fahrzeugantrieben mit sich. Sofern keine Fahrleitung verwendet werden kann, muß eine elektrische Energiequelle mitgeführt werden (Speicherbatterie, rotierender Generator mit Verbrennungsmotor oder Turbine, Brennstoffzelle, Solarzelle). Wegen des Fehlens einer hinreichend leistungsfähigen, leichten und billigen Speichermöglichkeit für elektrische Energie gibt es z.B. bisher noch kein freizügig verwendbares Elektroauto.

2. Als Folge der magnetischen Sättigung und der Kühlungsprobleme haben Elektromotoren meist ein höheres Leistungsgewicht als Hochdruck-Hydraulik-Anlagen. Dies ist z.B. bei Ruderantrieben für Flugzeuge von Bedeutung.

1. Einige Grundlagen aus der Mechanik

Da das Gebiet der elektrischen Antriebe eine Verbindung zwischen Elektrotechnik und Maschinenbau darstellt, soll zunächst an einige Grundtatsachen der Mechanik erinnert werden.

1.1. Impulssatz

Eine Masse M werde gemäß Bild 1.1a mit der Geschwindigkeit v (t) auf einer horizontalen Unterlage in Richtung der s-Achse bewegt. $f_a(t)$ sei die Antriebskraft in Richtung der Geschwindigkeit, f_w (t) die entgegengerichtete Widerstandskraft; meistens ist $f_w = f_w$ (s, v, t), z.B. bei lageabhängiger Reibung. Der Impulssatz (Newton) lautet

$$f_a - f_w = \frac{d}{dt}(Mv) = M\frac{dv}{dt} + v\frac{dM}{dt}.$$

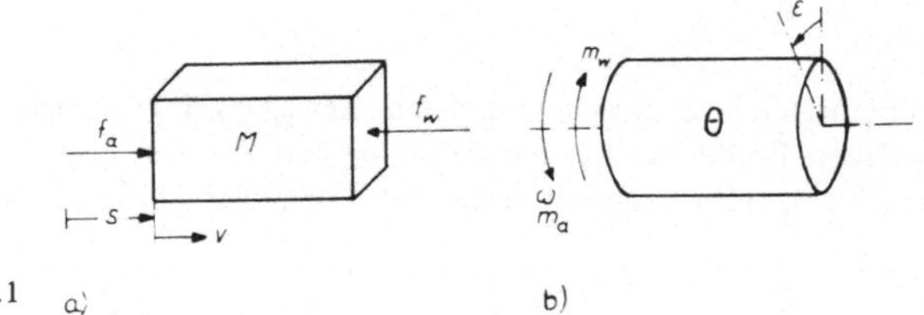

Bild 1.1

Mv ist der Bewegungsimpuls. Gewöhnlich ist $M = M_0 = \text{const}$; dann gilt die Vereinfachung

$$f_a - f_w = M_0 \frac{dv}{dt},$$

oder mit $v = ds/dt$

$$f_a - f_w = M_0 \frac{d^2 s}{dt^2},$$

$dv/dt = d^2 s/dt^2$ ist die Beschleunigung.

Bei den hier interessierenden Antriebsproblemen handelt es sich meistens um rotierende Bewegungen. Dann gelten gemäß Bild 1.1b die analogen Beziehungen für die Drehbewegung (Bewegungsgleichung)

$$m_a - m_w = \frac{d}{dt}(\Theta\omega) = \Theta\frac{d\omega}{dt} + \omega\frac{d\Theta}{dt}.$$

Dabei ist m_a das Antriebs-, m_w das Widerstandsdrehmoment; $\omega = 2\pi n$ ist die Winkelgeschwindigkeit, im folgenden manchmal auch kurz Drehzahl genannt. Θ ist das Trägheitsmoment um die Drehachse, $\Theta\omega$ der Drehimpuls (Drall). Der Anteil $\omega\,(d\Theta/dt)$ ist bei Antrieben mit veränderlichem Trägheitsmoment, z.B. Zentrifugen, von Bedeutung. Mit $\Theta = \Theta_0 = \text{const}$ lautet der Impulssatz

$$m_a - m_w = \Theta_0\frac{d\omega}{dt}.$$

Daraus folgt mit $\omega = d\epsilon/dt$

$$m_a - m_w = \Theta_0\frac{d^2\epsilon}{dt^2},$$

wobei ϵ den Drehwinkel der Welle gegenüber einer festen Bezugslage darstellt. $d\omega/dt = d^2\epsilon/dt^2$ ist die Drehbeschleunigung.

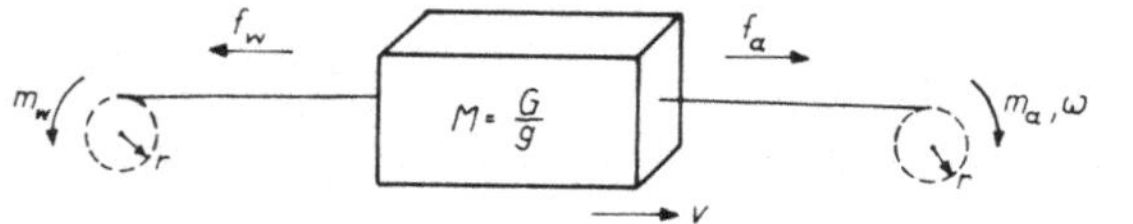

Bild 1.2

Häufig treten geradlinige und drehende Bewegungen gekoppelt auf, z.B. bei Fahrzeugantrieben, Fördermaschinen und Walzwerken. Für das in Bild 1.2 skizzierte Gedankenmodell einer über trägheitslose Seilrollen bewegten Masse gilt mit

$$m_a = rf_a, \quad m_w = rf_w, \quad v = r\omega,$$

die Bewegungsgleichung

$$m_a - m_w = r\frac{d}{dt}(Mv) = \frac{d}{dt}(Mr^2\omega).$$

$\Theta_e = Mr^2$ hat die Bedeutung eines Ersatz-Trägheitsmomentes der translatorisch bewegten Masse, bezogen auf die Rollenachsen. Man kann sich die Masse M am Umfang der durch das Seil gekoppelten Rollen verteilt denken.

1.2. Trägheitsmoment

Das in Abschn. 1.1 eingeführte Trägheitsmoment Θ läßt sich auf folgende Weise berechnen: Ein beliebig geformter starrer Körper mit der Masse M bewege sich nach Bild 1.3 reibungsfrei um eine senkrechte Drehachse. An dem Massenelement dM greift die Beschleunigungskraft df an; der zu dM gehörige Teil des Beschleunigungsmomentes an der Drehachse sei dm. Dann gilt nach dem Impulssatz

$$dm = r df = r dM \frac{dv}{dt} = r^2 \frac{d\omega}{dt} dM.$$

Das gesamte Beschleunigungsmoment folgt durch Integration

$$m = \int_0^m dm = \int_0^M r^2 \frac{d\omega}{dt} dM.$$

Die Winkelgeschwindigkeit ist allen Massenelementen gemeinsam,

$$m = \frac{d\omega}{dt} \int_0^M r^2 dM = \Theta \frac{d\omega}{dt}.$$

$\Theta = \int_0^M r^2 dM$ ist das Trägheitsmoment bezüglich der Drehachse; es handelt sich dabei um ein Volumenintegral, d.h. um einen dreidimensionalen Integralausdruck.

Bild 1.3

Bild 1.4

Als Beispiel wird das Trägheitsmoment des in Bild 1.4 gezeichneten homogenen Hohlzylinders mit dem spezifischen Gewicht γ um seine Symmetrieachse berechnet. Als Volumenelement dV wird zweckmäßigerweise ein dünnwandiger konzentrischer Zylinder mit der Wandstärke dr verwendet. Das zugehörige Massenelement ist dann

$$dM = \frac{\gamma}{g} dV = \frac{\gamma}{g} 2\pi r \ell dr.$$

Aus Symmetriegründen reduziert sich somit die Berechnung auf ein einfaches Integral

$$\Theta = \int_0^M r^2 dM = \frac{\gamma}{g} \cdot 2\pi\ell \int_{r_1}^{r_2} r^3 dr = \frac{\gamma}{g} \frac{\pi}{2} \ell (r_2^4 - r_1^4).$$

Das Trägheitsmoment des Zylinders wächst also mit der 4. Potenz des Außenradius. Die Einführung des Zylindergewichtes

$$G = \gamma\pi\ell (r_2^2 - r_1^2)$$

ergibt

$$\Theta = \frac{G}{g} \frac{r_2^2 + r_1^2}{2} = \frac{G}{g} r_T^2.$$

Der quadratische Mittelwert der Radien

$$r_T = \sqrt{(r_1^2 + r_2^2)/2}$$

wird Trägheitsradius genannt. Durch den Trägheitsradius r_T wird somit ein Ersatz-Hohlzylinder mit gleichem Trägheitsmoment beschrieben, bei dem die gesamte Masse M in einer dünnen Schicht auf dem Umfang verteilt zu denken ist. Mit $d_T = 2r_T$ gilt

$$\Theta = \frac{Gd_T^2}{4g}.$$

Der Ausdruck

$$Gd_T^2 = 4g\Theta$$

wird als Schwungmoment bezeichnet.

Die Begriffe Trägheitsradius und Schwungmoment werden auch bei nicht-zylindrischen und inhomogenen Körpern angewendet. Man findet diese Größen z.B. auch als Kennwerte in Motorenlisten angegeben.

1.3. Einfluß eines Drehzahlwandlers

Zur Anpassung von Drehzahlen werden feste oder verstellbare Drehzahlwandler, z.B. Zahnradgetriebe oder Riementriebe, verwendet. Dadurch verändert sich das wirksame Trägheitsmoment der gekoppelten rotierenden Massen.

Bild 1.5 zeigt ein aus zwei Rädern bestehendes verlustloses Getriebe; die beiden Räder berühren sich schlupffrei im Punkt P. Dann gilt für das antreibende linke Rad

$$m_{a1} - r_1 f_{u1} = \Theta_1 \frac{d\omega_1}{dt}.$$

f_{u1} ist dabei die von Rad 2 herrührende Bremskraft am Umfang von Rad 1. Falls auf Rad 2 kein Bremsmoment wirkt, gilt

$$r_2 f_{u2} = \Theta_2 \frac{d\omega_2}{dt},$$

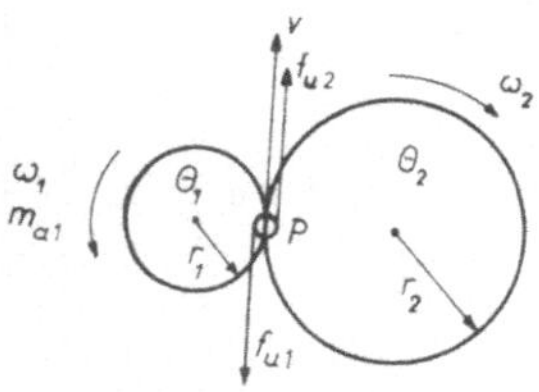

Bild 1.5

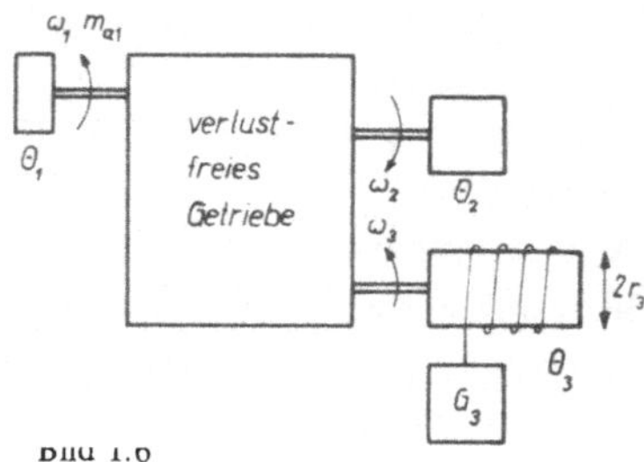

Bild 1.6

wobei f_{u2} die antreibende Umfangskraft an Rad 2 ist. Aus Gleichgewichtsgründen und wegen der angenommenen Schlupf-Freiheit im Berührungspunkt gilt außerdem

$$f_{u1} = f_{u2},$$

$$r_1\omega_1 = r_2\omega_2 = v.$$

Die Elimination der Größen f_{u1}, f_{u2}, ω_2 führt auf

$$m_{a1} = \Theta_1 \frac{d\omega_1}{dt} + \frac{r_1}{r_2} \Theta_2 \frac{d\omega_2}{dt} = [\Theta_1 + (\frac{r_1}{r_2})^2 \Theta_2] \frac{d\omega_1}{dt} = \Theta_{1ges} \frac{d\omega_1}{dt} .$$

Θ_{1ges} stellt dabei das an der Welle 1 wirksame Gesamt-Trägheitsmoment dar; es enthält u.a. den auf die Welle 1 reflektierten Anteil $(r_1/r_2)^2\Theta_2$ des Rades 2.

In den meisten Fällen ist es einfacher, für die Berechnung des gesamten Trägheitsmomentes vom Verhältnis der Drehzahlen auszugehen,

$$\Theta_{1ges} = \Theta_1 + (\frac{\omega_2}{\omega_1})^2 \Theta_2 .$$

Bild 1.6 zeigt das Beispiel eines verlustfrei angenommenen Mehrwellen-Getriebes mit einer Seilwinde. $\Theta_1, \Theta_2, \Theta_3$ sind die mit den Wellen verbundenen Trägheitsmomente. Das an der Welle 1 wirksame Gesamt-Trägheitsmoment ist dann analog zur vorherigen Ableitung

$$\Theta_{1ges} = \Theta_1 + (\frac{\omega_2}{\omega_1})^2 \Theta_2 + (\frac{\omega_3}{\omega_1})^2 (\Theta_3 + \frac{G_3}{g} r_3^2).$$

Konstruktive Details des Getriebes sind dabei ohne Bedeutung. Unter Berücksichtigung des von der Seilwinde herrührenden Lastmomentes lautet dann die Bewegungsgleichung

$$m_{a1} = \Theta_{1ges} \frac{d\omega_1}{dt} + \frac{\omega_3}{\omega_1} r_3 G_3 .$$

1.4. Leistung und Arbeit

Für die in Bild 1.7 skizzierte Anordnung lautet die Bewegungsgleichung

$$m_a = m_w + \Theta \frac{d\omega}{dt} .$$

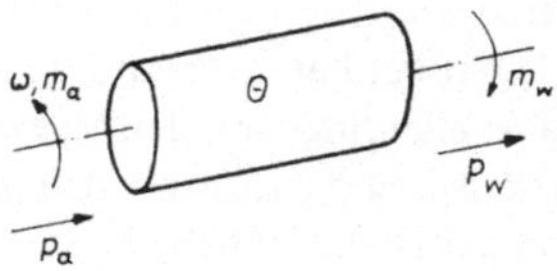

Bild 1.7

Die Multiplikation mit ω führt auf die Leistungsbilanz

$$\omega m_a = \omega m_w + \Theta\, \omega \frac{d\omega}{dt} .$$

$p_a = \omega m_a$ ist die gesamte Leistungszufuhr, $p_w = \omega m_w$ die infolge des Widerstandsmomentes abgegebene Leistung, $\Theta\omega\,(d\omega/dt)$ ist die Änderung der in den rotierenden Massen gespeicherten kinetischen Energie.

Durch Integration mit der Anfangsbedingung $\omega\,(t = 0) = 0$ erhält man die zugeführte Arbeit

$$w_a\,(t) = \int_0^t p_a d\tau = \int_0^t p_w d\tau + \int_0^t \Theta\omega \frac{d\omega}{d\tau} d\tau = \int_0^t p_w d\tau + \Theta \int_0^\omega \Omega\, d\Omega .$$

oder $$w_a(t) = w_w(t) + \frac{1}{2}\Theta\omega^2(t).$$

Der zweite Term entspricht der gespeicherten kinetischen Energie; er ist analog den Ausdrücken $mv^2/2$, $cu^2/2$, $Li^2/2$ aufgebaut. Da ein Energieinhalt sich nicht sprungartig verändern kann – dies würde ja eine unendlich große Leistung erfordern –, ist die Geschwindigkeit oder die Drehzahl eines massebehafteten Körpers eine stetige Funktion der Zeit. Dies ist eine wichtige Kontinuitätsbedingung, die später häufig verwendet wird.

1.5. Bestimmung des Trägheitsmomentes einer Maschine mit dem Auslaufversuch

Eine rechnerische Bestimmung des Trägheitsmomentes komplizierter inhomogener Maschinenteile, z.B. des Ankers einer elektrischen Maschine mit Nuten, Wicklung und Kommutator, ist nur angenähert möglich. Bei Arbeitsmaschinen, deren konstruktive Einzelheiten dem Anwender unbekannt sind, ist das Problem noch schwieriger (Getriebe, Kurbelwellen etc.); oft ist das Trägheitsmoment nicht konstant, sondern schwankt um einen Mittelwert (Kolbenmaschine mit Pleuelstangen). In den meisten Fällen genügt dann eine näherungsweise experimentelle Bestimmung des Trägheitsmomentes mit Hilfe eines Auslaufversuches. Dieses Verfahren hat den Vorzug, daß es mit der betriebsfähigen Maschine und ohne Kenntnis konstruktiver Details fast ohne Rechnung ausgeführt werden kann. Die erreichbare Genauigkeit genügt für die meisten Anwendungen.

Zunächst wird die im stationären Betrieb bei verschiedenen Drehzahlen $\omega = 2\pi n$ aufgenommene Leistung $p_a(\omega)$ gemessen. Bei jeweils konstanter Drehzahl entfällt in der Leistungsbilanz

$$p_a = p_w + \Theta\omega \frac{d\omega}{dt}$$

der zweite Term, so daß die stationäre Leistungsaufnahme der Verlustleistung entspricht. Die nur bei Leistungszufuhr auftretenden Verluste, z.B. die Stromwärmeverluste, sind dabei allerdings von den Meßwerten abzusetzen. Aus der so ermittelten stationären Verlustleistung $p_w(\omega)$ läßt sich nun das stationäre Widerstandsmoment $m_w(\omega)$ abhängig von der Drehzahl berechnen.

Zur Bestimmung des wirksamen Trägheitsmomentes wird nun der Antrieb auf eine Anfangsdrehzahl ω_0 hochgefahren und von der Leistungszufuhr getrennt, so daß er infolge der Verluste nach einer bestimmten Auslaufkurve $\omega(t)$ verzögert wird und schließlich zum Stehen kommt. Auflösung der Bewegungsgleichung nach dem Trägheitsmoment

$$\Theta = \frac{m_a(\omega) - m_w(\omega)}{\dfrac{d\omega}{dt}}$$

und Berücksichtigung der Bedingungen des Auslaufversuches ($m_a = 0$) liefert

$$\Theta = - \frac{m_w(\omega)}{\dfrac{d\omega}{dt}(\omega)} .$$

Man erhält das Trägheitsmoment also aus der Steigung der Auslaufkurve ω (t). In Bild 1.8 ist eine angenäherte graphische Konstruktion gezeigt.

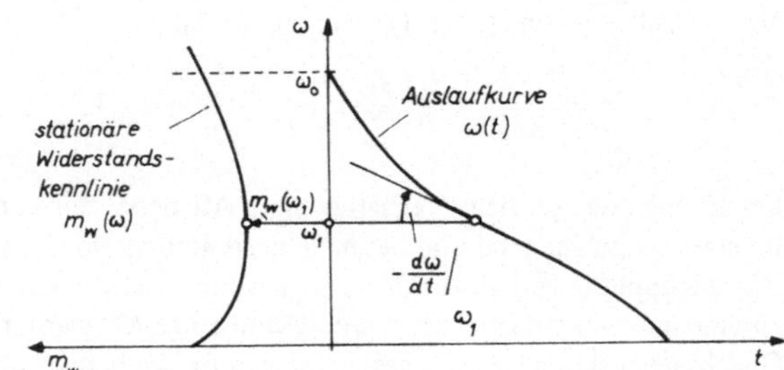

Bild 1.8

Graphische Verfahren, bei denen die Steigung einer Kurve, d.h. eine Differentiation, benötigt wird, sind erfahrungsgemäß nicht besonders genau. Aus diesem Grunde wird man die Tangentenkonstruktion bei mehreren Drehzahlen ausführen und anschließend einen Mittelwert bilden.

Zwei Sonderfälle führen auf besonders übersichtliche Ergebnisse:

a) Gilt in einem Drehzahlbereich $\omega_1 < \omega < \omega_2$ näherungsweise $m_w \approx$ const, so hat die Auslaufkurve ω (t) in diesem Abschnitt einen etwa geradlinigen Verlauf. Aus ihrer Steigung läßt sich dann Θ auf einfache Weise bestimmen.

b) Wenn sich die Widerstandskennlinie $m_w(\omega)$ in einem Bereich $\omega_1 < \omega < \omega_2$ durch eine Gerade

$$m_w = a + b\omega$$

approximieren läßt, hat die Bewegungsgleichung für den Auslaufvorgang in diesem Abschnitt die Form

$$\Theta \frac{d\omega}{dt} + b\omega + a = 0.$$

Die Lösung dieser Differentialgleichung lautet mit $\omega(t_2) = \omega_2$,

$$\omega(t) = -\frac{a}{b} + \left(\omega_2 + \frac{a}{b}\right) e^{-\frac{b}{\Theta}(t - t_2)}, \quad t > t_2 .$$

Auftragen der Drehzahl in einem logarithmischen Maßstab führt auf ein Geradenstück mit der Steigung $- b/\Theta$; daraus läßt sich wieder ein Mittelwert für das Trägheitsmoment gewinnen.

2. Diskussion der Bewegungsgleichung

2.1. Allgemeine Form der Bewegungsgleichung

Die in Abschn. 1.1 erhaltenen Differentialgleichungen

$$\Theta \frac{d\omega}{dt} = m_a(\epsilon, \omega, t) - m_w(\epsilon, \omega, t), \tag{1}$$

$$\frac{d\epsilon}{dt} = \omega, \tag{2}$$

beschreiben das zeitliche Verhalten eines Antriebes mit konstantem Trägheitsmoment im stationären Zustand und bei beliebigen nichtstationären Vorgängen. Dabei ist eine starre Kupplung von Motor und Last angenommen, so daß die Teilträgheitsmomente zu einem Gesamtträgheitsmoment zusammengefaßt werden können. Die beiden Gleichungen sind als Zustandsgleichungen für die beiden stetig veränderlichen Speichergrößen (Zustandsgrößen) ω und ϵ geschrieben (z.B. [22]); sie beziehen sich nur auf die mechanischen Vorgänge. Für eine genauere Beschreibung ist auch der Einfluß der elektrischen Ausgleichsvorgänge im Antriebsmotor auf das Antriebsmoment $m_a(t)$ zu berücksichtigen. Dies geschieht später durch weitere auch von ω und ϵ abhängige Differentialgleichungen und Zustandsgrößen. Entsprechende Überlegungen gelten für das Widerstandsmoment $m_w(t)$. Auch hier sind für eine genauere Analyse die dynamischen Vorgänge innerhalb der Arbeitsmaschine, z.B. Seilschwingungen bei einer Aufzugsanlage oder die stoßartige Belastung einer Presse, einzubeziehen. Außerdem sind die Steuer- und Regeleingriffe beim Antriebsmotor (y_a) und bei der Arbeitsmaschine (y_w) zu berücksichtigen. Man kommt so zu dem in Bild 2.1 schematisch dargestellten dyna-

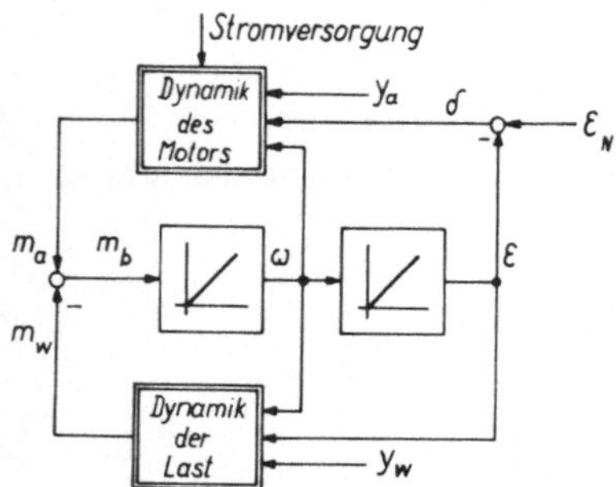

Bild 2.1

mischen Blockschaltbild der mechanischen Regelstrecke, in dem jede der beiden Zustandsgleichungen durch einen Integrator vertreten ist. Die stetigen Ausgangsgrößen der Integratoren entsprechen den Zustandsgrößen, die den energetischen Zustand des mechanischen Systems in jedem Augenblick kennzeichnen. Der Drehwinkel kann ja Träger einer potentiellen Energie sein (z.B. Hubwerk).

Um einen Überblick zu erhalten, wird vorerst angenommen, daß die elektrischen und lastinternen Ausgleichsvorgänge wesentlich schneller ablaufen als die mechanischen, so daß m_a und m_w unverzögert, z.B. aufgrund von linearen oder nichtlinearen algebraischen Beziehungen, aus den Größen ω und ϵ hervorgehen. Durch Vernachlässigung der Dynamik von Motor und Last wird der Antrieb somit auf ein System 2. Ordnung reduziert, das durch die zwei Zustandsgleichungen (1), (2) oder eine Dgl. 2. Ordnung vollständig beschrieben wird.

Eine Abhängigkeit des Antriebsmomentes vom Drehwinkel ist vor allem bei Synchronmotoren zu beobachten. Die eigentliche Kenngröße ist dabei allerdings nicht der Drehwinkel selbst, sondern der Differenzwinkel δ gegenüber einem von der Netzspannung vorgegebenen, zeitlich linear ansteigenden Winkel ϵ_N. Im stationären Zustand und bei konstanten Momenten ist dieser sog. Lastwinkel δ konstant.

Bisher wurde angenommen, daß alle bewegten Teile des Antriebes näherungsweise zu einem resultierenden Trägheitsmoment zusammengefaßt werden können. Bei einer genaueren Analyse dynamischer Vorgänge kann es notwendig sein, die räumliche Verteilung der Massen und ihre Kopplung zu berücksichtigen. Man kommt dann zu Mehr-Massen-Systemen und im Grenzfall zu Systemen mit kontinuierlich verteilten Massen, bei denen der gemeinsamen Drehzahl höherfrequente und manchmal schwach gedämpfte Eigenschwingungen der einzelnen Teilmassen überlagert sind [30], [54]. Die Frequenz dieser freien Schwingungen nimmt mit der Steifigkeit der die Teilmassen verbindenden Wellen zu; sie liegt gewöhnlich außerhalb des für die Regelung interessierenden Bereichs. Dagegen ist eine genauere Analyse angebracht, wenn Verbindungselemente mit merklicher Elastizität vorhanden sind; die Eigenfrequenzen können dann durchaus im Nutzbereich der Regelung liegen. Als Beispiele sind Fördermaschinen zu nennen, wo Antrieb und Förderkorb über das elastische Förderseil gekoppelt sind, oder Papiermaschinen mit ihren zahlreichen Getrieben, Antriebswellen und den großen rotierenden Massen, vor allem im Trockenteil.

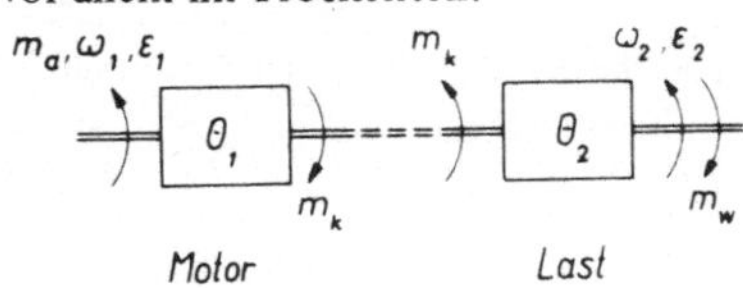

Bild 2.2

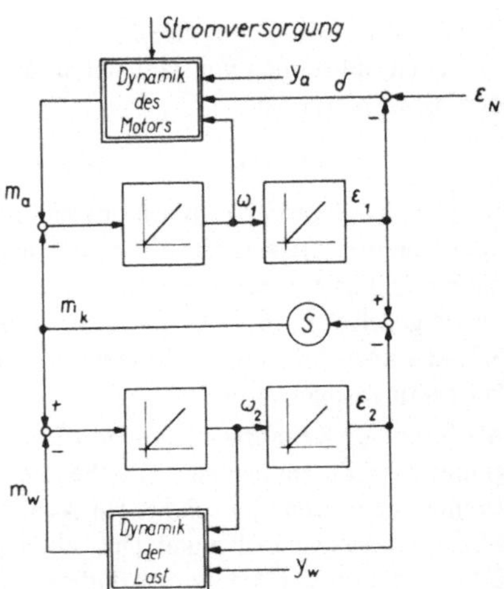

Bild 2.3

In Bild 2.2 ist als Beispiel der Fall skizziert, daß der Antriebsmotor und die Last mit den Trägheitsmomenten Θ_1 bzw. Θ_2 über eine elastische Welle gekuppelt sind. Für die beiden Enden der massefrei gedachten Welle sind nun eigene Drehwinkel ϵ_1, ϵ_2 und Winkelgeschwindigkeiten ω_1, ω_2 zu definieren. Unter Annahme einer linearen Torsionskennlinie,

$$m_k = S(\epsilon_1 - \epsilon_2) \tag{3}$$

wo m_k dem Kupplungs-Drehmoment, $\epsilon_1 - \epsilon_2$ dem Torsionswinkel und S der Steifigkeit der Welle entspricht, lauten nun die Zustandsgleichungen

$$\Theta_1 \frac{d\omega_1}{dt} = m_a - m_k = m_a(\omega_1, \epsilon_1, y_a) - S(\epsilon_1 - \epsilon_2), \tag{4}$$

$$\Theta_2 \frac{d\omega_2}{dt} = m_k - m_w = S(\epsilon_1 - \epsilon_2) - m_w(\omega_2, \epsilon_2, y_w), \tag{5}$$

$$\frac{d\epsilon_1}{dt} = \omega_1, \quad \frac{d\epsilon_2}{dt} = \omega_2. \tag{6), (7}$$

Diese Zusammenhänge sind in Bild 2.3 graphisch dargestellt. Bei genauerer Analyse sind auch hier die Anteile m_a, m_w wieder durch Differentialgleichungen unter Verwendung zusätzlicher Zustandsgrößen zu beschreiben.

Mit zunehmender Steifigkeit der Welle sind die Größen ϵ_1, ϵ_2 bzw. ω_1, ω_2 fester miteinander gekoppelt. Im Grenzfall ergibt sich $\epsilon_2 = \epsilon_1$ und $\omega_2 = \omega_1$, d.h. man erhält den vorher betrachteten Fall der starren Kopplung. In der weiteren Darstellung werden konzentrierte Massen und starre Verbindungen zugrunde gelegt.

2.2. Stationäre Kennlinien verschiedener Motoren und Arbeitsmaschinen

Zunächst wird der Sonderfall des stationären Betriebes betrachtet, wenn Drehmoment und Drehzahl zeitlich konstant sind und der Drehwinkel zeitlinear ansteigt. Die Bedingung hierfür ist

$$m_a - m_w = 0.$$

Bei manchen Motoren (z.B. Einphasenmotoren) und Arbeitsmaschinen (z.B. Stanzen oder Kompressoren) ist das Moment eine periodische Funktion des Drehwinkels ϵ. In diesem Fall ist der stationäre Zustand erreicht, wenn die Mittelwerte der beiden Momente gleich sind, $\overline{m}_a - \overline{m}_w = 0$. Die Drehzahl enthält dann ebenfalls periodische Schwankungen, die durch Wahl eines genügend großen Trägheitsmomentes nach Möglichkeit zu unterdrücken sind.

Als stationäre Kennlinien eines Motors oder einer Arbeitsmaschine bezeichnet man den graphischen Zusammenhang zwischen den Haupt-Variablen, meistens Drehzahl und Drehmoment, wenn bestimmte Hilfs-Variable, z.B. Speisespannung, Erregerstrom, Zündwinkel, Bürstenverstellwinkel, Drosselklappenstellung konstant gehalten werden. Bild 2.4a zeigt drei typische Motorkennlinien in der Drehzahl-Drehmoment-Ebene.

Die „Synchron"-Kennlinie ist nur bei konstanter Drehzahl definiert; dagegen kann sich die Phasenlage der Welle gegenüber dem Zeiger der Netzspannung ändern (Lastwinkel δ).

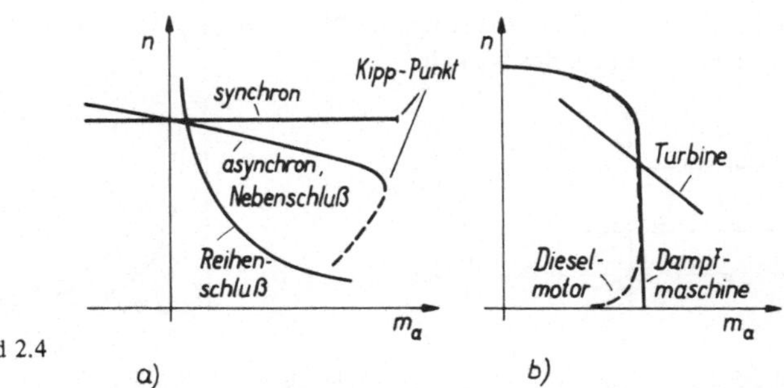

Bild 2.4

Bei Überschreiten des sog. Kippmoments fällt der Motor „außer Tritt"; ein asynchroner Betrieb ist bei größeren Motoren wegen der dann auftretenden Überströme nur kurzzeitig zulässig. Die elektrischen Ausgleichsvorgänge sind bei Synchronmotoren gewöhnlich nicht vernachlässigbar.

Synchronmotoren sind bei Bindung an eine starre Netzfrequenz wegen der konstanten Drehzahl nur für wenige Antriebe geeignet, z.B. für Kolbenverdichter oder als Pumpenmotoren in Speicherkraftwerken. Infolge des Vordringens von Thyristor-Umrichtern mit variabler Frequenz wird sich ihr Anwendungsbereich in Zukunft erweitern.

Die „Nebenschluß"- oder „Asynchron"-Kennlinie zeigt im normalen Betriebsbereich eine leichte Neigung; häufig tritt auch hier ein ausgeprägtes Kippmoment auf. Der untere Teil der Kennlinie ist im Dauerbetrieb aus thermischen Gründen nicht zugelassen. Der Drehwinkel ϵ der Motorwelle hat bei diesen Motoren keinen Einfluß auf das Drehmoment.

Motoren mit „Reihenschluß"-Kennlinie zeigen bei Belastung einen wesentlich stärkeren Drehzahlabfall; man erreicht diese Eigenschaft bei Gleichstrom- und Drehstromkommutatormotoren durch entsprechende Schaltung der Feldwicklung. Das Haupt-Anwendungsgebiet solcher Motoren liegt bei Fahrzeugantrieben; die ähnlich einer Hyperbel gekrümmte Kennlinie gestattet dabei in einem weiten Drehzahlbereich einen Betrieb mit etwa konstanter Leistung ohne Steuereingriff und ohne Schaltgetriebe.

Bild 2.4b zeigt zum Vergleich typische Kennlinien einer Turbine, einer Kolben-Dampfmaschine und eines Dieselmotors bei gleichbleibender Ventilöffnung bzw. Brennstoffzufuhr je Hub.

Bei den in Bild 2.4a gezeichneten Kurven handelt es sich um „natürliche" Kennlinien, die sich durch zusätzliche Steuer- und Regeleingriffe über die Stromversorgung fast beliebig verändern lassen. Mit einer Regelung ist es z.B. ohne weiteres möglich, einem Nebenschlußmotor die Eigenschaften eines Synchronmotors oder eines Reihenschlußmotors aufzuprägen. Bild 2.5 zeigt als Beispiel typische Regelkennlinien eines Gleichstrommotors; sie bestehen aus je einem Ast mit konstanter Drehzahl (Normalbetrieb) und zwei Ästen mit konstantem maximalem Drehmoment, die eine Folge der Ankerstrombegrenzung zum Schutz des Antriebes und der Stromversorgung sind.

In Bild 2.6 sind Regel-Kennlinien eines Motors zum Antrieb einer Wickelmaschine gezeichnet; der Motor arbeitet dabei längs der Kennlinien mit konstanter mechanischer Antriebsleistung. Wird der Leistungswert durch die Geschwindigkeit v des aufzuwickelnden Bandes vorgegeben, so erfolgt der Wickelvorgang mit konstanter Zugkraft f, unabhängig vom Radius r des Wickels.

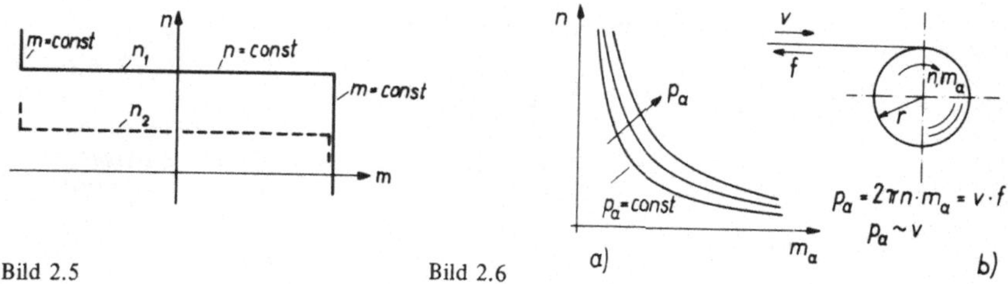

Bild 2.5 Bild 2.6

Die Kennlinien von Arbeitsmaschinen sind ebenfalls sehr vielfältig; sie lassen sich jedoch meistens aus einigen wenigen Grundtypen zusammensetzen. Bild 2.7 zeigt anhand einer Förderanlage und eines Fahrzeugantriebes die Entstehung von Hubmomenten ohne Reibung. Das Widerstandsmoment ist unabhängig von der Drehzahl; im ersten Quadranten wird die potentielle Energie der Last durch Anheben vergrößert. Im vierten Quadranten kehrt sich die Leistung um; die von der durchziehenden Last abgegebene Arbeit wird bei Nutzbremsung (teilweise) wiedergewonnen oder bei einer Verlustbremsung in Wärme umgewandelt. Mit dem in Bild 2.7a eingezeichneten Unterseil wird der Einfluß des Seilgewichtes eliminiert.

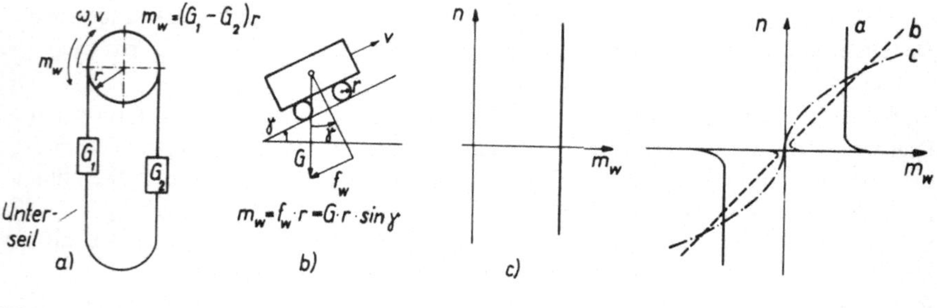

Bild 2.7 Bild 2.8

Bei allen mechanischen Vorgängen entsteht bekanntlich Reibung; Bild 2.8 zeigt verschiedene typische Formen. In Lagern, Getrieben, Kupplungen und Bremsen ist Coulombsche oder trockene Reibung (a) zu beobachten, wobei Haftreibung und Gleitreibung zu unterscheiden sind, deren Größe sich bis um einen Faktor 3 unterscheiden kann. Auch die Verformungsarbeit bei Werkzeugmaschinen enthält einen Anteil trockener Reibung.

Flüssigkeitsreibung (b) zeigt im Gegensatz zur trockenen Reibung ein mit der Drehzahl etwa linear zunehmendes Reibungsmoment. Dieser Reibungsanteil ist bei allen gut geschmierten Lagern und Getrieben vorhanden. Bei sehr kleinen Drehzahlen und in Abwesenheit einer Druckschmierung tritt eine Coulombsche Reibungskomponente hinzu. Bei Pumpen und Ventilatoren entsteht ferner ein quadratisch mit der Drehzahl zunehmender Anteil des Reibungsmomentes (c) als Folge turbulenter Strömung. Auch das Luftreibungsmoment z.B. bei Motoren hat diesen grundsätzlichen Drehzahlverlauf.

Bei praktischen Antriebsmaschinen kommen alle diese Reibungsarten gleichzeitig vor, wobei die eine oder andere Komponente besonders ausgeprägt sein kann. Bei Papiermaschinen, Druckereimaschinen oder Werkzeugmaschinen überwiegt z.B. die trockene Reibung, während bei Pumpen und Kompressoren die quadratisch mit der Drehzahl zunehmende Reibung hervortritt.

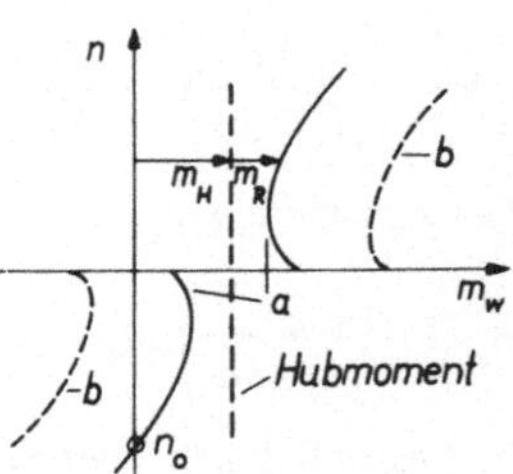

Bild 2.9

Bild 2.9 zeigt als Beispiel einer solchen Kombination die Widerstands-Kennlinie (a) eines Kran-Antriebes unter Last; m_H ist dabei das Hubmoment, m_R das gesamte Reibungsmoment. Die Drehzahl n_0 entspricht der Durchgangsdrehzahl bei Versagen der Bremsen. Bei Verwendung eines selbsthemmenden Getriebes (b) muß der Kran wegen der erhöhten Haftreibung auch in Senkrichtung angetrieben werden.

2.3. Stabile und instabile Betriebspunkte

Die in Gl. (1) enthaltene Abhängigkeit des Antriebsmomentes m_a vom Drehwinkel ϵ kommt hauptsächlich bei Motoren mit Synchronverhalten vor, d.h. Synchronmotoren oder Antrieben mit Winkelregelung. Schließt man diesen Fall vorerst aus und vernachlässigt außerdem eine mögliche Winkelabhängigkeit des Widerstandsmomentes, so entfällt die in Bild 2.1 angedeutete Rückwirkung des Drehwinkels und damit der Einfluß der Dgl. (2) auf das statische und dynamische Verhalten des Antriebes; Gl. (2) hat dann lediglich die Bedeutung einer „offenen", d.h. das Betriebsverhalten des Antriebes nicht beeinflussenden Integration der Winkelgeschwindigkeit. Bei Vernachlässigung der elektrischen Ausgleichsvorgänge und der Dynamik der Arbeitsmaschine wird das Verhalten des Antriebes dann vollständig durch die i.a. nichtlineare Differentialgleichung 1. Ordnung.

$$\Theta \frac{d\omega}{dt} = m_a(\omega, t) - m_w(\omega, t) \tag{8}$$

beschrieben. Ihre Gültigkeit ist wegen der vorgenommenen Vereinfachungen auf langsame Vorgänge beschränkt, bei denen die übrigen Einschwingvorgänge von Motor und Last vernachlässigt werden können.

Ein stationärer mechanischer Zustand mit einer konstanten Winkelgeschwindigkeit ω_1

ist offenbar möglich, wenn sich die Kennlinien für das Antriebs- und das Widerstandsmoment an dieser Stelle schneiden.

$$m_a(\omega_1) - m_w(\omega_1) = 0.$$

Ob dieser Zustand stabil ist, läßt sich z.B. durch Linearisierung der Dgl. (8) bei ω_1, d.h. durch Annahme einer kleinen Auslenkung $\Delta\omega$ feststellen. Die linearisierte Gleichung (z.B. [21]) lautet mit $\omega = \omega_1 + \Delta\omega$

$$\Theta \frac{d(\Delta\omega)}{dt} = \frac{\partial m_a}{\partial \omega}\Big|_{\omega_1} \cdot \Delta\omega - \frac{\partial m_w}{\partial \omega}\Big|_{\omega_1} \cdot \Delta\omega,$$

oder $$\Theta \frac{d(\Delta\omega)}{dt} + \frac{\partial}{\partial \omega}(m_w - m_a)\Big|_{\omega_1} \cdot \Delta\omega = 0.$$

Der Zustand bei ω_1 ist stabil für

$$k = \frac{\partial}{\partial \omega}(m_w - m_a)\Big|_{\omega_1} > 0.$$

In diesem Fall kehrt der Betriebspunkt nach einer kleinen Auslenkung, z.B. infolge einer Störung, zum stationären Zustand bei ω_1 zurück. Die Größe k entspricht der Steigung des Verzögerungsmomentes im Betriebspunkt; sie läßt sich anhand von Bild 2.10 graphisch deuten.

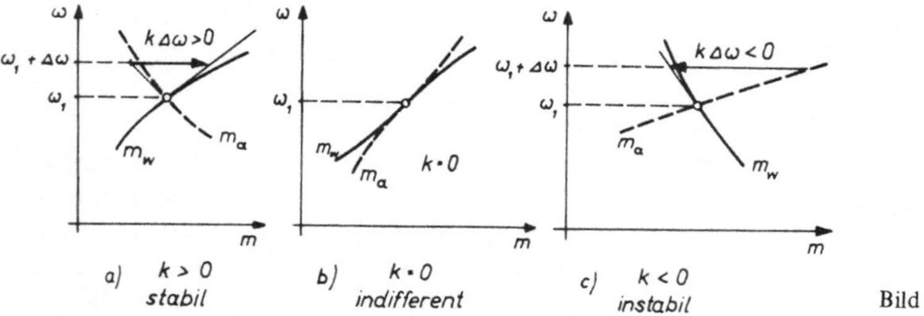

Bild 2.10

Für $k < 0$ ist der Betriebspunkt bei ω_1 instabil, d.h. die Drehzahl entfernt sich vom Wert ω_1, um einem anderen stabilen Wert zuzustreben, der z.B. durch eine Begrenzung gegeben sein kann. Der Fall $k = 0$ entspricht einem indifferenten Gleichgewicht; hier stellt sich kein definierter Arbeitspunkt ein, vielmehr ist der genaue Wert der Drehzahl von Zufälligkeiten abhängig. In Bild 2.10 sind Ausschnitte aus Drehzahl-Drehmoment-Kennlinien skizziert.

Bild 2.11 zeigt die Kennlinie eines Asynchronmotors (m_a) zusammen mit verschiedenen Widerstandskennlinien. W_1 könnte die Kennlinie eines Ventilators sein; der Schnittpunkt 1 ist stabil, er entspricht nach seiner Lage etwa dem Nennbetriebspunkt. Mit der Lastkennlinie W_2 ergibt sich ebenfalls ein stabiler Betriebspunkt, der Motor ist jedoch thermisch überlastet (s. Abschn. 10.2). Mit der (idealen) Hub-Kennlinie W_3 stellen sich ein instabiler (3) und ein stabiler (3') möglicher Betriebspunkt ein; der Motor ist jedoch auch hier überlastet. Außerdem versagt der Antrieb beim Anlauf; die Last würde den Motor beim Lösen der Bremsen nach unten durchziehen.

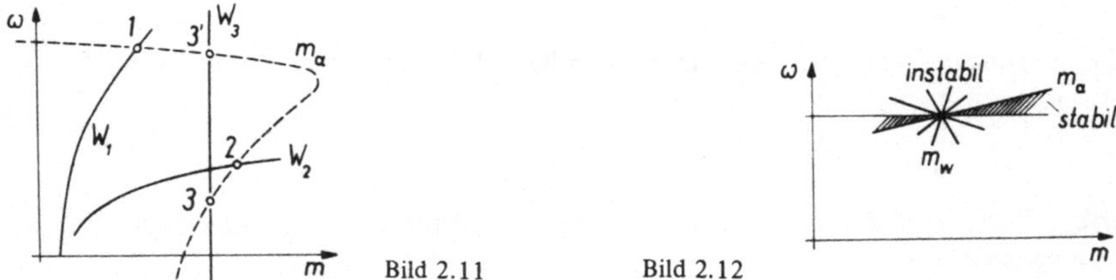

Bild 2.11 Bild 2.12

Ein besonders kritischer Fall ist in Bild 2.12 skizziert. Eine leicht ansteigende Motorkennlinie, wie sie z.B. bei einem Gleichstrommotor durch Ankerrückwirkung infolge falscher Bürsteneinstellung entstehen kann, führt bei allen Widerstandskennlinien zu Instabilität, außer bei solchen, die in dem schmalen schraffierten Sektor liegen.

Die auf einer Linearisierung im (möglichen) Arbeitspunkt beruhende Stabilitätsprüfung schließt ein instabiles Verhalten nicht grundsätzlich aus, falls winkelabhängige Drehmomente auftreten und die elektrischen Ausgleichsvorgänge nicht vernachlässigt werden können. Die Forderung $k > 0$ ist vielmehr nur als eine notwendige Bedingung zu verstehen, wenn sie auch in den meisten Fällen für die Stabilitätsprüfung ausreicht.

3. Integration der vereinfachten Bewegungsgleichung

Im vorigen Abschnitt wurde als Bewegungsgleichung für einen Antrieb gemäß Bild 3.1 nach weitgehenden Vereinfachungen eine gewöhnliche Differentialgleichung 1. Ordnung gewonnen,

$$\Theta \frac{d\omega}{dt} = m_a(\omega, t) - m_w(\omega, t);$$

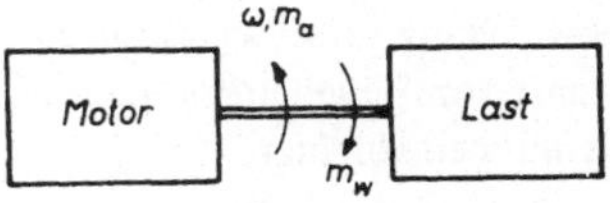

Bild 3.1

sie liefert nach einer einfachen Integration den gesuchten mechanischen Einschwingvorgang $\omega(t)$. Für die Integration stehen verschiedene Lösungsmöglichkeiten zur Verfügung.

3.1. Lösung der linearisierten Bewegungsgleichung

Die linearisierte homogene Differentialgleichung lautete

$$\Theta \frac{d(\Delta\omega)}{dt} + k\Delta\omega = 0.$$

Dabei war $\Delta\omega$ eine kleine Auslenkung von der stationären Enddrehzahl ω_1 und

$$k = \frac{\partial}{\partial\omega}(m_w - m_a)|_{\omega_1}$$

die Steigung des Verzögerungsmomentes im Betriebspunkt. In der Normalform gilt

$$\frac{\Theta}{k}\,\frac{d(\Delta\omega)}{dt} + \Delta\omega = 0.$$

$\Theta/k = T$ hat die Bedeutung einer mechanischen Zeitkonstanten. Die allgemeine Lösung lautet dann

$$\Delta\omega(t) = \Delta\omega(0)\, e^{-\frac{t}{T}}.$$

$\Delta\omega$ (0) entspricht dabei der Anfangsauslenkung, die z.B. durch Umschaltung auf eine veränderte Motor-Kennlinie entstanden sein kann. Wegen der kinetischen Energie des Antriebes muß ω (t) stetig verlaufen; die Drehzahl stellt die (wegen der vorgenommenen Vereinfachungen) einzige Zustandsgröße dar.

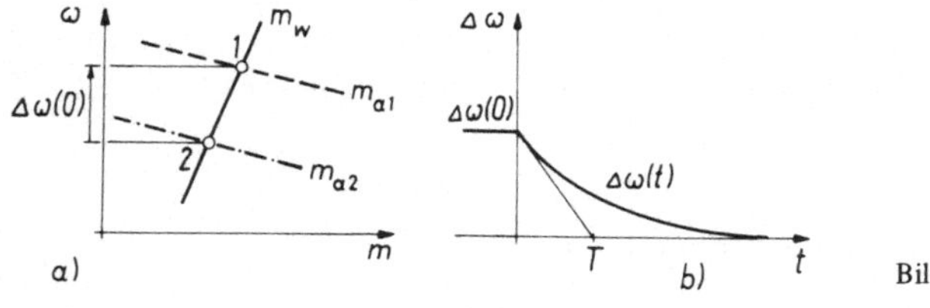

Bild 3.2

In Bild 3.2a ist der Fall angenommen, daß der Antrieb zunächst im Betriebspunkt 1 stationär arbeitete; zur Zeit t = 0 wird der Motor z.B. auf eine andere Betriebsspannung umgeschaltet, so daß eine neue Kennlinie gilt (m_{a2}). Dadurch entsteht eine Anfangsauslenkung $\Delta\omega$ (0) gegenüber dem neuen stationären Betriebspunkt 2. Die Drehzahlabweichung verschwindet nach einer Exponentialfunktion (Bild 3.2b), deren Zeitkonstante vom Trägheitsmoment des Antriebes und von den Steigungen der Drehmomentkennlinien abhängt.

Im folgenden soll dieses Lösungsverfahren auf einige Beispiele angewendet werden.

3.1.1. Leeranlauf eines Motors mit Nebenschlußkennlinie. Ein anfangs stillstehender Motor mit linearer Nebenschlußkennlinie soll zum Zeitpunkt t = 0 eingeschaltet werden (Bild 3.3). Die Kennlinie des Motors ist durch das Stillstandsmoment m_0 und die Leerlaufdrehzahl ω_0 bestimmt. Das Stillstandsmoment entsteht durch Verlängerung der Nebenschlußkennlinie bis $\omega = 0$; es liegt für nicht zu kleine Motoren beim 8 bis 10fachen Nennmoment und stellt somit nur eine Rechengröße dar. Im vorliegenden Beispiel sei angenommen, daß der Motor über Anlaßwiderstände eingeschaltet wird. Dadurch reduziert sich das Stillstandsmoment z.B. auf den zweifachen Nennwert und der Gültigkeitsbereich der Kennlinie erweitert sich bis $\omega = 0$. Die Verwendung eines Anlaßwiderstandes wirkt sich übrigens günstig auf die Genauigkeit der verwendeten Näherung aus; die elektrischen Einschwingvorgänge werden nämlich schneller, während die mechanischen Vorgänge verzögert ablaufen.

Für idealen Leerlauf gilt $m_w = 0$. Wegen der in diesem Beispiel angenommenen Linearität der Kennlinien $m_a(\omega)$, $m_w(\omega)$ ist $\Delta\omega$ nicht auf kleine Werte beschränkt.

Die Steigung des Verzögerungsmomentes ist

$$k = \frac{\partial}{\partial\omega}(m_w - m_a) = \frac{m_0}{\omega_0} > 0.$$

Somit lautet die Differentialgleichung

$$\frac{\Theta\omega_0}{m_0}\,\frac{d(\Delta\omega)}{dt} + \Delta\omega = 0;$$

$T_m = \Theta\omega_0/m_0$ wird als Anlaufzeitkonstante bezeichnet.

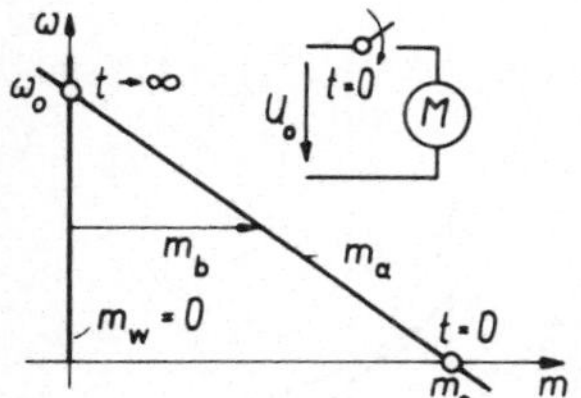

Bild 3.3

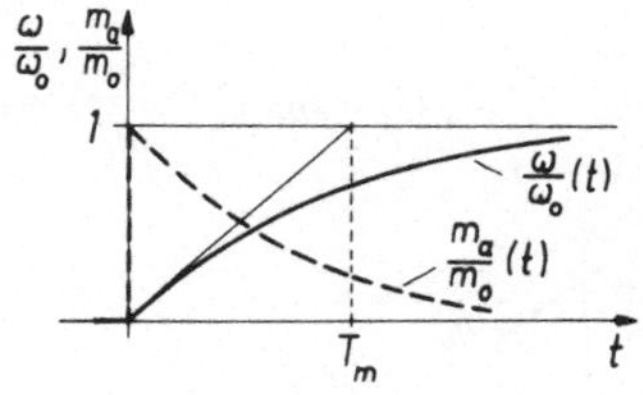

Bild 3.4

Der stationäre Betriebspunkt liegt bei ω_0. Da anfangs Stillstand angenommen wurde und die Drehzahl nicht springen kann, ist

$$\Delta\omega(0) = -\omega_0.$$

Somit gilt

$$\Delta\omega(t) = -\omega_0 e^{-\frac{t}{T_m}},$$

oder mit $\omega = \omega_0 + \Delta\omega$,

$$\omega(t) = \omega_0 (1 - e^{-\frac{t}{T_m}}).$$

Das Antriebsmoment folgt aus der Motorkennlinie

$$m_a(t) = m_0 (1 - \frac{\omega}{\omega_0}) = m_0 e^{-\frac{t}{T_m}}.$$

Der Anlaufvorgang ist in Bild 3.4 skizziert. Die Unstetigkeit im Drehmomentverlauf ist natürlich nur der Vernachlässigung der elektrischen Ausgleichsvorgänge zuzuschreiben. Bei einem praktischen Motor ist auch das Drehmoment mit Energiezuständen verknüpft und deshalb stetig.

3.1.2. Anlauf des Motors mit drehzahlproportionalem Lastmoment. Bild 3.5 zeigt die Kennlinien für den Fall eines Anlaufes mit drehzahl-proportionalem Widerstandsmoment. Der stationäre Betriebspunkt liegt nun bei ω_1, so daß $\Delta\omega(0) = -\omega_1$. Die Steigung des Verzögerungsmomentes ist

$$k_1 = \frac{\partial}{\partial\omega}(m_w - m_a) = \frac{m_0}{\omega_1} > 0.$$

Somit wird $T_{m1} = \Theta/k_1 = \Theta\omega_1/m_0 = (\omega_1/\omega_0)\, T_m$; die drehzahlabhängige Belastung bewirkt also eine Verringerung der Anlaufzeitkonstante. Der Drehzahlverlauf während des Anfahrens wird

$$\omega(t) = \omega_1 \left(1 - e^{-\frac{t}{T_{m1}}}\right).$$

Daraus folgt das Motormoment

$$m_a(t) = m_0 \left(1 - \frac{\omega}{\omega_0}\right) = m_0 \left[1 - \frac{\omega_1}{\omega_0}\left(1 - e^{-\frac{t}{T_m}}\right)\right].$$

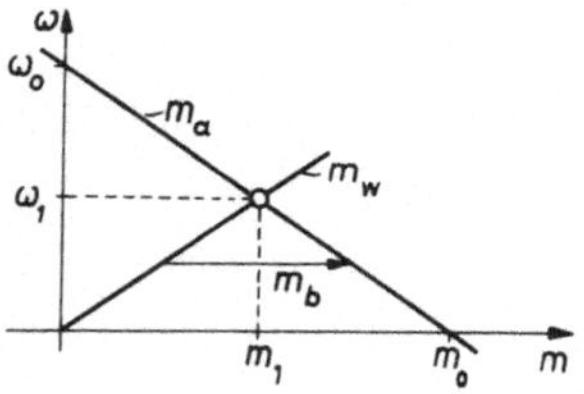

Bild 3.5

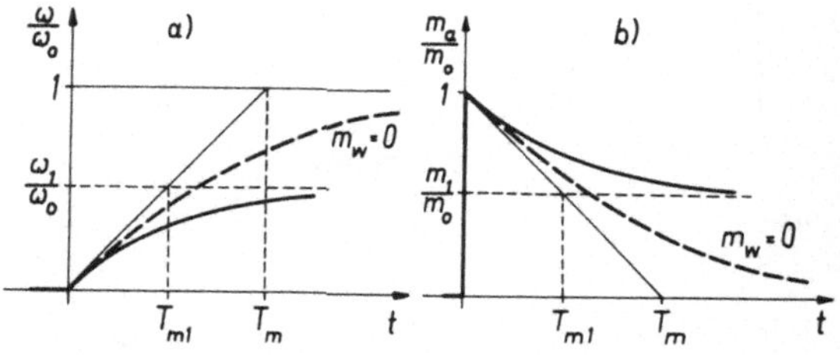

Bild 3.6

Beide Vorgänge sind in Bild 3.6 dargestellt. Zum Vergleich ist gestrichelt nochmals der Fall des Leeranlaufes ($m_w = 0$) eingetragen. Die Drehzahlkurven haben bei $t = 0$ die gleiche Steigung, da in beiden Fällen für $\omega = 0$ das volle Motormoment m_0 beschleunigend wirkt.

3.1.3. Belastung eines leerlaufenden Motors. Der Motor befinde sich anfangs im Leerlaufzustand mit der Winkelgeschwindigkeit ω_0; der Anlaßwiderstand sei nun kurzgeschlossen, so daß das Stillstandsmoment m_0 den in Abschn. 3.1.1. genannten Maximalwert m_{0k} annimmt. Die Motorkennlinie ist deshalb nur in einem eingeschränkten Drehzahlbereich als linear anzusehen. Bei $t = 0$ wird eine trägheitsfreie Last mit konstantem Lastmoment m_1 eingekuppelt (Bild 3.7). Die Enddrehzahl ist dann ω_1, d.h. es gilt $\Delta\omega(0) = \omega_0 - \omega_1$.

Wegen des konstanten Widerstandsmomentes ist

$$k = \frac{\partial}{\partial\omega}(m_w - m_a)\Big|_{\omega_1} = \frac{m_{0k}}{\omega_0}, \quad T_m = T_{mk} = \frac{\Theta\omega_0}{m_{0k}}.$$

Da m_{0k} dem extrapolierten Stillstandsmoment ohne Anlaßwiderstand entspricht, wird $T_m = T_{mk}$ auch als Kurzschluß-Anlaufzeitkonstante bezeichnet.
Die Lösung für die Drehzahl lautet

$$\Delta\omega\,(t) = (\omega_0 - \omega_1)\, e^{-\frac{t}{T_{mk}}},$$

oder
$$\omega\,(t) = \omega_1 + \Delta\omega\,(t) = \omega_1 + (\omega_0 - \omega_1)\, e^{-\frac{t}{T_{mk}}},$$

für das Drehmoment gilt

$$m_a\,(t) = m_{0k}\,(1 - \frac{\omega}{\omega_0}) = m_{0k}\,(1 - \frac{\omega_1}{\omega_0})\,(1 - e^{-\frac{t}{T_{mk}}}) = m_1\,(1 - e^{-\frac{t}{T_{mk}}}).$$

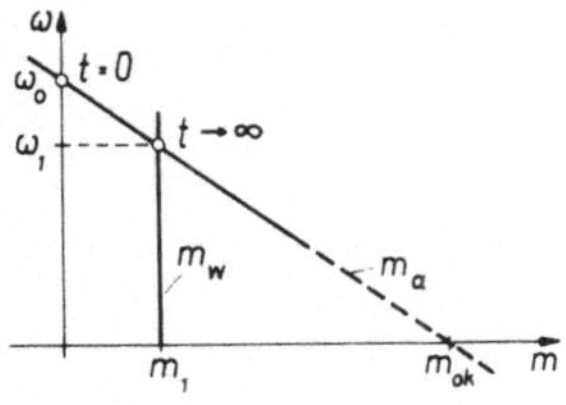

Bild 3.7

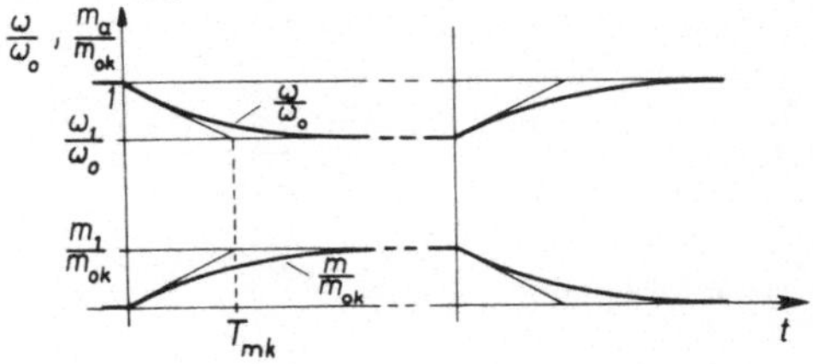

Bild 3.8

Diese Vorgänge sind in Bild 3.8 für den Be- und Entlastungsfall aufgetragen. Das elektrische Motormoment steigt somit erst allmählich als Folge des Drehzahlabfalles an; im ersten Augenblick wird das Lastmoment aus der kinetischen Energie der rotierenden Massen gedeckt. Bei Entlastung findet der umgekehrte Vorgang statt. Die mechanische Trägheit wirkt bei schwankender Belastung somit als Puffer zwischen der Arbeitsmaschine und dem elektrischen Netz.

3.1.4. Anfahrvorgang mit Stufenanlasser. Bei Gleichstrom-Motoren, die von einer konstanten Sammelschienenspannung gespeist werden, ist die in Bild 3.9 skizzierte Anlaß-Schaltung verbreitet, wobei die Kontakte $S_1, \ldots, S_N$ nacheinander geschlossen werden. Wegen des stufenweise reduzierten Ankerkreiswiderstandes werden die Drehzahl-Drehmomentkennlinien zunehmend flacher. Um den Anlauf schnell durchzuführen, andererseits aber den Motor nicht zu überlasten, soll das Drehmoment während

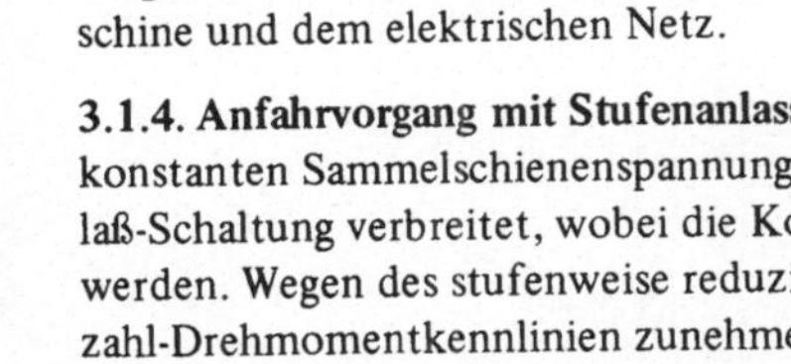

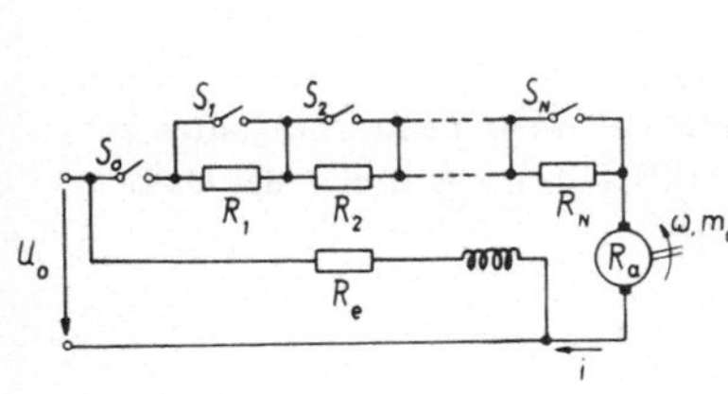

Bild 3.9

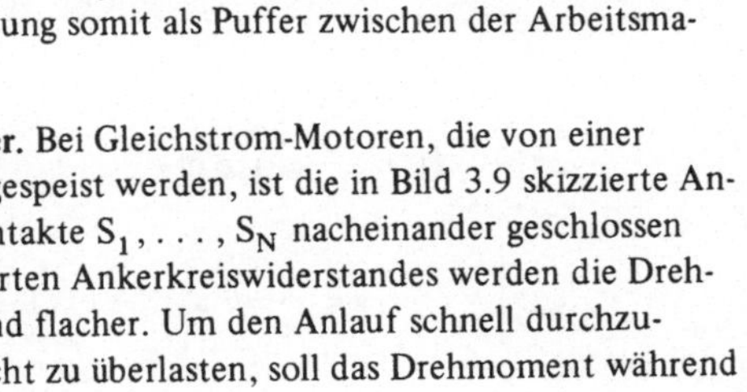

Bild 3.10

des Anlaufes zwischen den Grenzwerten m_1 und m_2 gehalten werden, wie dies in Bild 3.10 gezeigt ist. Der dem Drehmoment proportionale Ankerstrom (Abschn. 5) schwankt dann zwischen entsprechenden Grenzen i_1 und i_2. Ein ähnliches Anlaßverfahren ist übrigens auch bei Drehstrommotoren unter Verwendung eines Anlaßwiderstandes im Läuferkreis möglich (Abschn. 10.2.4.).

Bei Erreichen des unteren Grenzwertes m_1 wird jeweils das nächste Schütz zugeschaltet. Durch richtige Stufung des Anlaßwiderstandes muß dabei sichergestellt werden, daß das unmittelbar nach der Schalthandlung auftretende Drehmoment den Wert m_2 nicht überschreitet.

Die erforderliche Zahl von Anlasser-Stufen und die zugehörigen Widerstandswerte lassen sich aufgrund geometrischer Überlegungen zu Bild 3.10 geschlossen berechnen [4]. Nach dem Strahlensatz gilt doch

$$\frac{m_2 - m_1}{m_2} = \frac{\omega(\nu+1) - \omega(\nu)}{\omega_0 - \omega(\nu)}\,.$$

Daraus folgt mit

$$\frac{m_1}{m_2} = a < 1$$

die Rekursionsformel

$$\omega(\nu+1) = (1-a)\,\omega_0 + a\omega(\nu) = \omega(1) + a\omega(\nu).$$

Durch schrittweise Berechnung der Umschaltdrehzahlen entsteht mit $\omega(0) = 0$ eine geometrische Reihe

$$\omega(2) = (1+a)\,\omega(1),$$

$$\omega(3) = (1+a+a^2)\,\omega(1),$$

$$\vdots$$

$$\omega(\nu) = (1+a+\cdots+a^{\nu-1})\,\omega(1),$$

mit der Summe

$$\omega(\nu) = \frac{1-a^\nu}{1-a}\,\omega(1) = (1-a^\nu)\,\omega_0\,.$$

Der letzte der erforderlichen N Schaltvorgänge ist erreicht, wenn beim Umschalten auf die „natürliche" Kennlinie mit dem extrapolierten Stillstandsmoment m_{0k} der Drehmoment-Grenzwert m_2 nicht mehr überschritten wird.

$$\omega(N) = (1-a^N)\,\omega_0 \geqslant \left(1 - \frac{m_2}{m_{0k}}\right)\omega_0\,.$$

Daraus erhält man nach einer Zwischenrechnung

$$N \geqslant \frac{\ln\left(\frac{m_{0k}}{m_2}\right)}{\ln \frac{1}{a}}, \quad \text{N ganzzahlig.}$$

Aus den früher gefundenen Ergebnissen folgt unter der Annahme eines linear von der Drehzahl abhängigen Widerstandsmomentes, daß die zeitlichen Verläufe von Drehzahl und Antriebsmoment aus Stücken von Exponentialfunktionen unterschiedlicher Zeitkonstanten zusammengesetzt sind; Bild 3.11 zeigt einen Anfahrvorgang ohne Last.

Für $m_w = 0$ hat die Winkelgeschwindigkeit im Intervall $\omega(\nu) \leqslant \omega \leqslant \omega(\nu+1)$ den Verlauf

$$\omega(t) = \omega(\nu) + (\omega_0 - \omega(\nu))\,[1 - e^{-\frac{t - t_\nu}{T_{m\nu}}}].$$

Dabei ist t_ν der Zeitpunkt, zu dem das Schütz S_ν zugeschaltet wird. Die in diesem Intervall gültige Anlauf-Zeitkonstante ist

$$T_{m\nu} = \frac{\Theta\omega_0}{m_0(\nu)} = \frac{\Theta\omega_0}{m_2}\,a^\nu = \frac{\Theta\omega_0}{m_{0k}}\,\frac{m_{0k}}{m_2}\,a^\nu = T_{mk}\,\frac{m_{0k}}{m_2}\,a^\nu$$

Die Anlaufzeitkonstante nimmt also mit zunehmender Drehzahl ab. Das Motormoment hat im betrachteten Drehzahl-Intervall den Verlauf

$$m_a(t) = m_2\,e^{-\frac{t - t_\nu}{T_{m\nu}}}.$$

Sobald $m_a(t)$ auf den Wert m_1 abgesunken ist, wird $S_{\nu+1}$ geschlossen.

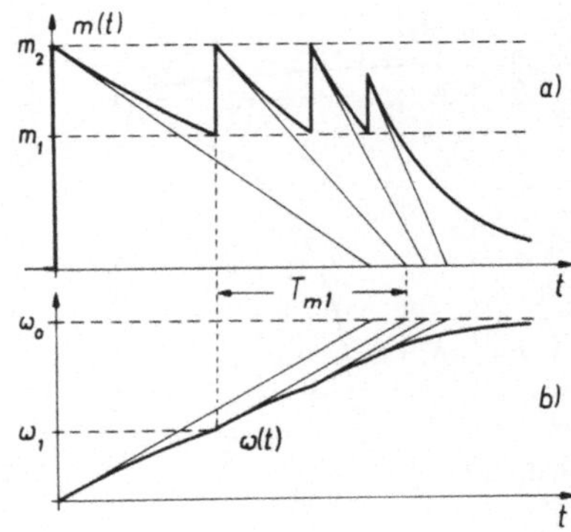

Bild 3.11

3.2. Analytische Lösung der nichtlinearen Bewegungsgleichung

Eine direkte rechnerische Lösung der nichtlinearen Bewegungsgleichung

$$\Theta\frac{d\omega}{dt} = m_a(\omega) - m_w(\omega)$$

durch Trennung der Veränderlichen und Integration,

$$t_2 - t_1 = \Theta \int_{\omega_1}^{\omega_2} \frac{d\omega}{m_a(\omega) - m_w(\omega)}$$

scheitert meistens daran, daß die Drehmomentkennlinien $m_a(\omega)$ und $m_w(\omega)$ nicht als Funktionen, sondern nur als gemessene Kurven gegeben sind oder daß bei Vorliegen eines funktionellen Ausdruckes das Integral nicht lösbar ist.

Ein Sonderfall ist der Leer-Anlauf eines Asynchronmotors ohne Ständerwiderstand und Stromverdrängung, dessen normierte Drehmoment-Drehzahl-Kennlinie in der Form

$$m_a = \frac{2m_k}{\frac{s}{s_k} + \frac{s_k}{s}}$$

geschrieben werden kann, s. z.B. [1], [4]. Dabei ist m_k das Kippmoment, $s = 1 - (\omega/\omega_0)$ der Schlupf, d.h. die normierte Drehzahlabweichung vom Leerlaufwert, und s_k der Kippschlupf.

Bild 3.12 zeigt den grundsätzlichen Verlauf dieser Funktion, die auch in Abschn. 10.2. abgeleitet wird. Bei Annahme idealen Leerlaufes ($m_w = 0$) und mit der Anfangsbedingung $\omega(t_1 = 0) = 0$, $s(t_1 = 0) = 1$, lautet das Integral

$$t_2 = \Theta \int_0^{\omega_2} \frac{d\omega}{m_a} = \frac{\Theta\omega_0}{2m_k} \int_{s_2}^{1} \left(\frac{s}{s_k} + \frac{s_k}{s}\right) ds = \frac{\Theta\omega_0}{2m_k} \left[\frac{1 - s_2^2}{2s_k} - s_k \ln s_2\right].$$

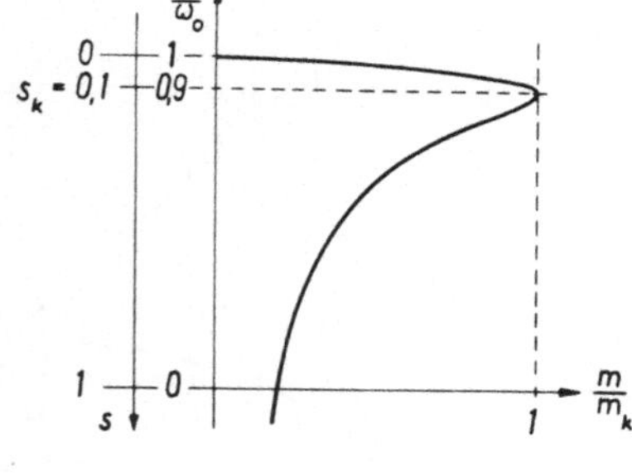

Bild 3.12

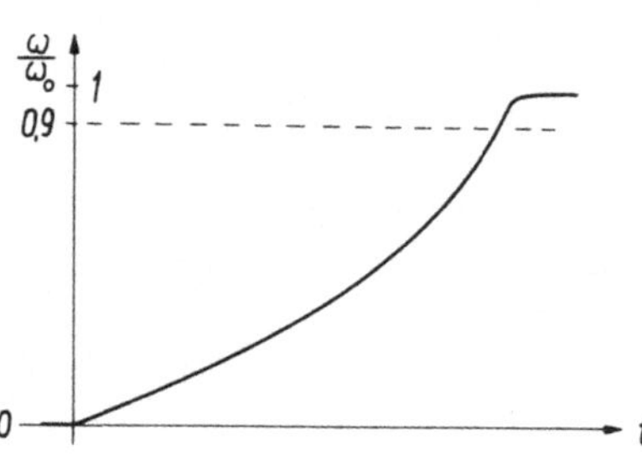

Bild 3.13

In Bild 3.13 ist der Anlaufvorgang aufgetragen.

Da sich die Drehzahl des Motors der Synchrondrehzahl ω_0 asymptotisch nähert, ist die Angabe einer definierten Anlaufzeit t_2 nur bei Vorgabe eines endlichen Restschlupfes s_2 sinnvoll.

Die durch Anwendung des Ausdruckes für das stationäre Drehmoment getroffene Vernachlässigung der elektrischen Ausgleichsvorgänge ist nur zulässig, wenn der Anlaufvorgang verzögert erfolgt, etwa infolge einer Absenkung der Netzspannung oder bei Ankopplung eines genügend großen Last-Trägheitsmomentes. Andernfalls ist bei kleineren Motoren der Anlauf in wenigen Perioden der Netzspannung beendet, bevor die elektrischen Größen ihre jeweiligen stationären Werte angenommen haben. Dies wird in Abschn. 10.3 genauer untersucht.

3.3. Numerische oder graphische Integration

Das hinsichtlich Genauigkeit und allgemeiner Anwendbarkeit leistungsfähigste Verfahren zur Lösung nichtlinearer Differentialgleichungen ist die schrittweise numerische Integration mit dem Digitalrechner.
Es ist bekannt, z.B. [22], daß eine Differentialgleichung n. Ordnung nach Einführung von Hilfsgrößen x_i als System von n Differentialgleichungen 1. Ordnung geschrieben werden kann,

$$\frac{dx_i}{dt} = F_i\,(x_j, y_k, t), \quad i, j, k = 1, 2, \ldots, n. \tag{1}$$

Dabei sind x_i die zu berechnenden Zustandsgrößen, y_k die unabhängigen Anregungen (Störfunktionen) und die Zeit t die Integrationsvariable. Die Zustandsgrößen x_i (t) sind bei endlicher Anregung stetig. Die F_i können beliebige, auch graphisch oder punktweise, vorgegebene Funktionen sein. Die interessierenden Ausgangsgrößen z_j (t) lassen sich dann aus den x_i (t) und y_k (t) durch algebraische Ausdrücke der Form $z_j(t) = \Phi_j(x_i(t), y_k(t))$, d.h. ohne weitere Integration, gewinnen.
Die simultane Integration der n Gleichungen (1) über ein Intervall (Schrittweite) Δt ergibt

$$x_i\,((\nu+1)\,\Delta t) = x_i\,(\nu\Delta t) + \int_{\nu\Delta t}^{(\nu+1)\,\Delta t} F_i\,(x_j, y_k, t)\,dt, \quad i = 1, 2, \ldots, n.$$

$x_i(\nu\Delta t) = x_i(\nu)$ ist dabei der als Ergebnis des vorhergehenden Schrittes bekannte Satz von Lösungswerten zum Zeitpunkt $\nu\Delta t$; $x_i(\nu+1)$ ist der gesuchte neue Wertesatz. Aufgrund bekannter Verfahren der numerischen Mathematik kann man bei genügend kleiner Schrittweite Δt auch

$$x_i\,(\nu+1) \approx x_i\,(\nu) + I\,[F_i\,(\nu), F_i\,(\nu-1), \ldots]$$

schreiben. Dabei ist I eine Linearkombination der Funktionen F_i zu den vorhergehenden Zeitpunkten. Es gibt zahlreiche solcher Integrationsformeln, die sich im Rechenaufwand und der Genauigkeit z.T. wesentlich unterscheiden [28], [29]. Am bekanntesten sind die Rechteck-, Trapez-, Simpson-, Newton- und Runge-Kutta-Formeln. Wegen ihrer günstigen Eigenschaften werden in Rechenzentren meistens die letzteren verwendet; sie stehen dann als fertige Unterprogramme zur Verfügung, so daß nur noch die Funktionen F_i, die Schrittweite Δt und die Anfangsbedingungen einzusetzen sind. Auf die besonderen Probleme der numerischen Integration, wie Wahl der Schrittweite, Genauigkeit oder numerische Instabilität, soll hier nicht eingegangen werden; sie werden häufig dadurch ausgelöst, daß für eine gewünschte Kurve mehrere hundert oder tausend Schritte zu durchlaufen sind, weshalb sich auch kleinste Fehler akkumulieren können.

Man erkennt, daß die in Abschn. 2.1. gefundenen Differentialgleichungen dem allgemeinen Ansatz (1) entsprechen. Bei Berücksichtigung des Drehwinkels ist die Ordnung $n = 2$; es handelt sich also um ein sehr kleines System von Differentialgleichungen. Als Zustandsgrößen treten die Winkelgeschwindigkeit und der Drehwinkel bzw. die Fahrstrecke auf; diese Größen verkörpern Speicherinhalte und sind somit stetig veränderlich. Falls eine verfeinerte Berechnung auch die elektrischen Ausgleichsvorgänge erfassen soll, treten weitere Differentialgleichungen und Zustandsgrößen hinzu. Dies wird in späteren Abschnitten gezeigt.

Bei der Aufstellung von Fahrplänen für den Zugverkehr ist es notwendig, neben dem Zuggewicht, der geschwindigkeitsabhängigen Zugkraft und den vorgegebenen Verzögerungswerten auch streckengebundene Widerstände, z.B. Steigungen, oder örtliche Geschwindigkeitsbegrenzungen zu berücksichtigen. Die Aufgabe erfordert die gleichzeitige Integration der Differentialgleichung für Geschwindigkeit v und Fahrstrecke s,

$$\frac{dv}{dt} = \frac{1}{M}\,[f_a\,(v, t) - f_w\,(s, v, t)\,], \qquad \frac{ds}{dt} = v.$$

Die Größe f_a stellt dabei die Zugkraft der Lokomotive dar, während f_w die Bremskraft des gesamten Zuges und alle übrigen geschwindigkeitsabhängigen Reibungskräfte sowie die streckengebundenen Kräfte (Steigungen, Kurven und Gefälle) umfaßt.

Um einen, unter Berücksichtigung der gegebenen Randbedingungen und Begrenzungen, zeitoptimalen Fahrplan v_0 (t), s_0 (t) zu finden, muß eine solche Rechnung im allgemeinen mehrmals wiederholt werden. Weitere Komplikationen treten infolge der Streckenbelegung durch andere Züge auf, sofern nicht eindeutige Prioritäten bestehen, wie z.B. bei einem F-Zug und einem Güterzug.

Neben der numerischen Berechnung mit dem Digitalrechner sind auch graphische Integrationsverfahren, die sich vor allem durch ihre Anschaulichkeit auszeichnen, noch weit verbreitet; bei der Einarbeitung von Nebenbedingungen ist dies ein besonderer Vorzug. Im folgenden soll deshalb das Prinzip einer graphischen Integration kurz erläutert werden.

Gegeben sei die Bewegungsgleichung

$$\Theta\,\frac{d\omega}{dt} = m_a\,(\omega) - m_w\,(\omega) = m_b\,(\omega),$$

wobei m_a und m_w empirische Kurven (Bild 3.14) sind. Die Gleichung wird zunächst mit Hilfe der Bezugsgrößen ω_1 und m_1 normiert und damit dimensionslos gemacht.

$$\frac{\Theta\omega_1}{m_1}\,\frac{d\left(\frac{\omega}{\omega_1}\right)}{dt} = \frac{m_a}{m_1}\left(\frac{\omega}{\omega_1}\right) - \frac{m_w}{m_1}\left(\frac{\omega}{\omega_1}\right) = \frac{m_b}{m_1}\left(\frac{\omega}{\omega_1}\right).$$

Die rechte Seite entspricht dem normierten Beschleunigungsmoment; mit

$$\frac{\Theta\omega_1}{m_1} = T, \quad \frac{t}{T} = \tau, \quad \frac{\omega}{\omega_1} = x, \quad \frac{m_b}{m_1} = y$$

lautet die Gleichung

$$\frac{dx}{d\tau} = y\,(x).$$

Durch die Normierung entfällt also die lästige Wahl der Zeichenmaßstäbe. Die Bezugsgrößen ω_1 und m_1 sind an sich beliebig, doch empfiehlt es sich, zugehörige Kenndaten, z.B. ω_{max}, m_{max} zu wählen, um handliche Zahlenwerte zu erhalten.

Bild 3.15 zeigt die aus Bild 3.14 gewonnene Kennlinie y (x), wobei die normierte Drehzahl wie gewöhnlich nach oben aufgetragen ist. Die x-Achse wird nun in eine Anzahl Abschnitte unterteilt, in denen die Funktion y jeweils durch einen konstanten Wert ersetzt wird; diese sind so zu wählen, daß jede Stufe mit der x-Achse etwa die gleiche Fläche wie das ursprüngliche Kurvenstück y (x) einschließt. Die Länge der Abschnitte in x-Richtung wird zweckmäßigerweise der Steigung der Funktion y (x) angepaßt. Der Ersatz der Kurve y (x) durch eine Stufenfunktion hat zur Folge, daß die Steigung $dx/d\tau$ in den gewählten x-Abschnitten konstant ist und x (τ) somit näherungsweise als Polygonzug konstruiert werden kann.

Wählt man den Bezugspunkt $\tau = 1$ in geeignetem Abstand links vom Ursprung der x, y-Ebene, so lassen sich in der angegebenen Weise Fahrstrahlen mit der Steigung y (x) konstruieren; diese werden durch Parallelverschiebung zu einem Polygonzug aneinandergefügt, der die genaue Lösung x (τ) annähert.

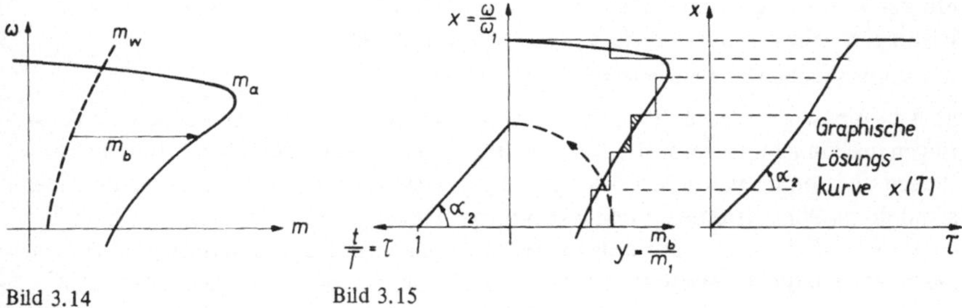

Bild 3.14

Bild 3.15

Bei dem geschilderten Verfahren handelt es sich um eine Variante der Rechteckregel, deren Genauigkeit durch die abschnittsweise visuelle Mittelwertbildung des Integranden allerdings wesentlich gesteigert wird. Es lohnt sich meistens nicht, der x-Abschnitte sehr klein zu wählen, da sich dann möglicherweise Zeichenfehler akkumulieren.

Falls neben der Winkelgeschwindigkeit ω auch der Drehwinkel ϵ bzw. die Fahrstrecke interessiert, z.B. um wegabhängige Widerstände einarbeiten zu können, ist gleichzeitig eine weitere Integration der gefundenen Lösungskurve ω (τ) durchzuführen, um die Funktion ϵ (τ) zu erhalten.

4. Erwärmung elektrischer Maschinen

4.1. Leistungsverluste und Temperaturgrenzen

Die bisherigen Überlegungen bezogen sich lediglich auf mechanische Bewegungsvorgänge und die zugehörigen stationären und dynamischen Zustände. Für die Arbeitsmaschine geeignete Motorkennlinien und ausreichendes Drehmoment reichen jedoch für die Auslegung eines Antriebes noch nicht aus.

Ebenso wichtig wie die mechanischen sind die thermischen Vorgänge im Motor als Folge der bei der Energieumwandlung als Wärme anfallenden Verlustenergie und ihrer Abfuhr durch das Kühlmittel. Für die verschiedenen im Motor verwendeten Werkstoffe gelten naturgemäß unterschiedliche Temperaturgrenzen; wesentlich sind dabei vor allem die Isolierwerkstoffe. Je nach dem verwendeten Isoliermaterial unterscheidet man mehrere Temperaturklassen, z.B.

A	$\overline{\Delta\vartheta} < 60°$	Baumwolle, Zellwolle, Papier
B	$\overline{\Delta\vartheta} < 80°$	Kunstharz, Schellack
H	$\overline{\Delta\vartheta} < 125°$	Glimmer, Asbest, Glasfaser, Silicongummi

$\overline{\Delta\vartheta}$ ist dabei die mittlere Übertemperatur gegenüber einer Umgebungstemperatur $\vartheta_0 = 40$ °C.

Mit der Temperaturbeständigkeit steigt bei einer bestimmten Kühlungsart die Nennleistung, gleichzeitig aber natürlich auch der Preis der Maschine.

Als Verlustquellen sind vor allem zu nennen:

a) Stromwärmeverluste in den Wicklungen, Zuleitungen, Bürsten, Schleifringen und im Kommutator. Bei Leitern, die von einem veränderlichen Strom durchflossen und von magnetischem Material umgeben sind, erhöht sich der wirksame Widerstand durch Wirbelströme im Leiter (Stromverdrängung).
b) Eisenverluste in Form von Wirbelstrom- und Hystereseverlusten in den von einem veränderlichen Magnetfeld durchsetzten ruhenden oder bewegten Eisenteilen.
c) Reibungsverluste. Hierzu gehören Lager-, Bürsten- und Luftreibung.

Die verschiedenen Verlustarten hängen in komplizierter Weise vom Betriebszustand der Maschine ab. Die wesentlichen Einflußgrößen sind Belastung und Drehzahl sowie Spannung und Strom nach Effektivwert und Kurvenform.

Um die Wärme vom Entstehungsort an die Kühloberfläche zu schaffen, ist im Inneren der Maschine ein Temperaturgefälle in Richtung des Wärmestromes erforderlich. Da die Verlustdichte in den Wicklungen besonders hoch ist, das Isolationsmaterial im allgemeinen eine schlechte Wärmeleitfähigkeit aufweist und die Leiter zum Teil in Nuten eingebettet und damit der Kühlluft nicht unmittelbar zugänglich sind, treten dort die höchsten Temperaturen auf. Die an der heißesten Stelle einer Maschine mit Temperaturklasse B zulässige Temperatur ist z.B.

$$\vartheta_{max} = \overline{\Delta\vartheta} + (\Delta\vartheta_{max} - \overline{\Delta\vartheta}) + \vartheta_0 = 80\ °C + 10\ °C + 40\ °C = 130\ °C.$$

Bei Betrieb mit erhöhter Umgebungstemperatur, z.B. in den Tropen, muß die Nennleistung reduziert werden.

Eine genaue Berechnung des Wärmeflusses und der Temperaturverteilung in einer elektrischen Maschine ist außerordentlich schwierig; dies liegt an der verwickelten geometrischen Form der Maschine und der Verwendung heterogener Werkstoffe, ferner an der komplizierten Verteilung der Verlustquellen und den verschiedenen örtlichen Kühlbedingungen. Aus diesen Gründen und wegen der, im Gegensatz zu elektrischen oder magnetischen Feldern, nicht um Größenordnungen unterschiedlichen thermischen Leitfähigkeit der verschiedenen Werkstoffe ist eine Berechnung der Temperaturverteilung allenfalls abschnittweise und mit starken Näherungen möglich.

Der Anwender elektrischer Antriebe hat auf die Temperaturverteilung innerhalb der Maschine kaum Einfluß. Er muß deshalb darauf vertrauen, daß der Konstrukteur die Leiter- und Lüftungsquerschnitte ausreichend bemessen hat, so daß bei Einhaltung der vereinbarten Betriebsbedingungen unzulässige Temperaturen vermieden werden. Unter dieser Annahme ist es für den Anwender meistens möglich, das thermische System „Motor" entscheidend zu vereinfachen, indem er es als konzentrierten Wärmespeicher betrachtet, dessen interne Ausgleichsvorgänge unberücksichtigt bleiben können; es ist damit natürlich nicht möglich, detaillierte Aussagen über bestimmte Temperaturverteilungen zu machen.

4.2. Erwärmung eines homogenen Körpers

Für viele Zwecke genügt es dann, die Maschine als vereinfachtes thermisches Modell zu beschreiben (Bild 4.1), das durch folgende Überlegungen bestimmt wird:

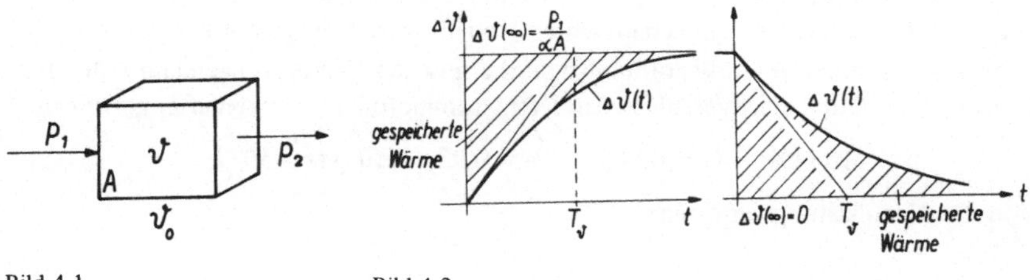

Bild 4.1

Bild 4.2

Einem homogenen Körper mit der Oberfläche A, der Wärmekapazität C und der gleichförmigen Temperatur ϑ wird die Wärmeleistung p_1 in homogener Verteilung zugeführt und der Wärmestrom p_2 durch Konvektion an der Oberfläche entnommen. Die Umgebungstemperatur sei ϑ_0, die Wärmeübergangszahl an der Oberfläche α. Die Wärmeabgabe durch Strahlung soll wegen der relativ niedrigen Temperatur und der gegenseitigen Strahlung (z.B. Kühlrippen) vernachlässigt werden. Die Wärmebilanz lautet dann

$$C \frac{d\vartheta}{dt} = p_1 - p_2 .$$

Die durch Konvektion abgegebene Wärme steigt linear mit dem Temperaturgefälle gegenüber der Umgebung,

$$p_2 = \alpha A\,(\vartheta - \vartheta_0).$$

Durch Einsetzen folgt mit $\vartheta - \vartheta_0 = \Delta\vartheta$,

$$C\,\frac{d\,(\Delta\vartheta)}{dt} + \alpha A \Delta\vartheta = p_1,$$

oder $$\frac{C}{\alpha A}\,\frac{d\,(\Delta\vartheta)}{dt} + \Delta\vartheta = \frac{p_1}{\alpha A},$$

eine lineare Differentialgleichung 1. Ordnung; $C/\alpha A = T_\vartheta$ ist die thermische Zeitkonstante.

Für $p_1 = p_{10} = \text{const}$ und $\Delta\vartheta\,(0) = 0$ lautet die Lösung

$$\Delta\vartheta\,(t) = \Delta\vartheta\,(\infty)\,(1 - e^{-\frac{t}{T_\vartheta}}).$$

Dabei ist $\Delta\vartheta\,(\infty) = p_{10}/\alpha A$ die stationäre Endtemperatur, bei der die Wärmeabgabe durch Konvektion gerade gleich der zugeführten Wärmeleistung ist.

Bild 4.2 zeigt den zugehörigen Einschwingvorgang. Die Fläche zwischen den Kurven $\Delta\vartheta\,(\infty) = p_{10}/\alpha A$ und $\Delta\vartheta\,(t)$ entspricht der als Wärme gespeicherten Energie. Die Temperaturänderung geht wegen des begrenzten Wärmeaustausches und der thermischen Speicherwirkung also verzögert vor sich.

Bei dem betrachteten einfachen Modell liegt die Näherung vor allem in der Annahme einer gleichmäßigen Verteilung der Wärmequellen und in der Vernachlässigung der internen Wärmeströmung. Als Folge der verteilten Wärmekapazität entstehen außerdem Laufzeiteffekte, die bei dem vereinfachten Modell vernachlässigt werden.

Eine Abschätzung der Größenordnung von thermischen Verzögerungen läßt sich z.B. aus den Kenndaten eines geschlossenen Drehstrommotors mit Außenlüfter gewinnen,

$$p_n = 100\text{ kW}, \quad G = 800\text{ kp}, \quad \eta = 0{,}92, \quad \Delta\vartheta\,(\infty) = 50\,^\circ\text{C}.$$

Mit den Nennleistungsverlusten

$$p_1 \approx p_n\,(\frac{1}{\eta} - 1)$$

folgt der wirksame Konvektionsleitwert

$$\alpha A = \frac{p_1}{\Delta\vartheta\,(\infty)}.$$

Nimmt man vereinfachend an, daß der Motor aus massivem Eisen mit der spezifischen Wärme c_{Fe} besteht, so ist die Wärmekapazität

$$C = c_{Fe} G.$$

Mit diesen Vereinfachungen läßt sich die thermische Zeitkonstante abschätzen,

$$T_\vartheta = \frac{C}{\alpha A} \approx \frac{c_{Fe} G \Delta\vartheta(\infty)}{\frac{1-\eta}{\eta} p_n} \approx \frac{0{,}11 \frac{\text{kcal}}{{}^\circ\text{C kp}} 800 \text{ kp } 50\,{}^\circ\text{C}}{9 \text{ kW}} \approx 490 \frac{\text{kcal}}{\text{kW}}$$

$$\approx \frac{490 \text{ kcal}}{860 \text{ kcal/h}} = 34 \text{ min.}$$

Thermische Verzögerungen sind typischerweise merklich größer als mechanische oder elektrische Verzögerungen. Die bei elektrischen Maschinen üblichen Zeitmaßstäbe gehen aus folgender Gegenüberstellung hervor:

elektrisch	mechanisch	thermisch
1 – 100 ms	50 ms – 10 s	10 – 60 min.

Die Zahlenwerte im elektrischen Fall berücksichtigen nicht die elektromagnetische Wellenausbreitung, die noch um Größenordnungen schneller erfolgt.

Der Unterschied von mehr als zwei Größenordnungen zwischen den Zeitmaßstäben mechanischer und thermischer Vorgänge erlaubt es meistens, diese Vorgänge unabhängig voneinander zu betrachten; dies bedeutet eine wesentliche Vereinfachung bei der rechnerischen Beschreibung.

Der Wärmeübergang an einer belüfteten Oberfläche hängt stark von der Geschwindigkeit der Kühlluft ab; die Wärmeübergangszahl liegt üblicherweise im Bereich

$$\alpha = 50 \div 500 \frac{\text{W}}{{}^\circ\text{C m}^2}$$

Bei $\Delta\vartheta = 50\,{}^\circ\text{C}$ ergibt dies eine Leistungsdichte durch Konvektion von

$$\frac{p_{2k}}{A} = 2{,}5 \div 25 \frac{\text{kW}}{\text{m}^2}$$

Die starke Abhängigkeit der Wärmeabgabe von der Geschwindigkeit der Kühlluft hat zur Folge, daß bei selbstbelüfteten Motoren die Abkühlzeitkonstante im Stillstand wesentlich größer ist als die Erwärmungszeitkonstante im Lauf. Größere Motoren mit wechselnder Drehzahl und Belastung werden deshalb im Interesse einer höheren Ausnutzbarkeit gewöhnlich fremd belüftet; die Abhängigkeit von der Drehzahl ist dann nur gering.

Um zu zeigen, daß die Wärmeabgabe durch Strahlung gegenüber der Abgabe durch Konvektion meistens vernachlässigt werden kann, sei auch die Strahlungsleistung überschlägig abgeschätzt.

Ein sog. schwarzer Körper gibt an seine Umgebung Strahlungsleistung gemäß dem Boltzmannschen Gesetz ab,

$$p_{2s} = \sigma T^4 A.$$

Dabei ist

$$\sigma = 5{,}7 \cdot 10^{-12} \frac{\mathrm{W}}{(\mathrm{K})^4 \mathrm{cm}^2}$$

der Strahlungskoeffizient, T ist die absolute Temperatur des Körpers und A seine Oberfläche.

Mit $\vartheta = 70\ ^\circ\mathrm{C}$, d.h. $T = 343\ \mathrm{K}$ wird die Strahlungs-Leistungsdichte

$$\frac{p_{2s}}{A} = 0{,}77 \frac{\mathrm{kW}}{\mathrm{m}^2}.$$

Dieser an sich geringe Betrag wird durch Rückstrahlung der Umgebung und gegenseitige Strahlung (Kühlrippen) weiter reduziert. Außerdem liegt die Strahlungsintensität der Motoroberfläche erheblich unter der eines idealen schwarzen Körpers.

4.3. Verschiedene Betriebsarten

Im Gegensatz z.B. zu Verbrennungsmotoren sind die meisten elektrischen Antriebe überlastbar, wobei allerdings die mit der Belastung stark ansteigende Verlustleistung zu beachten ist. Da die Temperatur einer Änderung der Wärmezufuhr verzögert folgt, ist eine kurzzeitige Überlastung möglich, ohne daß die zulässige Temperatur überschritten wird; dies läßt sich bei der Auslegung des Antriebes mit Vorteil ausnutzen. Im folgenden seien einige wichtige Betriebsarten betrachtet (z.B. [4]).

4.3.1. Dauerbetrieb. Dauerbetrieb liegt dann vor, wenn die Belastung des Antriebes während eines längeren Zeitabschnittes, entsprechend einem Mehrfachen der thermischen Zeitkonstanten, konstant bleibt, so daß die mittlere Temperatur auf den zugehörigen stationären Endwert ansteigt (Bild 4.2). Dieser Fall liegt z.B. bei Papiermaschinen oder Kesselspeisepumpen vor. Der Motor muß dann so ausgelegt werden, daß die Maximal-Temperatur nicht überschritten wird; die zulässige Dauerbelastung wird als Nennleistung definiert. Bei Fahrzeugantrieben sind auch andere Definitionen im Gebrauch, z.B. die während einer bestimmten Zeit abgebbare Leistung (Stundenleistung).

4.3.2. Kurzzeitbetrieb. In diesem Fall ist die Einschaltzeit wesentlich kleiner als die thermische Zeitkonstante. Dies kommt z.B. bei manchen Kranantrieben oder bei Kleinmotoren in Haushaltsgeräten vor. Bei dieser Betriebsweise ist eine Überlastung möglich, bis die Maschine an der heißesten Stelle gerade ihre maximal zulässige Temperatur erreicht hat; das interne Temperaturgefälle ist dabei natürlich besonders hoch. Das gleiche gilt für die Ungenauigkeit des einfachen thermischen Modelles; die Rechnung liefert hier nur eine grobe Abschätzung. Für die Auslegung wird angenommen, daß sich die Maschine vor einer erneuten Einschaltung vollständig abgekühlt hat.

Bild 4.3 zeigt den Temperaturverlauf bei kurzzeitiger Zufuhr der Verlustleistung p_{1k}, die erheblich über der Nenn-Verlustleistung p_{1n} liegen kann. Die Temperatur steigt deshalb rasch an, um der überhöhten Temperatur $\Delta\vartheta\ (\infty)$ zuzustreben. Bei Erreichen der Temperatur $\Delta\vartheta_1$ erfolgt die Abschaltung. Anschließend hat der Motor Gelegenheit,

sich abzukühlen; im gezeichneten Beispiel ist Selbstkühlung angenommen, so daß eine vergrößerte Abkühlzeitkonstante wirksam ist.
Für die Temperatur im Abschaltzeitpunkt gilt

$$\Delta\vartheta_1 = \Delta\vartheta(\infty)\,[1 - e^{-\frac{t_e}{T_\vartheta}}] \leqslant \Delta\vartheta_{max}$$

Dabei ist

$$\Delta\vartheta(\infty) = \Delta\vartheta_{max}\frac{p_{1k}}{p_{1n}}$$

die extrapolierte Endtemperatur. Somit folgt

$$\frac{p_{1k}}{p_{1n}} \leqslant \frac{1}{1 - e^{-\frac{t_e}{T_\vartheta}}} \approx \frac{T_\vartheta}{t_e}.$$

Eine Erhöhung der abgegebenen Leistung bei zunehmender Verkürzung der Einschaltzeit t_e ist natürlich nur innerhalb der Drehmomentgrenzen möglich. In Bild 4.4 ist dies im Prinzip gezeigt. Dabei ist links ein typischer Zusammenhang zwischen Drehmoment und Verlustleistung, rechts die Abhängigkeit der Einschaltdauer von der Verlustleistung aufgetragen. Die Verlustleistung steigt also weitaus stärker als das Drehmoment an. Die schraffierte Kontur entspricht dem Grenzbereich für eine mögliche Kurzzeitbelastung. Bei Motoren mit Kippmoment erreicht das Drehmoment einen Maximalwert, während die Verlustleistung bis zum Stillstand monoton zunimmt; bei Kommutatormaschinen stellt meistens der Kollektor die schwächste Stelle dar. Um eine weitere Erhöhung des abgegebenen Drehmomentes im Stoßbetrieb zu erreichen, z.B. bei Pressen, empfiehlt sich die Verwendung eines Schwungrades, d.h. eines mechanischen Energiespeichers.

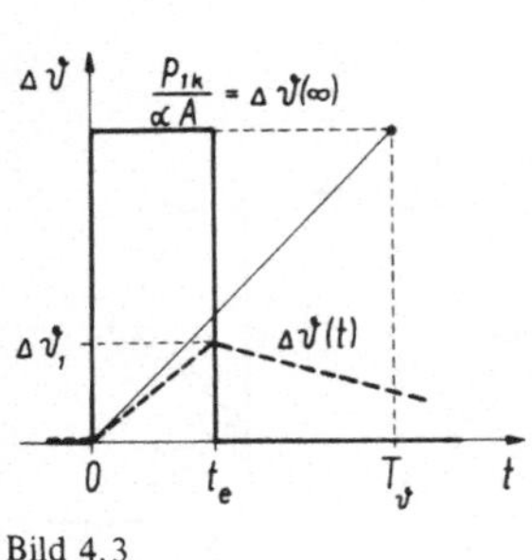

Bild 4.3

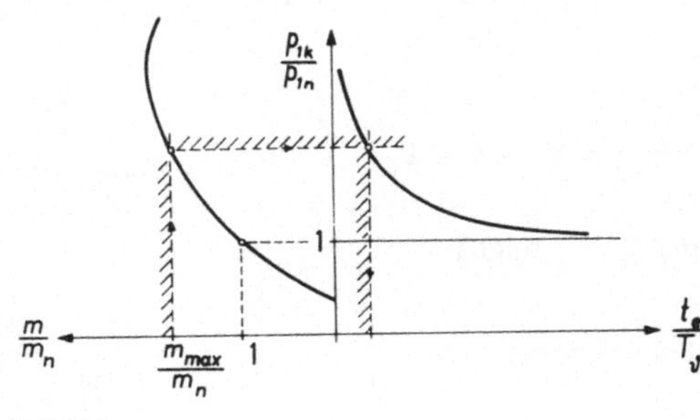

Bild 4.4

4.3.3. Periodischer Aussetzbetrieb. Bei manchen Antrieben, z.B. Aufzügen, automatischen Werkzeugmaschinen, Förderanlagen oder Walzwerken liegt ein bestimmtes Lastspiel vor, das angenähert periodisch durchlaufen wird. Im einfachsten Fall hat die Verlustleistung p_{1a} den in Bild 4.5 gezeichneten periodischen Rechteckverlauf. Dabei stellen sich Temperaturschwankungen ein, deren Mittelwert zunächst ansteigt, bis ein stationärer Zustand erreicht ist. Mit den thermischen Zeitkonstanten T_e, T_a während der Einschalt- bzw. Ausschaltzeit t_e, t_a gelten dann folgende Beziehungen

$$\Delta\vartheta'_{\nu+1} = \Delta\vartheta_\nu e^{-\frac{t_a}{T_a}},$$

$$\Delta\vartheta_{\nu+1} = \Delta\vartheta'_{\nu+1} + [\Delta\vartheta(\infty) - \Delta\vartheta'_{\nu+1}](1 - e^{-\frac{t_e}{T_e}}).$$

Elimination von $\Delta\vartheta'_{\nu+1}$ führt auf

$$\Delta\vartheta_{\nu+1} = (1 - e^{-\frac{t_e}{T_e}})\,\Delta\vartheta(\infty) + e^{-(\frac{t_e}{T_e} + \frac{t_a}{T_a})} \cdot \Delta\vartheta_\nu$$

$$= \Delta\vartheta_0 + a\Delta\vartheta_\nu, \quad a = e^{-(\frac{t_e}{T_e} + \frac{t_a}{T_a})} < 1,$$

d.h. eine lineare Rekursionsformel zwischen zwei aufeinanderfolgenden Scheitelwerten der Temperatur. Als Lösung ergibt sich eine geometrische Reihe

$$\Delta\vartheta_\nu = \frac{1 - a^\nu}{1 - a}\,\Delta\vartheta_0 = \frac{1 - e^{-\nu(\frac{t_e}{T_e} + \frac{t_a}{T_a})}}{1 - e^{-(\frac{t_e}{T_e} + \frac{t_a}{T_a})}}\,(1 - e^{-\frac{t_e}{T_e}})\,\Delta\vartheta(\infty).$$

Die Scheitelwerte liegen wegen $\nu = \dfrac{t - t_e}{t_e + t_a}$ auf einer Exponentialfunktion mit der Zeitkonstante

$$T_\vartheta = \frac{t_e + t_a}{\frac{t_e}{T_e} + \frac{t_a}{T_a}}, \quad \text{wobei } T_e \leqslant T_\vartheta \leqslant T_a.$$

Mit $T_e = T_a = T$ ist $T_\vartheta = T$ und

mit $t_e = t_a$ folgt $T_\vartheta = 2\dfrac{T_e T_a}{T_e + T_a}$.

Für $\nu \to \infty$ stellt sich

$$\Delta\vartheta_\infty = \frac{1 - e^{-\frac{t_e}{T_e}}}{1 - e^{-(\frac{t_e}{T_e} + \frac{t_a}{T_a})}}\,\Delta\vartheta(\infty)$$

als stationärer Scheitelwert ein.

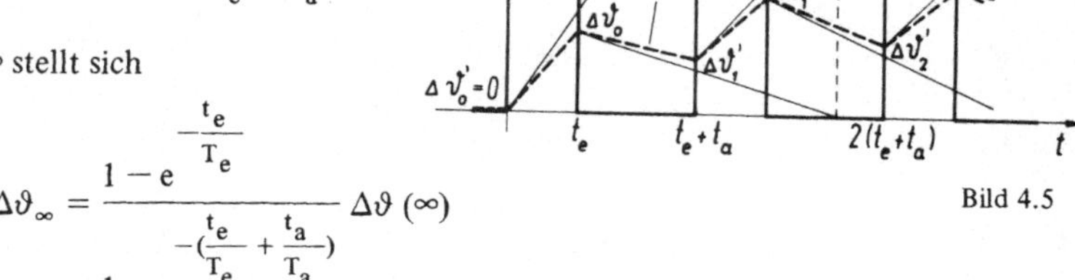

Bild 4.5

5. Fremderregte Gleichstrommaschine

5.1. Allgemeines

Gleichstrommotoren werden wegen ihrer günstigen Betriebseigenschaften als Regelantriebe vorzugsweise verwendet. Ihr einziger wesentlicher Nachteil ist der Kommutator, der die ausführbaren Leistungen und Drehzahlen nach oben begrenzt, Baulänge und Trägheitsmoment vergrößert und eine regelmäßige Wartung erfordert. Bei Drehstrommotoren, die über Thyristor-Umrichter mit veränderlicher Frequenz gespeist werden, entfällt der Kommutator, da die Stromwendung außerhalb des Motors in einer ruhenden Schaltung erfolgt, jedoch ist der Aufwand für den Umrichter beträchtlich. Der Drehstrom-Regelantrieb stellt deshalb vorerst nur in Sonderfällen eine wirtschaftliche Alternative zum Gleichstromantrieb dar. Fortschritte in der Halbleitertechnik werden die Grenze jedoch zugunsten des Drehstromantriebes verschieben.

Die Wirkungsweise einer Gleichstrommaschine im stationären Betrieb wird als bekannt vorausgesetzt [1], so daß es genügt, an einige Grundtatsachen zu erinnern. Bild 5.1a zeigt den prinzipiellen Aufbau einer zweipoligen Gleichstrommaschine mit dem feststehenden Ständer S und dem rotierenden zylindrischen Anker A. Während der Anker und die Polschuhe stets geblecht sind, um die Eisenverluste als Folge des veränderlichen Magnetfeldes zu verringern, ist der Rest des Ständers nur bei größeren und dynamisch hochbeanspruchten Maschinen aus Blechschnitten aufgebaut. Die Hauptpole P tragen die vom Erregergleichstrom i_e durchflossenen Erregerwicklungen, die den magnetischen Hauptfluß Φ_e über den Ständer und durch den Rotor treiben. In den Nuten des Ankers liegt eine geschlossene Wicklung, die über den Kollektor und einen Bürstensatz B mit dem Ankerstrom i_a gespeist wird. Dadurch entsteht ein raumfester Ankerstrombelag in

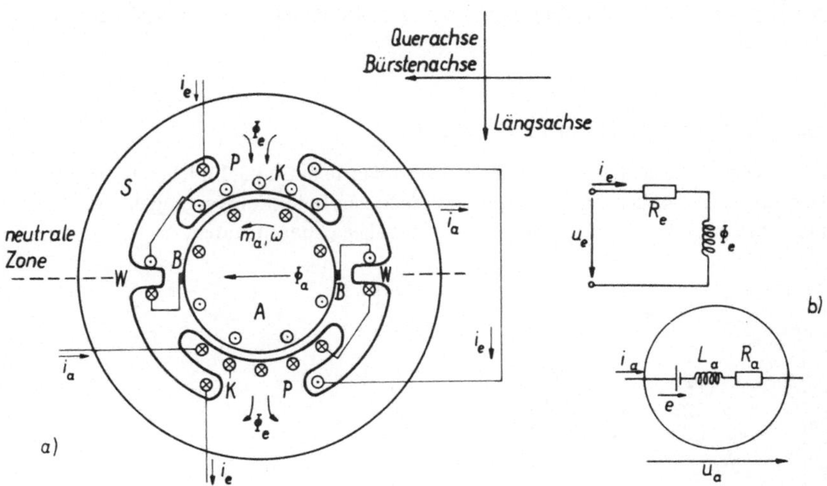

Bild 5.1

Richtung der Bürstenachse. Der daraus resultierende Ankerquerfluß Φ_a ist wegen des ausgedehnten Luftspaltes in Querrichtung erheblich kleiner als der Erregerfluß Φ_e. Durch die in den Polschuhen untergebrachten und ebenfalls vom Ankerstrom durchflossenen Kompensationswicklungen K läßt sich der Querfluß noch weiter reduzieren. Kompensationswicklungen sind im allgemeinen nur bei größeren Maschinen vorhanden; ansonsten nimmt man die vom Ankerstrom herrührende Verzerrung des Längsfeldes (Ankerrückwirkung) in Kauf. Mit Kompensationswicklungen ausgerüstete Maschinen sind allerdings stärker überlastbar; sie vertragen auch einen schnelleren Stromanstieg und Stromoberschwingungen, ohne daß die Güte der Kommutierung leidet, d.h. Bürstenfeuer entsteht. Auch die vom Ankerstrom erregten Wendepole W sollen das Magnetfeld in der Kommutierungszone beeinflussen, um eine möglichst funkenfreie Kommutierung zu erreichen.

Das Drehmoment m_a wird an der Ankeroberfläche gebildet; es ist dem Produkt aus Erregerfluß und Ankerstrom proportional. Die im Ankerkreis auftretende Spannung setzt sich aus einem erregerfluß- und drehzahlproportionalen induktiven Anteil e und den von Anker-, Wendepol- und Kompensationswicklung herrührenden Spannungsbeiträgen zusammen. Dem Erregerfluß kommt demnach eine zentrale Bedeutung für den Betrieb der Gleichstrommaschine zu.

In Bild 5.1b ist ein vereinfachtes Ersatzbild der Gleichstrommaschine dargestellt, das die resultierenden magnetischen Flüsse und Induktivitäten in Längs- und Querrichtung in konzentrierter Form enthält. Die gesamte Ankerspannung u_a besteht demnach aus der rotatorisch induzierten Spannung e, der Selbstinduktionsspannung $L_a\ (di_a/dt)$ und der Widerstandskomponente $R_a i_a$; L_a ist dabei die resultierende Ankerkreisinduktivität. Bei größeren Maschinen ist $R_a i_a \ll U_a$.

Die Gleichstrommaschine als dynamisches Gebilde, d.h. das Zusammenwirken der elektromagnetischen und mechanischen Vorgänge, wird im nächsten Abschnitt genauer untersucht.

5.2. Differentialgleichung und Blockschaltbild

Die Ersatzschaltung der Gleichstrommaschine wurde in Bild 5.2 nochmals umgeformt. Der idealisierte Anker verkörpert nun nur noch den Induktionsvorgang und die Drehmomenterzeugung. Die zugehörigen Differentialgleichungen lauten:

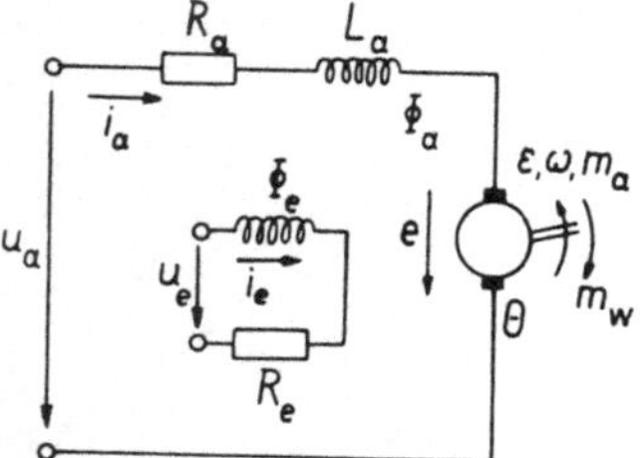

Bild 5.2

$u_a = R_a i_a + L_a \frac{di_a}{dt} + e$ Ankerstromkreis,

$e = c_1 \omega \Phi_e$ induzierte Ankerspannung,

$m_a = c_2 i_a \Phi_e$ Antriebsmoment,

$\Theta \frac{d\omega}{dt} = m_a - m_w$ Bewegungsgleichung,

$u_e = R_e i_e + N_e \frac{d\Phi_e}{dt}$ Erregerstromkreis,

$i_e = i_e(\Phi_e)$ Magnetisierungskennlinie bei Vernachlässigung der Hysterese,

$\omega = \frac{d\epsilon}{dt}$ Drehwinkel.

Mit den Normierungsgrößen

u_{a0}	Nenn-Ankerspannung,	$i_{a0} = \frac{u_{a0}}{R_a}$	Stillstandsstrom (8 bis 10facher Nennstrom),
$n_0 = \frac{\omega_0}{2\pi}$	Leerlaufdrehzahl bei Nennspannung und Nennerregung,	Φ_{e0}	Nenn-Erregerfluß,
$u_{a0} = e_0 = c_1 \omega_0 \Phi_{e0}$	Leerlaufspannung,	$u_{e0} = R_e i_{e0}$	Nenn-Erreger-spannung,
$m_0 = c_2 i_{a0} \Phi_{e0}$	extrapol. Stillstandsmoment,		

erhält man die normierten Zustandsgleichungen

$$T_a \frac{d\left(\frac{i_a}{i_{a0}}\right)}{dt} = \frac{u_a}{u_{a0}} - \frac{i_a}{i_{a0}} - \frac{\omega}{\omega_0}\frac{\Phi_e}{\Phi_{e0}}, \quad T_a = \frac{L_a}{R_a}, \tag{1}$$

$$T_{e0} \frac{d\left(\frac{\Phi_e}{\Phi_{e0}}\right)}{dt} = \frac{u_e}{u_{e0}} - f_e\left(\frac{\Phi_e}{\Phi_{e0}}\right), \quad T_{e0} = \frac{N_e \Phi_{e0}}{u_{e0}}, \tag{2}$$

$$T_{mk} \frac{d\left(\frac{\omega}{\omega_0}\right)}{dt} = \frac{i_a}{i_{a0}}\frac{\Phi_e}{\Phi_{e0}} - \frac{m_w}{m_0}, \quad T_{mk} = \frac{\Theta\omega_0}{m_0}, \tag{3}$$

$$T_\epsilon \frac{d\left(\frac{\epsilon}{\epsilon_0}\right)}{dt} = \frac{\omega}{\omega_0}, \quad T_\epsilon = \frac{\epsilon_0}{\omega_0}. \tag{4}$$

$\frac{i_e}{i_{e0}} = f_e\left(\frac{\Phi_e}{\Phi_{e0}}\right)$ ist dabei die normierte Magnetisierungskennlinie, ϵ_0 ist ein beliebig gewählter Bezugswinkel. Die Größen u_a, u_e sind als eingeprägte steuerbare Spannungen anzusehen. Die Ausgangsgrößen der vier Integratoren entsprechen den vier Speichergrößen des Systems; sie haben einen stetigen Verlauf. Wegen des größeren wirksamen Luftspaltes in Querrichtung und der eventuell vorhandenen Kompensationswicklung ist im allgemeinen $T_a \ll T_{e0}$. Die Eisensättigung in Querrichtung kann vernachlässigt werden.

Das durch die Zustandsgleichungen (1) bis (4) beschriebene dynamische System ist in Bild 5.3 graphisch dargestellt. Dabei ist angenommen, daß sich das Widerstandsmoment

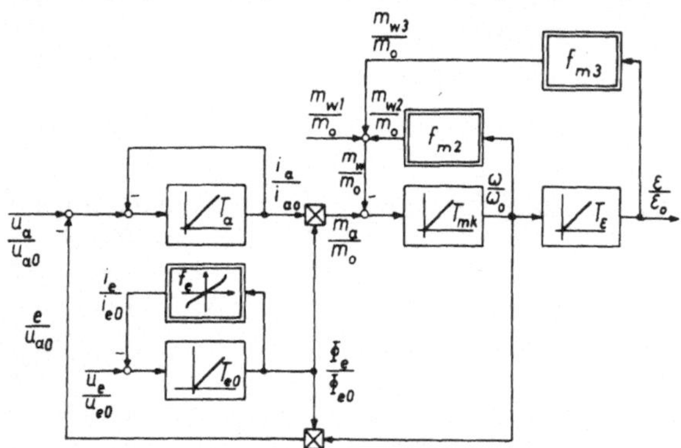

Bild 5.3

aus einem konstanten Anteil m_{w1} und je einer nichtlinear von der Drehzahl und vom Drehwinkel abhängigen Komponente zusammensetzt.

$$\frac{m_w}{m_0} = \frac{m_{w1}}{m_0} + f_{m2}\left(\frac{\omega}{\omega_0}\right) + f_{m3}\left(\frac{\epsilon}{\epsilon_0}\right).$$

Falls das Widerstandsmoment keine solche Abhängigkeiten aufweist, sind die entsprechenden Anteile f_m Null.

5.3. Stationäre Kennlinien bei Anker- und Feldsteuerung

Die sich bei konstanten Anregungsgrößen u_a, u_e, m_w einstellenden stationären Zustände erhält man durch Nullsetzen der Ableitungen in Gl. (1) bis (3).

$$\frac{u_a}{u_{a0}} - \frac{i_a}{i_{a0}} - \frac{\omega}{\omega_0}\frac{\Phi_e}{\Phi_{e0}} = 0\,, \tag{5}$$

$$\frac{u_e}{u_{e0}} - f_e\left(\frac{\Phi_e}{\Phi_{e0}}\right) = 0\,, \tag{6}$$

$$\frac{i_a}{i_{a0}} \frac{\Phi_e}{\Phi_{e0}} - \frac{m_w}{m_0} = 0\,, \quad \text{d.h. } m_a = m_w\,. \tag{7}$$

Der Drehwinkel ändert sich im stationären Zustand zeitlich linear; er bleibt vorerst unberücksichtigt. Für die weiteren Betrachtungen wird der Einfachheit halber Φ_e/Φ_{e0} anstelle von u_e/u_{e0} als unabhängige Variable angenommen. Damit folgt aus Gl. (5), (7)

$$\frac{\omega}{\omega_0} = \left(\frac{\Phi_e}{\Phi_{e0}}\right)^{-2} \left(\frac{u_a}{u_{a0}} \frac{\Phi_e}{\Phi_{e0}} - \frac{m_w}{m_0}\right), \tag{5a}$$

$$\frac{i_a}{i_{a0}} = \left(\frac{\Phi_e}{\Phi_{e0}}\right)^{-1} \frac{m_w}{m_0}\,. \tag{7a}$$

Betrachtet man u_a/u_{a0} und Φ_e/Φ_{e0} als einstellbare Steuergrößen, so erhält man als Lastkennlinien,

$$\frac{\omega}{\omega_0} = f\left(\frac{m_w}{m_0}\right) \quad \text{und} \quad \frac{i_a}{i_{a0}} = g\left(\frac{m_w}{m_0}\right),$$

Geradengleichungen. Je nachdem, ob u_a oder Φ_e (d.h. u_e) verändert wird, spricht man von Anker- oder Feldsteuerung.

5.3.1. Ankersteuerung. Für $\Phi_e/\Phi_{e0} = 1$ entfällt in Bild 5.3 die Wirkung der beiden Multiplizierstellen; Gl. (5a), (7a) haben damit die Form

$$\frac{\omega}{\omega_0} = \frac{u_a}{u_{a0}} - \frac{m_w}{m_0}\,, \tag{5b}$$

$$\frac{i_a}{i_{a0}} = \frac{m_w}{m_0}\,. \tag{7b}$$

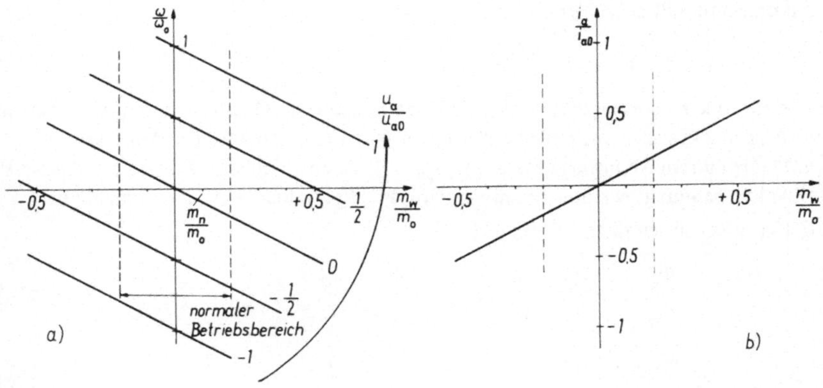

Bild 5.4

Die zugehörigen Drehmoment-Drehzahlkennlinien sind eine Schar paralleler Geraden mit u_a/u_{a0} als Parameter (Bild 5.4). Die Kurven gelten in allen vier Quadranten; es besteht also die Möglichkeit einer kontinuierlichen Drehzahl- und Drehmomentumkehrung.

Da die Ankerspannung u_a auf ihren Nennwert bezogen ist, interessiert nur der Bereich $-1 \leqslant u_a/u_{a0} \leqslant 1$; bei wesentlicher Überschreitung würde zunächst Bürstenfeuer und dann möglicherweise ein Kommutator-Lichtbogen auftreten. Der Ankerstrom ist im stationären Zustand dem Drehmoment proportional; die Ankerspannung hat auf diesen Zusammenhang keinen Einfluß.

Das Drehmoment ist auf das extrapolierte Stillstandsmoment m_0 bezogen, das bei größeren Motoren dem 8 bis 10fachen Nennmoment entspricht. Der normale Betriebsbereich umfaßt daher nur etwa den Streifen

$$-0{,}2 < \frac{m}{m_0} < 0{,}2.$$

Außerhalb dieses Bereiches sind die Kennlinien wegen der Ankerrückwirkung $\Phi_e\,(i_a)$ nur noch eingeschränkt gültig; auch ergeben sich Kommutierungsprobleme.

Die Tatsache, daß bei konstantem Hauptfluß Φ_e eine Änderung der Ankerspannung lediglich eine Parallelverschiebung der Drehzahl-Drehmoment-Kennlinien bewirkt, während die Strom-Drehmoment-Kennlinie konstant bleibt, ist bei Regelantrieben besonders vorteilhaft, da die Parameter der Regelstrecke, z.B. die Steigung $\partial\omega/\partial m_w$ der Kennlinien, unverändert bleiben; man hat es dann mit einem weitgehend linearen Stellglied zu tun.

Zur Steuerung der Ankerspannung werden neben rotierenden Umformern vor allem Stromrichter verwendet; diese Fragen sind Gegenstand eines späteren Abschnittes.

5.3.2. Feldsteuerung. Die zweite Möglichkeit zur Steuerung des Motors besteht in der Veränderung des Erregerfeldes Φ_e. Wegen der Eisensättigung ist allerdings keine wesentliche Erhöhung von Φ_e über den Nennwert Φ_{e0} hinaus möglich – der Motor wäre ja sonst ungenügend ausgenutzt – so daß nur eine Feldschwächung in Frage kommt. Somit gilt auch hier

$$-1 < \Phi_e/\Phi_{e0} < 1.$$

Falls die Ankerspannungsquelle einen Betrieb in allen vier Quadranten der u_a, i_a-Ebene zuläßt, genügt es, sich auf positive Werte von Φ_e zu beschränken. Die Ankerspannung wird gleich ihrem Nennwert gesetzt, $u_a/u_{a0} = 1$, da eine Feldschwächung bei abgesenkter Ankerspannung, wie noch erläutert wird, im allgemeinen nicht zweckmäßig ist.

Gl. (5a), (7a) lauten dann

$$\frac{\omega}{\omega_0} = \left(\frac{\Phi_e}{\Phi_{e0}}\right)^{-2} \left(\frac{\Phi_e}{\Phi_{e0}} - \frac{m_w}{m_0}\right), \tag{5c}$$

$$\frac{i_a}{i_{a0}} = \left(\frac{\Phi_e}{\Phi_{e0}}\right)^{-1} \frac{m_w}{m_0}. \tag{7c}$$

Für konstante Werte von Φ_e/Φ_{e0} erhält man als Lastkennlinien auch hier Geradengleichungen, allerdings mit unterschiedlichen Steigungen (Bild 5.5a). Die Achsenabschnitte sind gegeben durch Leerlauf,

$$m_w = 0, \quad \frac{\omega_L}{\omega_0} = \left(\frac{\Phi_e}{\Phi_{e0}}\right)^{-1},$$

und Stillstand

$$\omega = 0, \quad \frac{m_{st}}{m_0} = \frac{\Phi_e}{\Phi_{e0}}.$$

Mit abnehmendem Fluß werden die Drehzahl-Drehmoment-Kennlinien steiler; der Motor zeigt also ein „weiches" Lastverhalten, was z.B. bei Antrieben, die auf konstante Drehzahl geregelt werden sollen, unerwünscht ist.

Da sich mit abnehmendem Fluß bei gleichem Drehmoment außerdem die Strombelastung des Motors erhöht (Bild 5.5b), bietet eine Feldschwächung nur dann Vorteile, wenn der gewünschte Betriebspunkt mit einer Ankerspannungssteuerung nicht erreich-

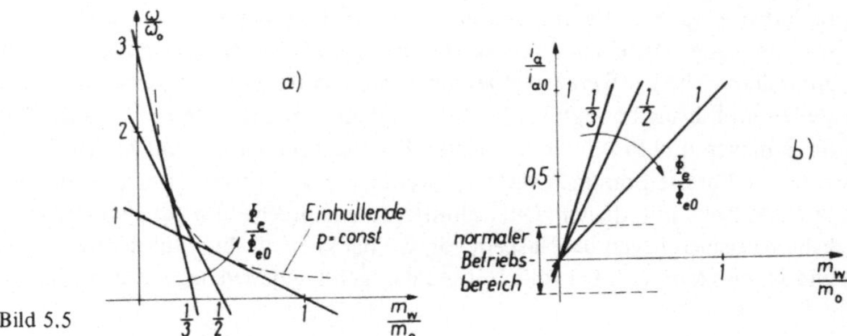

Bild 5.5

bar ist, oder wenn die Ankerspannung nicht verändert werden kann. Man verwendet eine Feldschwächung deshalb hauptsächlich zur Drehzahlerhöhung bei voller Ankerspannung und geringem Belastungsmoment. Unterhalb der Anker-Nennspannung, d.h. bei niedrigen Drehzahlen, ist eine Feldschwächung dagegen nicht zweckmäßig. Auch als Anlaßhilfe ist die Feldschwächung ungeeignet, da der Ankerstrom im Stillstand des Motors wegen des Wegfalles der induzierten Spannung vom Erregerfluß unabhängig ist.

Bild 5.5a ist auch zu entnehmen, daß eine Feldschwächung nicht unbedingt zu einer Drehzahlerhöhung führen muß; bei größerem Drehmoment kann sich wegen der steileren Kennlinien sogar eine Drehzahlabsenkung bei erhöhtem Strom einstellen [40]. Das Maximum der Drehzahl folgt durch Differentiation

$$\left.\frac{d\left(\frac{\omega}{\omega_0}\right)}{d\left(\frac{\Phi_e}{\Phi_{e0}}\right)}\right|_{m_w = \text{const}} = \left(\frac{\Phi_e}{\Phi_{e0}}\right)^{-3}\left(2\,\frac{m_w}{m_0} - \frac{\Phi_e}{\Phi_{e0}}\right) = 0.$$

Bei konstantem Drehmoment erhält man maximale Drehzahl somit für

$$\frac{\Phi_e}{\Phi_{e0}} = 2\,\frac{m_w}{m_0}\,.$$

Einsetzen in Gl. (5c) ergibt eine Hyperbel konstanter Leistung als Einhüllende der Drehzahl-Drehmoment-Kennlinien; die Berührungspunkte liegen bei

$$\frac{m_w}{m_0} = \frac{1}{2}\,\frac{m_{st}\,(\Phi_e)}{m_0}\,.$$

Unterhalb des halben vom jeweiligen Wert Φ_e abhängigen Stillstandsmomentes läßt sich somit durch Feldschwächung eine Drehzahlerhöhung erzielen, während bei stärkerer Belastung die Drehzahl zurückgeht. Man kann den jeweiligen Berührpunkt mit der Hyperbel als Drehpunkt der Kennlinienschar interpretieren.

Bei Maschinen ohne Kompensationswicklung tritt im Feldschwächbereich die Ankerrückwirkung besonders hervor. Die Gültigkeit der Kennlinien ist deshalb auf kleine Werte von i_a/i_{a0} beschränkt. Größere Ströme führen im Feldschwächbereich leicht zu fehlerhafter Kommutierung und Bürstenfeuer. Dennoch ist die Feldschwächung ein willkommenes Mittel zur Drehzahlsteigerung im Schwachlastbereich. Man denke z.B. an Stellantriebe bei Werkzeugmaschinen, wo das Werkzeug zwischen den Bearbeitungsstellen im Eilgang bewegt werden soll, oder an den Antrieb eines Umkehr-Walzwerkes für Schienen und Profile; in den ersten Durchgängen müssen mit hohem Drehmoment kurze und breite Brammen verformt werden, in den letzten „Stichen" dagegen gestreckte Werkstücke mit kleinem Querschnitt und entsprechend niedrigem Drehmoment. Ähnliche Aufgaben liegen bei Haspeln vor, wo bei kleinem Bunddurchmesser hohe Drehzahl und kleines Moment, bei vollem Bund dagegen kleine Drehzahl und großes Moment gefordert werden.

Multipliziert man Gl. (5c) mit m_w/m_0 und setzt Gl. (7a) ein, so entsteht ein Ausdruck für die abgegebene Leistung

$$\frac{p}{p_0} = \frac{\omega}{\omega_0}\cdot\frac{m_w}{m_0} = \frac{i_a}{i_{a0}}\,(1 - \frac{i_a}{i_{a0}})\,.$$

Bei gegebenem Maximalstrom $i_{a\,max}/i_{a0}$ ist somit die im Feldschwächbereich abgebbare mechanische Leistung angenähert konstant. Die Wirkung der Feldschwächung läßt sich demnach mit der eines veränderlichen Getriebes vergleichen.

Zu einem ähnlichen Ergebnis kommt man bei der Berechnung der mechanischen Anlaufzeitkonstanten:

Bei Nennerregung, $\Phi_e = \Phi_{e0}$, war die Kurzschluß-Anlaufzeitkonstante $T_{mk} = \Theta\omega_0/m_0$ wirksam, wobei ω_0 die Leerlaufdrehzahl und m_0 das Stillstandsmoment bei $u_a = u_{a0}$ bedeutet. Mit Feldschwächung steigt die Leerlaufdrehzahl auf den Wert $\omega_0\,(\Phi_e/\Phi_{e0})^{-1}$ an, während das Stillstandsmoment nur noch $m_0\Phi_e/\Phi_{e0}$ beträgt. Die Anlaufzeitkonstante im Feldschwächbereich ist also quadratisch vom Hauptfluß abhängig,

$$T_m\,(\Phi_e \leqslant \Phi_{e0}) = \frac{\Theta\omega_0}{m_0}\left(\frac{\Phi_e}{\Phi_{e0}}\right)^{-2} = T_{mk}\left(\frac{\Phi_e}{\Phi_{e0}}\right)^{-2}.$$

Ein Motor reagiert im Feldschwächbereich auf eine Änderung der Steuergröße somit wesentlich träger als bei vollem Erregerfeld.

5.3.3. Kombinierte Anker-Feld-Steuerung. Aus dem Vorstehenden geht hervor, daß sowohl Anker- als auch Feldsteuerung bei Gleichstrommotoren ihre Vorteile haben, daß ihre Anwendungsbereiche sich aber im allgemeinen ausschließen. Bild 5.6 zeigt dies noch einmal im Zusammenhang. Bei niedrigen Drehzahlen wird der Erregerfluß auf dem Nennwert Φ_{e0} gehalten, während die Drehzahl über die Ankerspannung u_a variiert wird. Man spricht deshalb auch vom Ankerspannungs- oder Grundbereich. Nach Erreichen der Nennspannung u_{a0} läßt sich die Drehzahl durch Absenken des Erregerflusses weiter steigern, entsprechend dem (aus zwei Ästen bestehenden) Feldschwächbereich. Die Leerlaufdrehzahl n_0 bei u_{a0} und Φ_{e0}. d.h. an der Berührungsstelle der beiden Bereiche, wird Grunddrehzahl genannt.

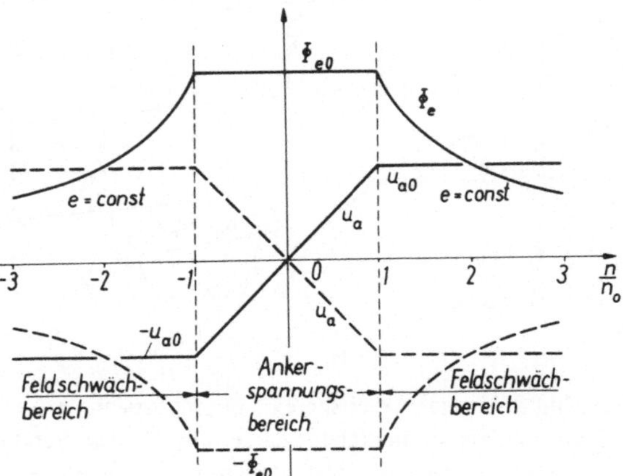

Bild 5.6

Bild 5.6 ist auch zu entnehmen, daß eine Drehrichtungsumkehr des Motors eine Umkehrung der Ankerspannung erfordert. Es ist zwar im Prinzip möglich, die Drehrichtung bei gleichem Vorzeichen der Ankerspannung auch durch Feldumkehr zu ändern (gestrichelte Linien), doch sind während der Entregung und der anschließenden umgekehrten Erregung besondere Maßnahmen erforderlich, um einen Kurzschluß im Ankerkreis zu vermeiden; außerdem erfordert wegen der magnetischen Energie die Umkehrung des Erregerflusses Zeit. Man wird eine Feldumkehr also nur dann vornehmen, wenn sich der gewünschte Vierquadrantbetrieb des Motors auf andere Weise nicht oder nur mit wesentlich größerem Aufwand erreichen läßt.

Im Interesse einer guten Kommutierung geht man mit dem Feldschwächbereich selten über die dreifache Grunddrehzahl hinaus ($|\Phi_e| > \Phi_{e0}/3$). Bei großen Motoren ist es außerdem notwendig, im Feldschwächbereich den maximalen Ankerstrom herabzusetzen, um die Kommutierung zu erleichtern.

Bei Gruppenantrieben mit gemeinsamer Ankerspannung (Papiermaschinen, kontinuierliche Walzenstraßen) wird manchmal eine leichte Feldschwächung zur Feinanpassung der einzelnen Drehzahlen verwendet, z.B. $\Phi_e > 0{,}8\ \Phi_{e0}$. In diesem Fall kommt auch eine gleichzeitige Anker- und Feldsteuerung in Betracht.

Das in Bild 5.6 skizzierte kombinierte Steuerverfahren läßt sich bei kleinen Leistungen mit einer Widerstandsschaltung verwirklichen. Bei größerer Leistung ist dieser Weg infolge der Verluste nicht gangbar; man verwendet dann meistens einen Hilfsregelkreis mit der Erregerspannung als Stellgröße, der im Feldschwächbereich die induzierte Ankerspannung $e/u_{a0} = \omega/\omega_0 \cdot \Phi_e/\Phi_{e0} = 1$ konstant hält. Damit ergibt sich gerade der gewünschte Verlauf des Erregerflusses $\Phi_e/\Phi_{e0} = (\omega/\omega_0)^{-1}$. (s. Abschn. 7.3.)

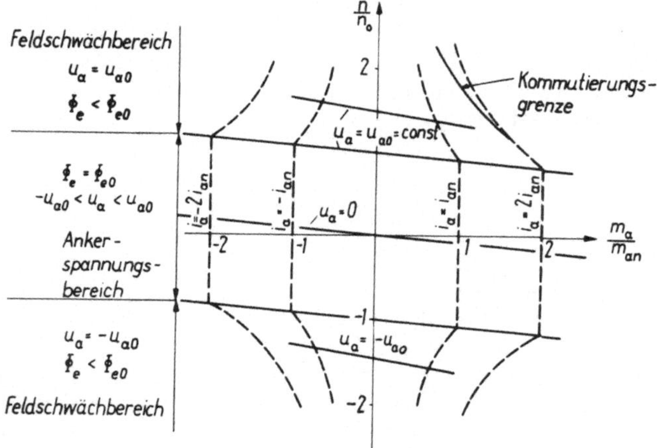

Bild 5.7

In Bild 5.7 ist der Arbeitsbereich des Motors mit Anker- und Feldsteuerung in der Drehzahl-Drehmomentebene dargestellt. Da das Drehmoment als Produkt von Ankerstrom und Erregerfluß entsteht, geht das zu einem bestimmten Ankerstrom gehörige Drehmoment im Feldschwächbereich zurück. Dies bewirkt eine stärkere Neigung der Drehzahl-Drehmoment-Kennlinien. Im rechten oberen Bereich ist die vorher erwähnte Kommutierungs-Grenzlinie eingetragen.

5.4. Dynamisches Verhalten bei konstantem Erregerfluß

Um einen besseren Überblick über die dynamischen Vorgänge bei der Gleichstrommaschine zu erhalten, wird das in Bild 5.3 gezeichnete Blockschaltbild vereinfacht, indem man das gesamte Widerstandsmoment m_w als unabhängige Veränderliche und den Erregerfluß Φ_e als wählbare Konstante betrachtet. Dies führt auf Bild 5.8; der Drehwinkel bleibt weiterhin unberücksichtigt.

Bei konstantem Hauptfluß entsteht somit ein lineares System, das durch Übertragungsfunktionen beschrieben werden kann, z.B. [20], [21]. Mit den Bildfunktionen

$$L\left(\frac{u_a}{u_{a0}}\right) = U_a(p), \quad L\left(\frac{\omega}{\omega_0}\right) = \Omega(p), \quad L\left(\frac{i_a}{i_{a0}}\right) = I_a(p), \quad \text{usw.}$$

sowie dem Feldschwäch-Faktor

$$\frac{\Phi_e}{\Phi_{e0}} = b \leqslant 1$$

gelten die Beziehungen

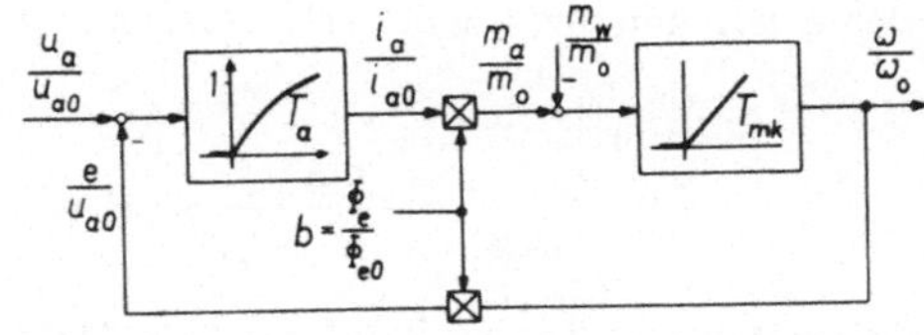

Bild 5.8

$$\Omega(p) = F_1(p)\,U_a(p) + F_2(p)\,M_w(p) = \frac{bU_a(p) - (T_a p + 1)\,M_w(p)}{T_{mk} p\,(T_a\,p + 1) + b^2}$$

und

$$I_a(p) = F_3(p)\,U_a(p) + F_1(p)\,M_w(p) = \frac{T_{mk} p U_a(p) + bM_w(p)}{T_{mk} p\,(T_a p + 1) + b^2}.$$

Ankerstrom und Drehzahl sind im Bildbereich also Linearkombinationen der unabhängigen Steuergrößen Ankerspannung und Widerstandsmoment.

Sämtlichen Teil-Übertragungsfunktionen ist der Nenner gemeinsam

$$N = T_{mk} p\,(T_a p + 1) + b^2 = T_{mk} T_a\,(p - p_1)(p - p_2).$$

Die Nullstellen von N (p), d.h. die Eigenwerte des Systems liegen bei

$$p_{1,2} = \frac{1}{2T_a}\left[-1 \pm \sqrt{1 - (2b)^2 \frac{T_a}{T_{mk}}}\right];$$

die Eigenfrequenz ist

$$\omega_e = \sqrt{p_1 p_2} = \frac{b}{\sqrt{T_{mk} T_a}},$$

der Dämpfungsfaktor

$$D = \frac{1}{2b}\sqrt{\frac{T_{mk}}{T_a}}.$$

Die Feldschwächung macht den Motor also träger, d.h. sie reduziert die Eigenfrequenz und erhöht die Dämpfung; dies entspricht der Verwendung eines Getriebes zur Erhöhung der Lastdrehzahl. Bild 5.9 zeigt die Wanderung der Eigenwerte $p_{1,2}$ abhängig vom Feldschwächfaktor b für den Fall, daß der Motor bei der Grunddrehzahl (b = 1) periodisch gedämpft ist, $T_{mk} < 4T_a$.

In Bild 5.10a, b ist der Verlauf der Winkelgeschwindigkeit und des Ankerstromes aufgetragen, wenn der Motor bei t = 0 zunächst ohne Last eingeschaltet und anschließend bei $t = t_1$ mit konstantem Moment belastet wird. Dabei sind jene Werte der Feldschwächung angenommen, die auf $D = 1/\sqrt{2}$, 1, $\sqrt{2}$ führen. Man erkennt, daß der Antrieb bei Feldschwächung wesentlich nachgiebiger wird. Bei stärkerer Belastung würde die Drehzahl mit Feldschwächung trotz des höheren Leerlaufwertes unter die Drehzahl bei vollem Feld abfallen.

Die Anfangssteigung der Drehzahl bei Belastung ist durch die mechanische Zeitkonstante bestimmt und von der Feldschwächung unabhängig,

$$\left.\frac{d\left(\frac{\omega}{\omega_0}\right)}{dt}\right|_{t=t_1} = -\frac{m_w}{m_0}\frac{1}{T_{mk}} \neq f(b)\;;$$

dies geht unmittelbar aus Bild 5.8 hervor, da der Strom i_a durch die Ankerinduktivität verzögert wird.

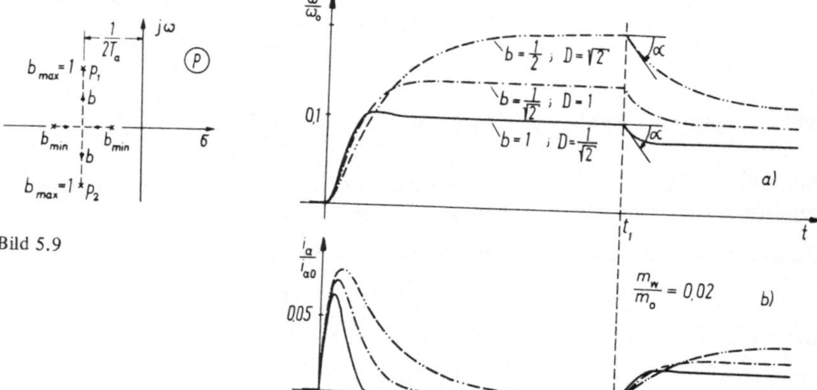

Bild 5.9

Bild 5.10

Enthält das Widerstandsmoment eine gemäß Bild 5.11a linear von der Drehzahl abhängige Komponente

$$\frac{m_w}{m_0} = \frac{m_{w1}}{m_0} + k_w \frac{\omega}{\omega_0}\,,$$

so entsteht das Blockschaltbild 5.11b; der mit k_w gegengekoppelte Integrator hat nun die Eigenschaften eines Proportionalgliedes mit Verzögerung.

Die Teil-Übertragungsfunktion zwischen Ankerspannung und Drehzahl lautet nun

$$\frac{\Omega}{U_a}(p) = \frac{b}{T_{mk} T_a p^2 + (T_{mk} + k_w T_a)\, p + b^2 + k_w}\;;$$

daraus folgt der neue Dämpfungsfaktor

$$D_1 = D\,\frac{1 + \frac{1}{4D^2}\frac{k_w}{b^2}}{\sqrt{1 + \frac{k_w}{b^2}}}\;.$$

Der Einfluß der drehzahlabhängigen Lastkomponente auf die Dämpfung des Antriebes hängt somit von dessen Kenngrößen ab. Eine Abschätzung zeigt, daß ein kleiner positiver Wert von k_w die Dämpfung des Antriebes für $D < 1/\sqrt{2}$ verbessert und für $D > 1/\sqrt{2}$ verschlechtert. Die in Abschn. 2.3 ohne Berücksichtigung der elektrischen Ausgleichsvorgänge gefundene Stabilitätsgrenze ergibt $k_w > -b^2$.

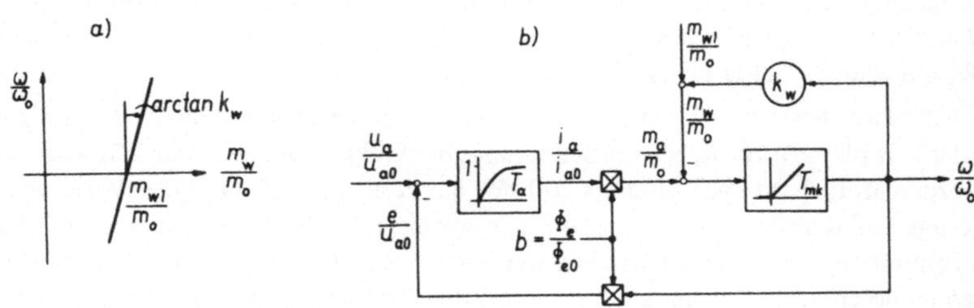

Bild 5.11

Manche Antriebe werden durch Wechselkomponenten in der Ankerspannung oder im Lastmoment angeregt, so daß stationäre Schwingungen des Ankerstromes und der Drehzahl entstehen, die sich mit der Übertragungsfunktion auf einfache Weise berechnen lassen. Das Lastmoment enthalte z.B. neben einem konstanten Anteil eine periodische Komponente der Frequenz ω_m

$$\frac{m_w}{m_0} = \frac{m_{w1}}{m_0} + \frac{\Delta\hat{m}_w}{m_0} \cos \omega_m t \,;$$

da der Motor ein lineares System darstellt, kann man die beiden Anteile getrennt betrachten und die Ergebnisse überlagern.

Mit dem Ansatz

$$\frac{\Delta\hat{m}_w}{m_0} \cos \omega_m t = \frac{\Delta\hat{m}_w}{2m_0} \left(e^{j\omega_m t} + e^{-j\omega_m t}\right)$$

findet man z.B. den Scheitelwert der Wechselkomponente im Ankerstrom

$$\frac{\Delta\hat{i}_a}{i_{a0}} = \left| \frac{b}{T_{mk} T_a (j\omega_m)^2 + T_{mk} j\omega_m + b^2} \right| \frac{\Delta\hat{m}_w}{m_0} .$$

In entsprechender Weise läßt sich die Phase des Wechselstromes berechnen.

Falls die Frequenz einer periodischen Störung in der Nähe der Eigenfrequenz eines schwach gedämpften Antriebes liegt, ist eine Resonanzüberhöhung möglich. Die dynamischen Vorgänge bei fremderregten Gleichstrommaschinen werden in späteren Abschnitten in Verbindung mit Regelproblemen weiter behandelt.

6. Gleichstrom-Reihenschlußmotor

Ein Reihenschlußmotor unterscheidet sich von dem vorher behandelten fremderregten Gleichstrommotor durch eine veränderte Ausführung und Schaltung der Erregerwicklung, die nun gemäß Bild 6.1 von einem Teil des Ankerstroms durchflossen wird. R_a ist dabei der – möglicherweise durch externe Widerstände vergrößerte – Ankerwiderstand, R_p ein veränderlicher Feldschwächwiderstand.

Wegen ihrer Betriebseigenschaften sind Reihenschlußmotoren größerer Leistung vor allem als Fahrzeugantriebe von Bedeutung. Bei Elektrofahrzeugen und Straßenbahnen werden Motorleistungen bis etwa 200 kW, bei Fernbahnen über 1000 kW verwendet. Reihenschlußmotoren können im Prinzip sowohl mit Gleichstrom als auch mit Wechselstrom niedriger Frequenz betrieben werden; der konstruktive Aufbau ist in beiden Fällen natürlich unterschiedlich. So erfordert der Wechselstrommotor wegen der sonst auftretenden Wirbelströme z.B. einen geblechten Ständer und besondere Vorkehrungen hinsichtlich der Kommutierung. Seitdem leistungsfähige und kompakte Gleichrichter verfügbar sind, geht man teilweise auch bei Fernbahnen mit Wechselstromspeisung zum Gleichstromantrieb über.

Ein Anwendungsgebiet für Reihenschlußmotoren kleiner Leistung und hoher Drehzahl sind Haushaltsgeräte und Elektrowerkzeuge, wo sie als sog. Universalmotoren weit verbreitet sind.

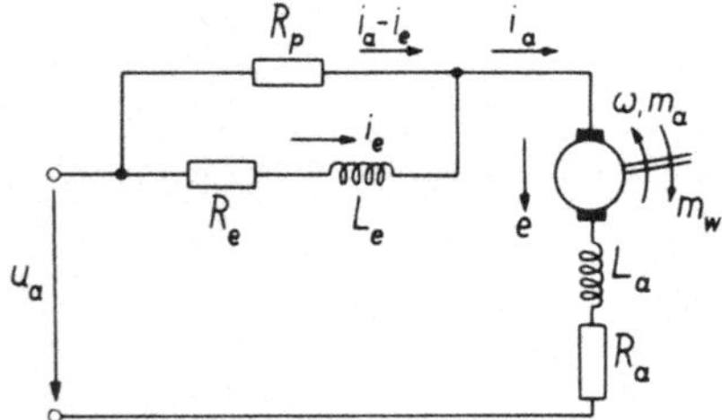

Bild 6.1

Die Betriebseigenschaften eines Reihenschlußmotors lassen sich durch eine Regelung auch bei Verwendung eines fremderregten Gleichstrommotors erzielen. In manchen Fällen ist dieses Verfahren wegen seiner größeren Flexibilität sogar vorzuziehen.

6.1. Dynamisches Blockschaltbild

Mit der Annahme, daß Feld- und Ankerwicklung wegen der geometrischen Anordnung transformatorisch nicht gekoppelt sind und daß keine magnetische Sättigung auftritt, gelten folgende Beziehungen

$$u_a = R_p\,(i_a - i_e) + R_a i_a + L_a \frac{di_a}{dt} + e\,, \tag{1}$$

$$R_p\,(i_a - i_e) = L_e \frac{di_e}{dt} + R_e i_e\,, \tag{2}$$

$$e = c_1 \omega i_e \,, \tag{3}$$

$$m_a = c_2 i_a i_e \,, \tag{4}$$

$$\Theta \frac{d\omega}{dt} = m_a - m_w \,. \tag{5}$$

Zur Normierung werden die mit dem Index 1 versehenen Nenngrößen ohne Feldschwächung ($R_p \to \infty$) und ohne Anker-Vorwiderstand verwendet,

$$e_1 = c_1 \omega_1 i_{a1} = \eta_1 u_{a1}, \quad m_{a1} = c_2 (i_{a1})^2,$$

wobei η_1 der elektrische Wirkungsgrad (ohne Reibungs- und Eisenverluste) im Nenn-Arbeitspunkt ist. Außerdem wird der Stillstandsstrom i_{a0} bei Nennspannung eingeführt.

$$u_{a1} = (R_{a1} + R_e)\, i_{a0} = (R_{a1} + R_e) \frac{i_{a1}}{1 - \eta_1}.$$

R_{a1} ist der Eigenwiderstand des Ankers einschließlich des Bürstenwiderstandes.

Durch Normierung und Umrechnung folgen dann aus (1) bis (5) die Zustandsgleichungen

$$T_{a1} \frac{d\left(\frac{i_a}{i_{a1}}\right)}{dt} = \frac{1}{1-\eta_1}\left(\frac{u_a}{u_{a1}} - \eta_1 \frac{\omega}{\omega_1} \frac{i_e}{i_{a1}}\right) - \frac{R_a}{R_{a1} + R_e} \frac{i_a}{i_{a1}} - \frac{R_p}{R_{a1} + R_e} \frac{i_a - i_e}{i_{a1}}, \tag{6}$$

$$T_{e1} \frac{d\left(\frac{i_e}{i_{a1}}\right)}{dt} = -\frac{R_e}{R_{a1} + R_e} \frac{i_e}{i_{a1}} + \frac{R_p}{R_{a1} + R_e} \frac{i_a - i_e}{i_{a1}}, \tag{7}$$

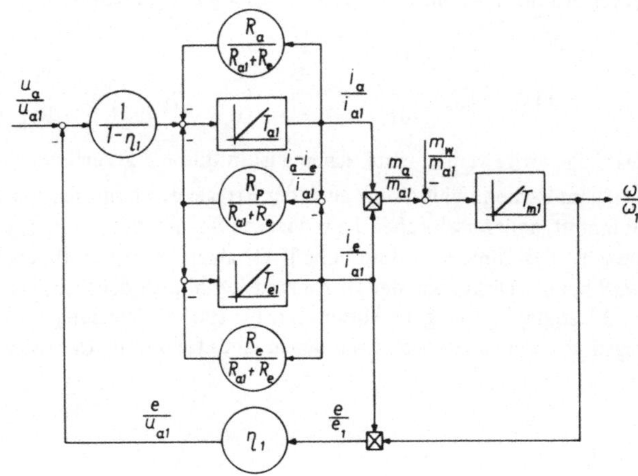

Bild 6.2

$$T_{m1} \frac{d\left(\frac{\omega}{\omega_1}\right)}{dt} = \frac{i_a}{i_{a1}} \frac{i_e}{i_{a1}} - \frac{m_w}{m_{a1}}. \tag{8}$$

Dabei ist

$$T_{a1} = \frac{L_a}{R_{a1} + R_e}, \quad T_{e1} = \frac{L_e}{R_{a1} + R_e}, \quad T_{m1} = \frac{\Theta\omega_1}{m_{a1}}.$$

In Bild 6.2 ist das zugehörige nichtlineare Blockschaltbild gezeichnet. Die stetigen Energiegrößen i_a, i_e, ω erscheinen darin wieder als Ausgangsgrößen der Integratoren; Feld- und Ankerkreis sind als zwei über R_p gekoppelte Verzögerungsglieder zu erkennen. Das Antriebsdrehmoment wird als Produkt der geometrisch senkrecht aufeinander stehenden Durchflutungen gebildet, während der mechanische Teil die gleiche Form hat wie beim fremderregten Motor.

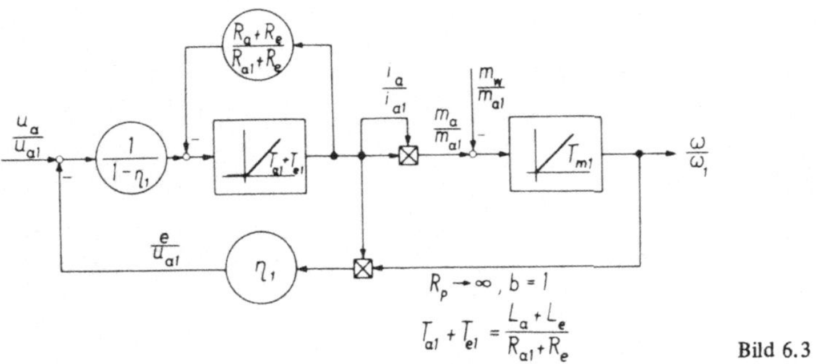

Bild 6.3

Ohne Feldschwächung, d.h. für $R_p \to \infty$, wird $i_e = i_a$; Gl. (6), (7) lassen sich dann durch Addition zu einer einzigen Gleichung zusammenfassen,

$$(T_{a1} + T_{e1}) \frac{d\left(\frac{i_a}{i_{a1}}\right)}{dt} = \frac{1}{1-\eta_1} \left(\frac{u_a}{u_{a1}} - \eta_1 \frac{\omega}{\omega_1} \frac{i_a}{i_{a1}}\right) - \frac{R_a + R_e}{R_{a1} + R_e} \frac{i_a}{i_{a1}}. \tag{9}$$

Das zugehörige vereinfachte Schema ist in Bild 6.3 gezeichnet.

Da beim Reihenschlußmotor auch der Erregerstrom mit der mechanischen Last zu- und abnimmt, andererseits aber die induzierte Spannung $e = c_1 \omega i_e$ durch die Ankerspannung u_a bestimmt wird, sind hohe Drehzahlen im Leerlaufbereich zu erwarten. Dies wird bei der Diskussion der stationären Kennlinien deutlich. Der Einfluß der – hier vernachlässigten – Sättigung kommt nur bei starker Belastung zum Tragen; die Betriebseigenschaften nähern sich dann denen eines fremderregten Motors.

6.2. Stationäres Betriebsverhalten

Die stationären Kennlinien erhält man am einfachsten wieder durch Nullsetzen der Ableitungen in den Zustandsgleichungen (6) bis (8). Aus Gl. (6) und (7) folgt nach Elimination von i_e/i_{a1}

$$\frac{u_a}{u_{a1}} = [\eta_1 b \frac{\omega}{\omega_1} + (1-\eta_1)\frac{R}{R_1}]\frac{i_a}{i_{a1}}, \tag{10}$$

wobei $b = R_p/(R_e + R_p) = i_e/i_{a\ stat}$ den stationären Feldschwächfaktor und

$$\frac{R}{R_1} = \frac{R_a + \frac{R_e R_p}{R_e + R_p}}{R_{a1} + R_e} = \frac{R_a + bR_e}{R_{a1} + R_e}$$

das Verhältnis des wirksamen Ankerkreiswiderstandes zum Nennwiderstand darstellt; in entsprechender Weise erhält man aus Gl. (7) und (8) mit $m_w = m_a$,

$$\frac{i_a}{i_{a1}} = \sqrt{\frac{1}{b}\frac{m_w}{m_{a1}}}\,. \tag{11}$$

Elimination von i_a/i_{a1} aus Gl. (10), (11) führt schließlich auf die stationären Drehzahl-Drehmoment-Kennlinien

$$\frac{\omega}{\omega_1} = \frac{\frac{u_a}{u_{a1}}}{\eta_1\sqrt{b\frac{m_w}{m_{a1}}}} - \frac{1-\eta_1}{\eta_1}\frac{1}{b}\frac{R}{R_1}\,. \tag{12}$$

Als Steuergrößen sind Ankerspannung (u_a), Ankerwiderstand (R) und Feldschwächwiderstand (R_p) verfügbar.

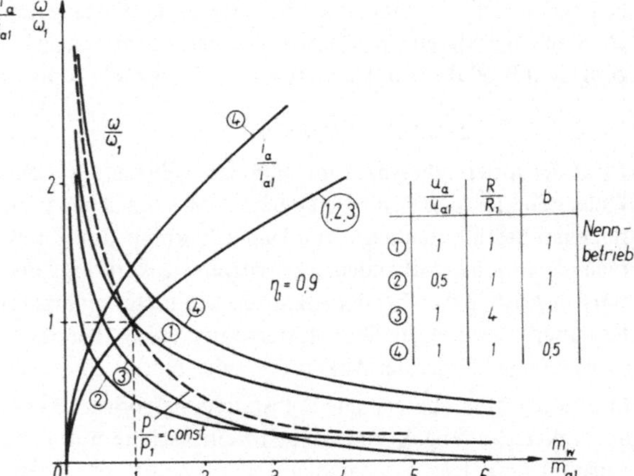

	$\frac{u_a}{u_{a1}}$	$\frac{R}{R_1}$	b
①	1	1	1
②	0,5	1	1
③	1	4	1
④	1	1	0,5

Bild 6.4

In Bild 6.4 sind einige der mit der Annahme $\eta_1 = 0{,}9$ entstehenden stationären Kennlinien gezeichnet. Wie zu erwarten, verlaufen die Drehzahl-Drehmomentkurven im Schwachlastbereich sehr steil. Bei Fahrzeugantrieben ist dies erwünscht, da sich der Motor dann einer veränderlichen Fahrgeschwindigkeit weich, d.h. stoßfrei, anpaßt. Die Ähnlichkeit der Kurven mit der gestrichelt eingetragenen Hyperbel konstanter Leistung – die Kennlinie eines idealen getriebelosen Fahrzeugantriebes – liegt auf der Hand. Bei ortsfesten Motoren höherer Leistung stellt der starke Drehzahlanstieg bei Entlastung natürlich eine Gefahr dar.

Den Strom-Drehmomentkurven ist zu entnehmen, daß auch beim Reihenschlußmotor eine Feldschwächung den zu einem gegebenen Lastmoment gehörigen Strom vergrößert. Wegen der zusätzlichen Kupferverluste und der bei schwachem Feld eher gefährdeten Kommutierung wird man auch hier die Feldschwächung auf das notwendige Maß beschränken.
Bei Gleichstrom-Fahrmotoren und konstanter Speisespannung, z.B. bei Straßenbahnen, werden zum Anfahren vorwiegend Ankerwiderstände verwendet, sofern keine elektronischen Steuergeräte vorhanden sind. Bei höherer Drehzahl wird das Feld geschwächt. Außerdem besteht oft die Möglichkeit, mehrere Motoren in Reihe oder Parallel zu schalten und so die Spannung in mehreren Stufen verlustfrei zu ändern. Bei Wechselstrom (Fernbahn) kann die Spannung mit einem Transformator feinstufig verstellt werden.

Da das Drehmoment dem Produkt $i_a \Phi_e$ proportional ist, erfordert eine Drehmoment-Umkehrung eine Umpolung der Feldwicklung; der Motor kann damit im ersten bzw. dritten Quadranten der n, m-Ebene betrieben werden. Im zweiten bzw. vierten Quadranten, d.h. bei Umkehrung der Drehzahl, ist ein instabiler Zustand möglich; dies zeigt sich an einer horizontalen Asymptoten der Drehzahl-Drehmoment-Kennlinie (Gl. 12) bei

$$\frac{\omega_s}{\omega_1} = -\frac{1-\eta_1}{\eta_1}\frac{1}{b}\frac{R}{R_1} < 0. \tag{13}$$

Es handelt sich dabei um einen Selbsterregungsvorgang, der sich anhand von Bild 6.3 anschaulich erklären läßt: Da die induzierte Spannung e bei vernachlässigter Eisensättigung dem Produkt von Ankerstrom und Drehzahl proportional ist,

$$e = c_1 \omega i_a = R'(\omega)\, i_a ,$$

wirkt der rotierende Anker im stationären Zustand wie ein der Drehzahl proportionaler Widerstand $R'(\omega)$; wenn die Drehzahl ihr Vorzeichen umkehrt, wird auch R' negativ. Bei einer bestimmten negativen Drehzahl kompensiert dieser scheinbare Widerstand gerade die wirklich vorhandenen (positiven) Ankerkreiswiderstände, was sich in einem starken Anstieg des (bei der negativen Drehrichtung bremsenden) Motor-Drehmomentes äußert. Der Einsatz der Selbsterregung erfolgt bei desto kleinerer Drehzahl und umso stärker, je kleiner der Ankerkreiswiderstand R ist.

In Bild 6.5 ist der gerechnete Selbsterregungsvorgang eines mit einer kleinen konstanten Ankerspannung u_a betriebenen Reihenschlußmotors dargestellt. Der Motor wurde zunächst ohne Last beschleunigt und zur Zeit t_1 mit einem konstanten (aktiven) Wider-

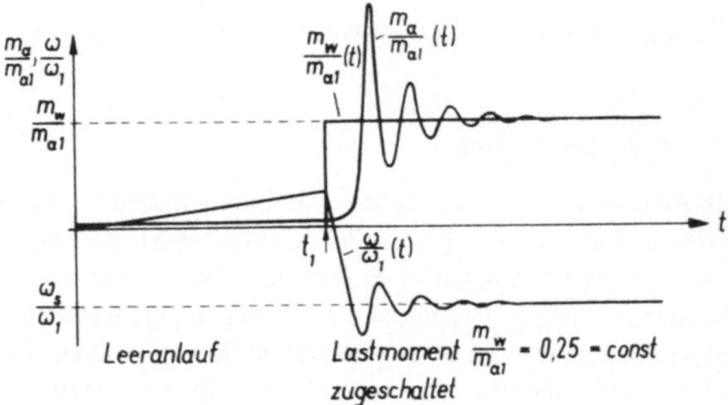

Bild 6.5

standsmoment m_w belastet. Das Drehmoment war dabei so groß gewählt, daß der Motor von der Last „durchgezogen“, d.h. reversiert wurde, bis bei Annäherung an ω_s, d.h. im 4. Quadranten, Selbsterregung eintrat. Sie äußert sich durch einen steilen Anstieg des Motormomentes, so daß die stationäre Drehzahl auf den durch Gl. (13) bestimmten Endwert begrenzt wird. Die Selbsterregung geht in Form eines nichtlinearen Schwingungsvorganges mit großen Drehmomentspitzen vor sich.

Bei Fahrzeugantrieben wird der selbsterregte Reihenschlußmotor als fahrdrahtunabhängige Widerstandsbremse verwendet [41]. Da hierzu aber eine Drehmomentumkehr notwendig ist, muß vorher die Feldwicklung umgepolt werden. Der Selbsterregungsvorgang erfolgt dann im 2. Quadranten der Drehzahl-Drehmoment-Ebene; er läßt sich durch Wahl des Ankerwiderstandes steuern. Eine genaue Analyse des Selbsterregungsvorganges ist nur bei Berücksichtigung der Eisensättigung möglich; in Bild 6.6 ist dies qualitativ gezeigt. e (i_a) ist die induzierte Anker-Spannung der Maschine als Funktion des Ankerstromes bei einer bestimmten (überkritischen) Drehzahl, Ri_a die lineare Kennlinie eines Bremswiderstandes. Im unteren Bereich setzt, infolge der Remanenzspannung e_R auch ohne äußere Spannungsquelle, Selbsterregung ein; der Vorgang stabilisiert sich jedoch wegen der Sättigung des Erregerkreises im Punkt S. Die Maschine arbeitet dann generatorisch auf den vorwiegend externen Widerstand R und wird dabei abgebremst.

Bei Fernbahnen werden im Bremsbetrieb die Fahrmotoren wegen der besseren Steuerungsmöglichkeit oft als fremderregte Gleichstromgeneratoren geschaltet.

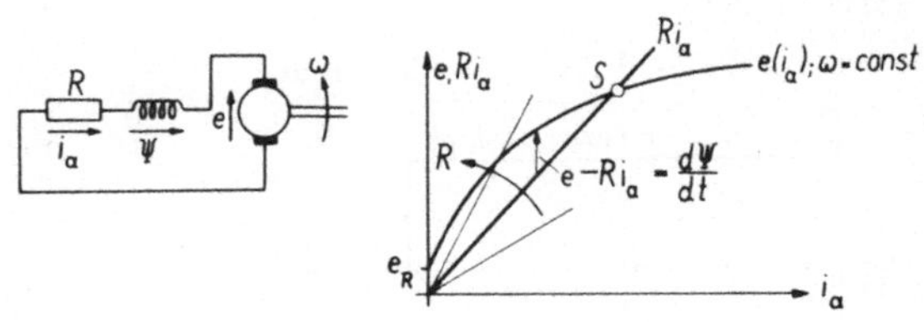

Bild 6.6

7. Regelung einer fremderregten Gleichstrommaschine

7.1. Aufgabenstellung

In Abschn. 5 wurde das statische und dynamische Verhalten einer fremderregten Gleichstrommaschine bei zeitlich konstanter Anker- und Erregerspannung erläutert. Diese Untersuchung wird nun erweitert, indem man die Maschine als Teil eines Regelkreises betrachtet. Hierfür ist die Überlegung maßgebend, daß in der Praxis die Wahl eines Gleichstromantriebes gewöhnlich durch die Möglichkeit bestimmt ist, damit einen weiten Drehzahlbereich verlustarm überstreichen zu können. Um aber das gewünschte Betriebsverhalten bei Netz- und Laststörungen sicherzustellen, sind fast immer Regeleingriffe notwendig.

Daß Gleichstrommotoren üblicherweise mit einer Regelung ausgerüstet werden, hat noch einen anderen Grund: Der Ankerkreis größerer Motoren weist nur einen kleinen Widerstand auf, der in Verbindung mit der Ankernennspannung im Stillstand der Maschine einen Kurzschlußstrom bis zum 10fachen des Nennstromes entstehen läßt. Im normalen Betrieb tritt dieser Wert nicht auf, da für die Ausbildung des Ankerstromes nur die Differenz zwischen der Klemmenspannung u_a und der induzierten Ankerspannung e wirksam ist. Dagegen besteht im nichtstationären Zustand, z.B. bei Anfahr- oder Bremsvorgängen, durchaus die Möglichkeit, daß sich infolge einer zu raschen Spannungs- oder Drehzahländerung ein unzulässig großer Ankerstrom ausbildet; das gleiche gilt bei stationärer Überlastung des Motors. Es ist deshalb zum Schutz des Motors, der Stromversorgung, und auch der Last notwendig, eine schnelle Strom- und damit Drehmomentbegrenzung vorzusehen, die am besten als Regelung ausgeführt wird. Man erhält so einen wirkungsvollen Schutz des gesamten Antriebes vor elektrischen und mechanischen Überbeanspruchungen. Gleichzeitig gewinnt man ein eindeutiges Kriterium zur Unterscheidung von betriebsmäßig zulässigen Überströmen und Strömen, die auf einem Funktionsfehler beruhen müssen und deshalb eine Abschaltung erfordern.

In den meisten Fällen wünscht der Anwender die Möglichkeit, eine Solldrehzahl n_{soll} vorzugeben, die der Antrieb unabhängig vom Lastmoment einhält, solange er dabei nicht überlastet ist. Falls Überlastung eintritt, soll der Motor das maximale Drehmoment in der gewünschten Richtung erzeugen; häufig wird dabei das zweifache Nennmoment verlangt. Man kommt so zu der in Bild 7.1 gezeichneten Kennlinienschar eines Regelantriebes.

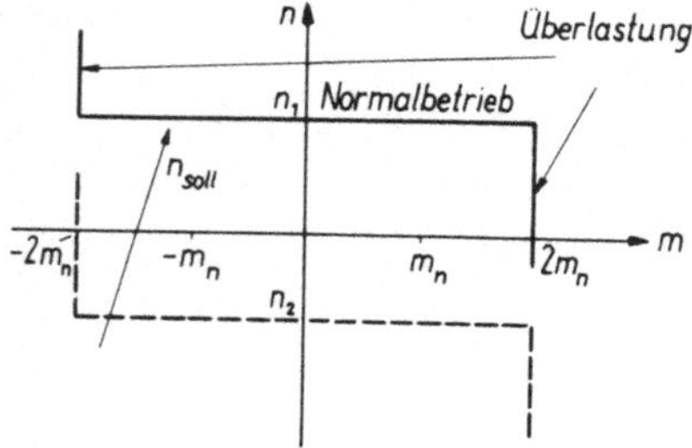

Bild 7.1

Bei manchen Antrieben, z.B. bei Aufzügen, ist zeitweilig auch konstante Beschleunigung oder die Einhaltung eines bestimmten Drehwinkels notwendig. Auch ist es möglich, etwa bei Stellmotoren für Werkzeugmaschinen, daß ein bestimmter zeitlicher Verlauf des Drehwinkels im Detail vorgeschrieben ist.

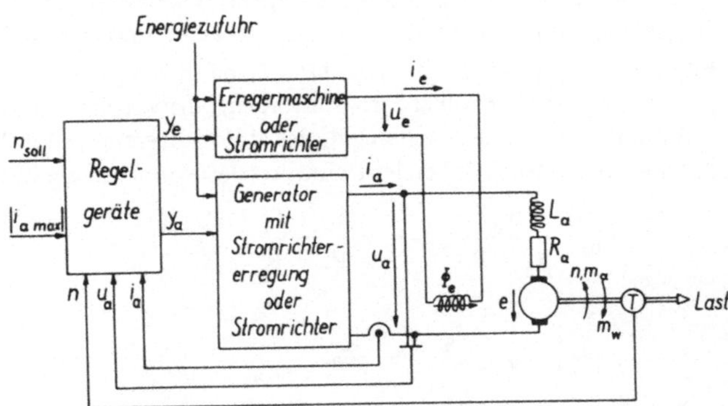

Bild 7.2

Alle diese Forderungen lassen sich – gegebenenfalls nach Ergänzung – mit der in Bild 7.2 dargestellten Grundschaltung erfüllen, wobei der Motor im Anker- und Feldstromkreis durch zwei getrennt steuerbare Spannungsquellen gespeist wird. Hierfür kommen rotierende Umformer oder – heute vorzugsweise – Stromrichter in Frage; auch magnetische Verstärker sind gelegentlich noch anzutreffen. Die stationäre Erregerleistung beträgt bei üblichen Motoren etwa 5 bis 10% der Leistung im Ankerkreis.

Bei Verwendung eines rotierenden Umformers im Ankerkreis, d.h. eines von einem Drehstrommotor angetriebenen Gleichstromgenerators, ist ein Leistungsfluß in beiden Richtungen möglich; der zu steuernde Motor kann dann in allen vier Quadranten der n, m-Ebene betrieben werden. Auch bei netzgeführten Stromrichtern ist ein 4-Quadrant-Betrieb mit Nutzbremsung möglich, allerdings auf Kosten zusätzlichen Aufwandes; dagegen lassen sich über Magnetverstärker gespeiste Motoren nur in einem einzigen Quadranten betreiben. Natürlich steht immer die Möglichkeit offen, den Motor generatorisch auf Widerstände zu bremsen.

Bild 7.2 enthält einen Block „Regelgeräte", dem die Vorgabegrößen n_{soll}, $|i_{a\,max}|$ sowie die Meßgrößen u_a, i_a und n zugeführt werden. Die Drehzahl ist dabei mit einer Tachometermaschine in ein proportionales Gleichspannungssignal abgebildet. Die Regler erzeugen daraus die Stellgrößen y_a und y_e zur Steuerung der beiden Spannungsquellen. Im Bedarfsfall kommen noch Führungsgrößen und Meßgrößen für Beschleunigung und Drehwinkel hinzu.

Im folgenden werden einige vielfach erprobte Regelverfahren für Gleichstrommotoren beschrieben, ohne zunächst auf Fragen der Stromversorgung einzugehen. Die mit den Stromrichtern selbst zusammenhängenden Fragen werden in einem späteren Abschnitt behandelt.

7.2. Strom-Drehzahl-Regelung im Ankerspannungsbereich

Zunächst sei der einfachere Fall betrachtet, daß der Motor im Ankerspannungsbereich arbeitet, $-n_0 \leq n \leq n_0$. In Abschnitt 5 wurde erläutert, daß dann der Nennwert Φ_{e0} des Erregerflusses einzustellen ist, um die Strombelastung des Ankers möglichst klein zu halten und um gegen unerwartete Laststöße bestmöglich gerüstet zu sein.

Bild 7.3a zeigt den Ankerkreis des Motors; dabei ist e_a die über y_a steuerbare, eingeprägte Spannung der Anker-Stromversorgung, die wegen der Innen-Impedanz (R_i, L_i) nicht mit der Klemmenspannung u_a des Motors übereinstimmt. Die Innen-Impedanz des Stellgliedes ist auch bei der Definition der Normierungsgrößen zu berücksichtigen,

$$i_{a0} = \frac{u_{a0}}{R_a + R_i}, \quad T_a = \frac{L_a + L_i}{R_a + R_i}.$$

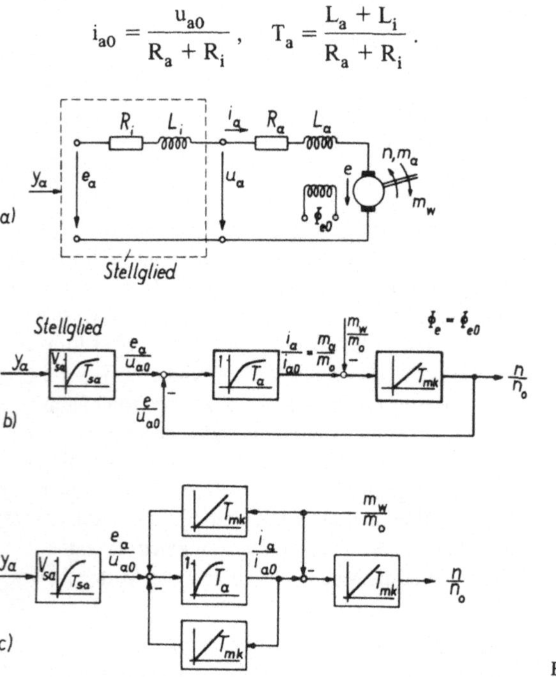

Bild 7.3

Mit den Ergebnissen von Abschn. 5.3. erhält damit das Blockschaltbild des Motors die in Bild 7.3b gezeichnete Form. Für die steuerbare Ankerspannungsquelle ist dabei der Einfachheit halber ein lineares Verzögerungsglied 1. Ordnung (V_{sa}, T_{sa}) angesetzt. Der Wert der Zeitkonstanten T_{sa} hängt stark von der Art des Stellgliedes ab. Bei einem rotierenden Umformer entspricht T_{sa} der Erregerzeitkonstanten des Generators und liegt im Bereich von 0,1 bis 1,0 s; bei einem Stromrichter hat T_{sa} die Bedeutung einer Restzeitkonstanten von 1 bis 5 ms. Dieser Unterschied geht natürlich in die Dynamik der Regelung ein und ist bei der Wahl des Reglers zu beachten.

Die Ankerzeitkonstante T_a hat gewöhnlich Werte zwischen 10 ms und 100 ms; sie wird durch die Impedanz des Ankerkreises, einschließlich einer eventuellen Glättungsdrossel bestimmt, die bei Stromrichtern zur Verringerung der Stromwelligkeit oft notwendig ist. Die mechanische Anlaufzeitkonstante T_{mk} enthält das gesamte Trägheitsmoment des Antriebes; sie kann daher zwischen wenigen ms (bei Stellmotoren und besonders trägheitsarmen Reversierwalzwerken) und einigen Sekunden (Papier- oder Fördermaschinen) liegen.

Für die Regelung eines solchen Antriebes hat sich das auch als Leitstromverfahren bezeichnete Prinzip der Kaskadenregelung für Ankerstrom und Drehzahl vielfach bewährt [42] bis [44]. Da hierfür eine kettenförmige Struktur der Regelstrecke und die Möglichkeit einer Erfassung des Ankerstromes i_a Voraussetzung ist (z.B. [21]), wird das Blockschaltbild des Motors unter Beibehaltung der physikalischen Größen y_a, e_a, i_a, n so umgezeichnet, Bild 7.3c, daß die Rückwirkung über die e-Schleife verschwindet. Das Lastmoment greift dann allerdings an zwei Stellen an; die nicht bezeichneten Größen haben keine unmittelbare physikalische Bedeutung.

Der zwischen e_a/u_{a0} und i_a/i_{a0} liegende Teil der umgezeichneten Regelstrecke läßt sich durch die Übertragungsfunktion

$$\frac{L\left(\frac{i_a}{i_{a0}}\right)}{L\left(\frac{e_a}{u_{a0}}\right)} = \frac{I_a}{E_a}(p) = \frac{T_{mk}p}{T_{mk}T_a p^2 + T_{mk}p + 1}$$

beschreiben. Der dabei zu beobachtende Differenziereffekt ist eine Folge der im Leerlauf voll wirksamen Kompensation der Spannungen e_a und e. Das Nennerpolynom kann reelle oder konjugiert komplexe Nullstellen aufweisen (s. Abschn. 5.4).

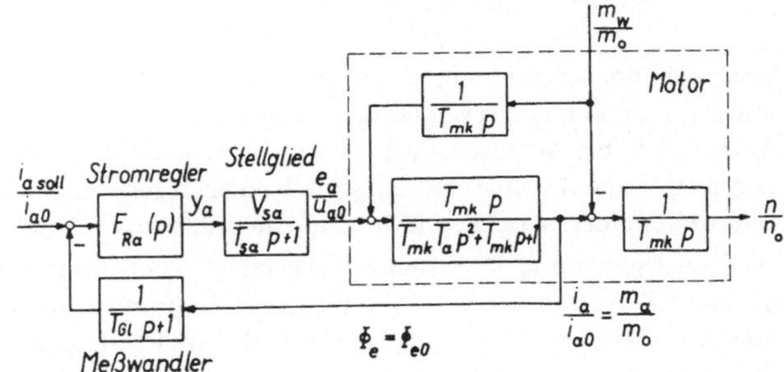

Bild 7.4

Gemäß dem Prinzip der Kaskadenregelung wird der Ankerstrom durch einen schnell wirkenden inneren Regelkreis unter Kontrolle gehalten; Bild 7.4 zeigt die entstehende Anordnung. Der Istwert des Stromes wird durch einen Meßwandler erfaßt und dabei einer Glättung unterzogen; in den meisten Fällen ist eine Verzögerung T_{Gl} von 5 ms ausreichend.

Bei Verwendung eines Stromrichters als Anker-Stellglied genügt als Stromregler im allgemeinen ein PI-Regler, der im Fall eines rotierenden Umformers durch einen PDT-Zusatz zu einem PID-Regler erweitert wird; die Übertragungsfunktion des offenen Stromregelkreises nimmt damit folgende Form an, (z.B. [21]),

$$F_{ka}(p) = \underbrace{V_{Ra} \overbrace{\frac{T_{ia}p + 1}{T_{ia}p}}^{PI} \overbrace{\frac{T_{va}p + 1}{T'_{va}p + 1}}^{PDT}}_{PID} \frac{V_{sa}}{T_{sa}p + 1} \frac{T_{mk}p}{T_{mk}T_a p^2 + T_{mk}p + 1} \frac{1}{T_{Gl}p + 1} \quad (1)$$

Wegen des Faktors $T_{mk}p$ im Zähler der Strecken-Übertragungsfunktion entsteht trotz des integrierenden Reglers nur ein proportional wirkender Regelkreis. Grund dieser Erscheinung ist die e-Schleife, die natürlich auch im umgeformten Blockschaltbild 7.4 wirksam bleibt. Um einen leerlaufenden Motor mit konstantem Ankerstrom zu speisen, ist wegen der zeitlich linear zunehmenden Drehzahl eine ansteigende Ankerspannung notwendig. Eine solche zeitlich veränderliche Ausgangsgröße erfordert aber bei einem einfach integrierenden Regler eine endliche Regelabweichung.

Für die praktische Anwendung stört es meistens nicht, daß der proportional wirkende Stromregelkreis bei Beschleunigungsvorgängen einen Regelfehler aufweist; es handelt sich dabei ja nur um einen inneren (Hilfs-) Regelkreis, der als Teilregelstrecke des übergeordneten Drehzahlregelkreises dient. Im übrigen stellt sich bei Überlastung ein stationärer Betriebspunkt ein, in dem der Strom genau dem vorgegebenen Grenz-Sollwert entspricht. Die integrierende Wirkung des Stromreglers kommt dann voll zum Tragen.

Der Strom-Regelfehler bei Beschleunigungsvorgängen ließe sich im Prinzip durch Verwendung eines Stromreglers mit doppelter Integration, z.B. eines PI_2D-Reglers mit der Übertragungsfunktion

$$F'_{Ra}(p) = V_{Ra} \frac{T_{a1}p + 1}{T_{a1}p} \frac{T_{a2}p + 1}{T_{a2}p} \quad (2)$$

beseitigen, doch verzichtet man meistens darauf, einmal wegen des zusätzlichen Aufwandes, zum anderen wegen der schwierigeren Stabilitätsbedingungen. Soll bei einem Antrieb, z.B. bei Aufzügen, auch die Beschleunigung genau eingehalten werden, so ist es günstiger, die Kaskadenregelung durch einen besonderen Beschleunigungsregelkreis zu erweitern, der zwischen Strom- und Drehzahlregelkreis eingefügt werden kann.

Die Dimensionierung des Stromreglers gemäß Gl. (1) erfolgt nach den üblichen Verfahren. Z.B. wird man bei Verwendung eines Umformers und bei aperiodischer Dämpfung des Antriebes ($T_{mk} > 4T_a$) die Vorhalte des PID-Reglers gewöhnlich auf die Generator-Zeitkonstante T_{sa} und eine der mechanischen Zeitkonstanten abstimmen und den Rest mit einem Näherungsverfahren behandeln, s. z.B. [21].

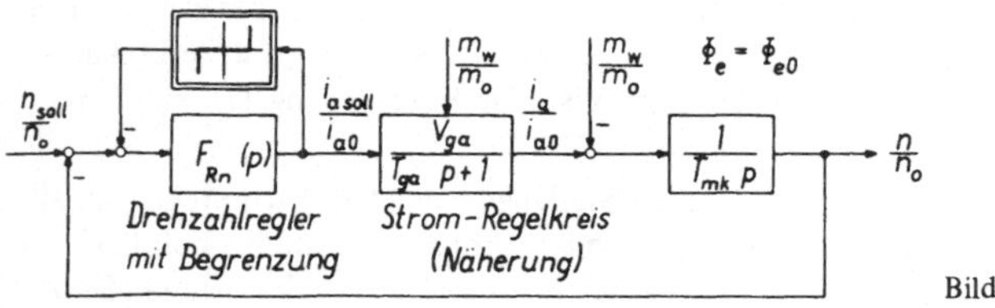

Bild 7.5

Der so dimensionierte Stromregelkreis wird nun gemäß Bild 7.5 in den übergeordneten Drehzahlregelkreis eingefügt, wobei es mit der Annahme guter Dämpfung im Stromregelkreis fast immer zulässig ist, diesen angenähert durch ein Proportionalglied mit der Ersatzzeitkonstante T_{ga} und der Verstärkung V_{ga} zu beschreiben.

Auch für den Drehzahlkreis kommt ein PI-Regler in Frage; damit entsteht angenähert die Kreis-Übertragungsfunktion

$$F_{kn}(p) \approx V_{Rn} \frac{T_{in}p + 1}{T_{in}p} \frac{V_{ga}}{T_{ga}p + 1} \frac{1}{T_{mk}p} . \tag{3}$$

Die Regelparameter T_{in}, V_{Rn} können z.B. nach dem „symmetrischen Optimum" gewählt werden, s.a. [61], [21].

Der Drehzahlregler ist in Bild 7.5 mit einer nichtlinearen Rückkopplung versehen; sie verhindert einen Anstieg des Stromsollwertes über die Grenzwerte $\pm i_{a\,max}/i_{a0}$ hinaus. Dadurch werden Stromversorgung und Antrieb wirksam gegen Überlastung geschützt; man erhält dann gerade die gewünschte stationäre Kennlinie des Antriebes (Bild 7.6).

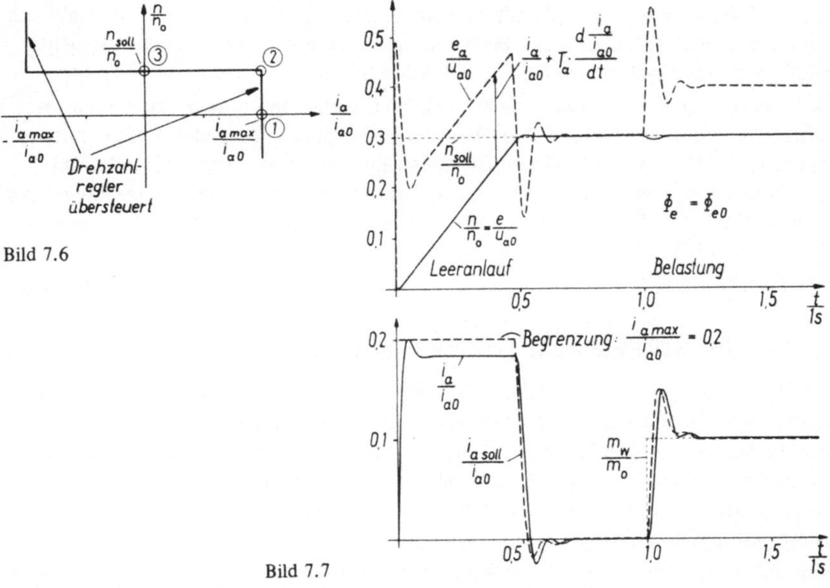

Bild 7.6

Bild 7.7

Die Begrenzung des Stromsollwertes gestattet es auch, einen beliebigen Verlauf des Drehzahlsollwertes vorzugeben, was z.B. bei Steuerung des Sollwertes von Hand von Bedeutung ist. Sobald der Drehzahlregler, z.B. infolge einer zu raschen Änderung des Drehzahlsollwertes, eine Begrenzung erreicht, wird der äußere Regelkreis aufgetrennt; dagegen bleibt der Stromregelkreis zum Schutz des Antriebes weiterhin im Eingriff. Wenn der Drehzahlistwert den Sollwert eingeholt hat, löst sich der Drehzahlregler aus der Übersteuerung und übernimmt wieder die Führung des Stromregelkreises.

In Bild 7.7 sind gerechnete Einschwingvorgänge eines Gleichstrom-Antriebes mit Strom-Drehzahl-Kaskadenregelung dargestellt. Die angenommenen Zahlenwerte für das Stellglied entsprechen dabei denen eines sechspulsigen Stromrichters (Abschn. 8). Die Regler wurden gemäß den vorstehend gegebenen Erläuterungen dimensioniert. Bei Verwendung eines Umformers anstelle des Stromrichters verlaufen die Vorgänge, vor allem im Stromregelkreis, wesentlich langsamer.

Zunächst ist der Verlauf der wichtigsten Systemgrößen bei sprungförmiger Verstellung des Drehzahlsollwertes von Null auf $n_s = 0{,}3\ n_0$ gezeigt. Die Wirkung der Ankerstrombegrenzung während des Hochlaufvorganges sowie der auftretende dynamische Strom-Regelfehler sind deutlich zu erkennen. Der Vorgang entspricht im Bild 7.6 etwa einer Bewegung des Arbeitspunktes von 1 über 2 nach 3. Zum Zeitpunkt $t = 1$ s wird der – inzwischen auf die Solldrehzahl hochgefahrene – Antrieb sprungförmig mit seinem Nennmoment belastet. Dabei ergibt sich eine vorübergehende Drehzahlabsenkung, der Drehzahlregler bleibt jedoch im linearen Arbeitsbereich, d.h. die Begrenzung wird nicht erreicht.

Man erkennt, daß die normierte Ankerspannung e_a im stationären Zustand um den Betrag des Ohmschen Spannungsabfalles im Ankerkreis über der normierten Drehzahl, d.h. der induzierten Spannung e, liegt. Bei Änderungen des Stromes tritt eine zusätzliche induktive Spannungskomponente $(L_a + L_i)\ di_a/dt$ hinzu.

Die beschriebene Kaskadenregelung hat sich bei Gleichstrommotoren seit Jahren bewährt und wird in einer Vielzahl von Varianten allgemein angewendet. Falls es notwendig ist, läßt sich die zweischleifige Kaskadenregelung für Ankerstrom und Drehzahl noch in verschiedener Weise erweitern. Z.B. kann bei Antrieben mit Lageregelung, etwa Stellantrieben, dem Drehzahl-Regelkreis ein Lage- oder Winkelregelkreis überlagert werden, z.B. [47], [48], s.a. Abschn. 14.

7.3. Strom-Drehzahl-Regelung im Feldschwächbereich

In Abschn. 5.3 wurde gezeigt, daß der Gleichstrommotor durch Feldschwächung auch oberhalb der Grunddrehzahl betrieben werden kann. Im Interesse einer guten Ausnutzung des Motors ist es jedoch wichtig, entweder mit vollem Feld und reduzierter Ankerspannung oder mit voller Ankerspannung und geschwächtem Feld zu arbeiten. Ein Mischbetrieb ist nur in Ausnahmefällen zweckmäßig.

Da sich der Motor zeitweilig in dem einen oder anderen Betriebsbereich befinden kann, empfiehlt es sich, eine Regelschaltung zu wählen, die beide Betriebsbedingungen erfüllt und einen kontinuierlichen und selbsttätigen Übergang vom einen zum anderen Bereich ermöglicht.

Für diesen Zweck hat sich die in Bild 7.8 vereinfacht dargestellte Regelschaltung in der Praxis bewährt [45]. Sie enthält zusätzlich zu der vorher beschriebenen Strom-Drehzahl-Kaskadenregelung mit der Ankerspannung als Stellgröße einen Regelkreis, der im Feldschwächbereich die induzierte Spannung e begrenzt; Stellgröße ist dabei die eingeprägte Erregerspannung e_e. Der nichtlineare Erregerkreis entspricht der Darstellung in Bild

5.3. Als Stellglied wird auch im Feldkreis häufig ein Stromrichter verwendet, der hier näherungsweise durch ein verzögertes Proportionalglied beschrieben ist.

Der Istwert der induzierten Ankerspannung e wird anhand der Beziehung

$$e = u_a - R_a i_a - L_a \frac{di_a}{dt}$$

mit einer in Bild 7.8 nicht gezeichneten Analog-Rechenschaltung näherungsweise aus den leicht meßbaren Größen u_a und i_a gebildet. Dieser Meßwert wird, bei Umkehrantrieben nach einer Gleichrichtung, mit dem konstanten Sollwert $|e_{max}|$ verglichen; wenn eine Abweichung vorliegt, wird das Motorfeld entsprechend verändert. Da aber unterhalb der Grunddrehzahl der Sollwert nicht erreicht werden kann, ist dort der mit Integralanteil ausgestattete Regler, und damit der Feldstromrichter, dauernd übersteuert. Der Motor wird also im Ankerspannungsbereich, wie beabsichtigt, mit maximalem Erregerfeld betrieben.

Sobald bei zunehmender Drehzahl der Grenzwert, z.B. $|e_{max}| = 0{,}9\; u_{a0}$ erreicht wird, beginnt der e-Regler das Feld zu schwächen, um die induzierte Spannung auf dem vorgegebenen Grenzwert zu halten. Der Anstoß für eine weitere Feldschwächung erfolgt dabei stets über eine vorübergehend geringfügig erhöhte Ankerspannung, da der Drehzahlregler den Motor nur über die Ankerspannung unmittelbar beeinflußt.

Die in Bild 7.8 gezeichnete Anordnung stellt ein stark vermaschtes und hochgradig nichtlineares Regel-System dar, bei dem allgemeine Entwurfsverfahren versagen. Eine

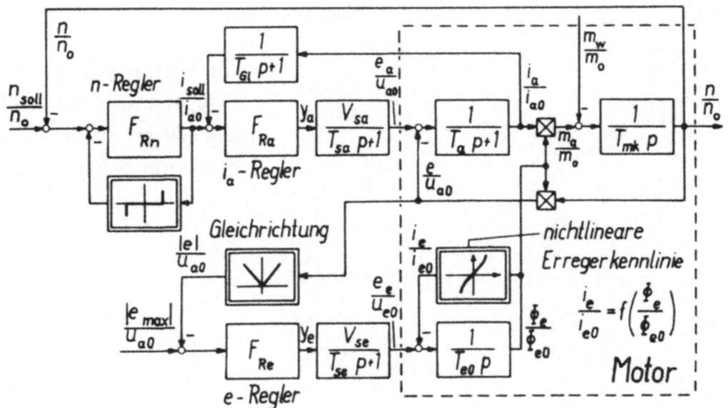

Bild 7.8

weitgehende Entflechtung ist jedoch möglich, wenn es gelingt, den nur im Feldschwächbereich aktiven e-Regelkreis so schnell zu machen, daß man hinsichtlich des Stromregelkreises von einer konstanten induzierten Spannung e sprechen kann. Eine solche Annahme ist realistisch, sofern der Feldstromrichter einen genügend großen Spannungshub aufweist; als Regelstrecke wirkt ja lediglich die verzögerte Übertragungsstrecke $e_e \to \Phi_e \to e$, wobei die Drehzahl als veränderlicher Verstärkungsfaktor eingeht. Stabilitätsschwierigkeiten sind deshalb nicht zu befürchten. Die Nichtlinearität der Erregerkennlinie $\Phi_e\,(e_e)$ ist ebenfalls unkritisch, da sich der Regler voraussetzungsgemäß nur bei geschwächtem Feld, wenn die Sättigung nicht so stark ins Gewicht fällt, von der Begrenzung löst. In den meisten Fällen genügt deshalb ein PI-Regler, dessen Vorhalt auf die mittlere Erregerzeitkonstante des Motors abgestimmt wird. Es verbleiben dann kleine Restverzögerungen, die sich zusammenfassen und in bekannter Weise behandeln lassen (z.B. [21]).

Mit der Annahme einer schnellen e-Regelung im Feldschwächbereich entsteht das angenäherte Ersatzschaltbild 7.9. Dabei ist die induzierte Spannung durch eine mit dem Vorzeichen der Drehzahl multiplizierte konstante Größe ersetzt,

$$\frac{e}{u_{a0}} = \left|\frac{e_{max}}{u_{a0}}\right| \operatorname{sign}\left(\frac{n}{n_0}\right).$$

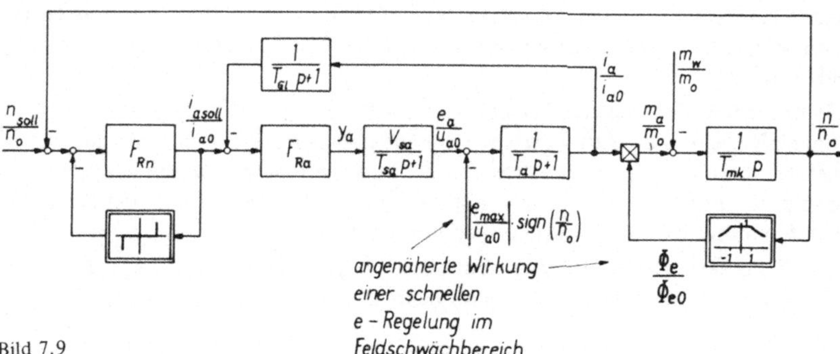

Bild 7.9

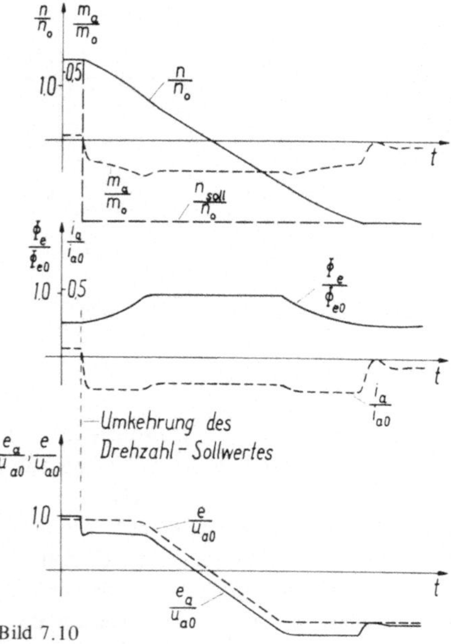

Bild 7.10

Die Wirkung des veränderlichen Erregerflusses auf das Drehmoment wird angenähert durch einen nichtlinearen Funktionsgeber

$$\frac{\Phi_e}{\Phi_{e0}} = \left(\frac{n}{n_0}\right)^{-1} \quad \text{für} \quad \left|\frac{n}{n_0}\right| \geqslant 1$$

beschrieben, der sich vor allem auf die Anlaufzeitkonstante auswirkt. Insgesamt erhält man also eine recht übersichtliche Struktur. Es ist natürlich wichtig, die Regler so zu wählen, daß sich im Ankerspannungs- und Feldschwächbereich brauchbare Einschwingvorgänge mit ein und derselben Einstellung ergeben. Bild 7.10 zeigt als Beispiel das gerechnete Oszillogramm eines Leerlauf-Reversiervorganges aus dem Feldschwächbereich. Die Wirkung des e-Regelkreises ist dabei am Verlauf von Φ_e deutlich erkennbar. Für die Rechnung wurde das beide Betriebsarten umfassende Blockschaltbild 7.8 verwendet.

Eine schnelle e-Regelung mit möglicherweise hohen Überspannungen an der Erregerwicklung setzt natürlich einen geblechten magnetischen Kreis des Motors voraus. Bei großen Motoren kann es trotzdem notwendig sein, bei der Auslegung des e-Regelkreises die Wirbelströme im Ständereisen zu berücksichtigen. Außerdem ist die bei schnellen Feldänderungen induzierte Kollektorspannung zu beachten [46].

Um den Einfluß der Wicklungstemperatur und der Netzspannung auf den Erregerfluß im Grunddrehzahlbereich zu vermeiden, wird dort manchmal eine Regelung des Erregerstromes vorgesehen.

7.4. Speisung eines fremderregten Gleichstrommotors aus einem rotierenden Umformer

In den vorhergehenden Abschnitten wurde zunächst irgendeine steuerbare Gleichspannungsquelle für die Versorgung des Ankerkreises angenommen. Hierfür kommen vor allem rotierende Umformer, d.h. mit etwa konstanter Drehzahl angetriebene Gleichstromgeneratoren, und gesteuerte Stromrichter in Frage. Die erste Lösung geht auf Ward Leonard (1891) zurück; es handelt sich dabei um das klassische Verfahren zur Drehzahlsteuerung von Gleichstrommaschinen, das, mit verschiedenen Regelungen ergänzt, auch heute noch weit verbreitet ist.

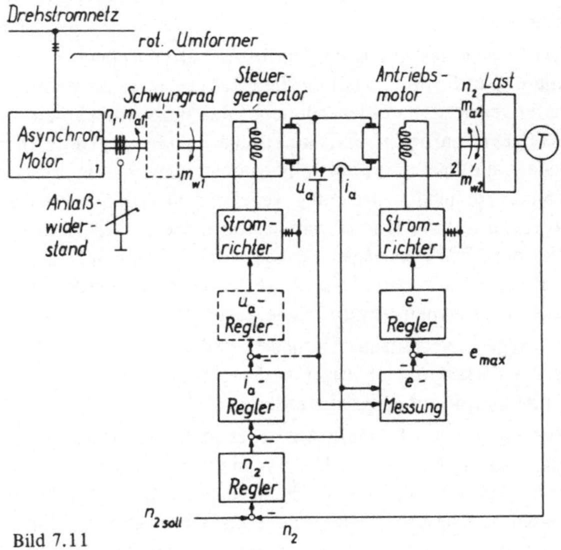

Bild 7.11

Die Grundschaltung ist in Bild 7.11 dargestellt; ein fremderregter Gleichstrommotor (2), der eine Last, z.B. ein Walzwerk, einen Prüfstand oder einen Aufzug, antreibt, wird dabei im Ankerkreis von einem fremderregten Gleichstromgenerator gespeist, der seinerseits von einem Motor (1) mit etwa konstanter Drehzahl angetrieben wird. Bei einem Walzwerk kann z.B. n_2 zwischen ± 100 min^{-1} variieren, während für den Generator eine wesentlich höhere Drehzahl n_1 günstiger ist. Als Antrieb des Umformers (Motor 1) dient gewöhnlich ein Drehstrommotor mit Kurzschluß- oder Schleifringläufer (Abschn. 10), der keinerlei betriebsmäßige Regelung erfordert. Bei sehr großen Leistungen (> 1 MW) werden besondere Schaltungen verwendet, um die Schlupfleistung im Rotorkreis zurückzugewinnen (Abschn. 12.2). Wenn es sich um einen Schiffs- oder Fahrzeugantrieb handelt, kommt anstelle des Asynchronmotors eine Turbine oder ein Dieselmotor in Frage (Turbo- oder dieselelektrischer Antrieb); allerdings werden dort anstelle des fremderregten Motors meistens Reihenschlußmotoren eingesetzt.

Falls der Generator von einem Drehstrommotor angetrieben wird, so daß eine Energierücklieferung ins Netz möglich ist, stehen für den Betrieb des Motors 2 alle vier Quadranten der m, n-Ebene zur Verfügung. Bei Betrieb im 2. und 4. Quadranten (Bild 0.1) kehrt sich dabei die Leistungsrichtung um, der Generator arbeitet motorisch und treibt den Drehstrommotor übersynchron an. Bei Antrieb des Generators durch einen Dieselmotor oder eine Turbine ist eine Nutzbremsung natürlich nicht möglich.

Bei großen Walzwerksantrieben oder Fördermaschinen wird die gesamte Leistung auf mehrere Maschinen aufgeteilt; z.B. verwendet man für den Antrieb eines Blockwalzwerkes oftmals je einen Doppelmotor für die Ober- und die Unterwalze. Sämtliche Umformermaschinen, bestehend aus Drehstrommotoren, Gleichstromgeneratoren und evtl. Hintermaschinen, sind gewöhnlich durch einen einzigen Wellenstrang miteinander verbunden.

Der besondere Vorzug des Umformerbetriebes liegt in der mechanischen Energiespeicherung in Form der mit der Drehzahl n_1 rotierenden Massen, die noch durch Schwungräder vergrößert werden können. (Man bezeichnet einen solchen Maschinensatz dann als Ilgner-Umformer.) Die kinetische Energie des Umformers hat nämlich die Eigenschaft, die Last und das Drehstromnetz voneinander dynamisch zu entkoppeln; dabei können, je nach Anwendung, verschiedene Gesichtspunkte im Vordergrund stehen. Bei Reversierwalzwerken ist man bestrebt, die nur wenige Sekunden dauernden Laststöße, die über 20 MW betragen können, vom speisenden Netz fernzuhalten; dies ist vor allem bei relativ schwachen Netzabzweigen wichtig. Umgekehrt kann ein Umformer aber auch dazu dienen, empfindliche Lasten, z.B. Papiermaschinen, vor kurzzeitigen Netzstörungen zu schützen. Ähnliche Überlegungen gelten auch bei der unterbrechungsfreien Versorgung wichtiger Verbraucher, wie Rechenanlagen, die meistens über rotierende Umformer gespeist werden.

Ein Nachteil des Leonard-Antriebes ist natürlich, daß neben dem Antriebsmotor (2) mindestens zwei weitere Maschinen etwa gleicher Leistung benötigt werden. Diese sind zwar wegen der höheren Drehzahl kleiner als der Antriebsmotor, doch erfordern sie bei großen Leistungen eine Maschinenhalle mit schweren Fundamenten und wegen der Lager und Kommutatoren ständige Wartung. Aus diesen Gründen haben Stromrichter, wie sie in den nächsten Abschnitten behandelt werden, in den vergangenen Jahren zunehmend Verbreitung gefunden.

Bei Verwendung von relativ langsam reagierenden Erregermaschinen ist es mit etwas Sorgfalt durchaus möglich, einen umformergespeisten Motor ohne jede Regelung zu steuern. Allerdings kann man die Maschinen dann wegen der Gefahr eines Überstromes nicht voll ausnutzen; eine selbsttätige Regelung mit ihrer viel höheren Reaktionsgeschwindigkeit bietet hier wesentliche Vorteile. Sie ermöglicht auch die Berücksichtigung weiterer Nebenbedingungen, die dem Antrieb definierte Betriebseigenschaften geben und es gestatten, ihn auch in einen automatischen Produktionsprozeß einzubeziehen. Bei Erregung des Steuergenerators und des Antriebsmotors über Stromrichter mit genügendem Spannungshub (2 bis 3fache Übererregungsspannung) läßt sich die Regelgeschwindigkeit dann so weit steigern, daß ein solcher Antrieb regeldynamisch den meisten Anforderungen gerecht wird.

Die in Bild 7.11 gezeigte Regelschaltung des Antriebsmotors (2) entspricht im wesentlichen der in den vorhergehenden Abschnitten beschriebenen Lösung. Der einzige Unterschied besteht in einem möglichen weiteren Regelkreis für die Ankerspannung u_a des Generators [44]. Da die zugehörige Regelstrecke lediglich die Erregerzeitkonstante des Generators und die Restverzögerung des Stromrichters umfaßt, arbeitet diese Regelung sehr schnell, so daß keine wesentliche Verlangsamung der äußeren Regelkreise zu befürchten ist. Der Vorzug der u_a-Regelung liegt in der Linearisierung der Stromrichter- und Erregerkennlinie, der Verkleinerung des Generator-Innenwiderstandes und in der Möglichkeit, eine eindeutige Begrenzung der Ankerspannung zu erreichen. Die Spannungsbegrenzung ist bei Grenzleistungsgeneratoren wichtig; die Maschinen lassen sich dann spannungsmäßig voll ausnutzen, ohne daß bei schwankender Drehzahl n_1 die Gefahr eines Kommutator-Überschlags besteht. Für den überlagerten Stromregelkreis wirkt die u_a-Regelschleife wie ein Stellglied mit definierter Verstärkung und einer gegenüber der Erregerzeitkonstanten wesentlich reduzierten Verzögerung.

8. Stromrichter als Leistungsstellglied

8.1. Stromrichterventil, Thyristor

Das Kennzeichen des rotierenden Umformers ist die zweimalige Energie-Umwandlung von der elektrischen Form (konstante Netzspannung) in mechanische (Drehzahl des Umformers) und wieder zurück in elektrische Form (veränderliche Gleichspannung). Diese Umwandlungen bedingen sowohl die Vorzüge (getrennte Stromkreise, Entkopplung durch Energiespeicher) als auch die Nachteile des Verfahrens (Aufwand für Maschinen, Fundamente und Wartung, begrenzte Stellgeschwindigkeit).

Nun liegt natürlich der Gedanke nahe, die mechanische Zwischenstufe zu umgehen und den Antriebsmotor über ruhende Schaltungen unmittelbar aus dem Drehstromnetz zu speisen. Solche Möglichkeiten sind in Form der Stromrichter seit langem bekannt (z.B. [9] bis [11]). Grundelement eines Stromrichters ist ein elektrisches Ventil, d.h. ein steuerbarer elektronischer Schalter mit Gleichrichter-Eigenschaften, der die in Bild 8.1

idealisiert gezeichneten Kennlinien aufweist. In Sperr-Richtung ($u < 0$) führt das Ventil einen vernachlässigbaren Sperrstrom, wogegen in Vorwärtsrichtung ($u, i > 0$) zwei mögliche Schaltzustände existieren: das Ventil ist entweder leitend oder gesperrt. Während im ersten Fall ein sehr kleiner Durchlaßwiderstand vorliegt (z.B. 10^{-2} Ω), ist im sog. Blockierzustand ein um viele Größenordnungen höherer Widerstand wirksam (z.B. 10^5 Ω). Das steuerbare Ventil läßt sich also angenähert durch die Reihenschaltung eines mechanischen Schalters und eines ungesteuerten Gleichrichters (Diode) beschreiben. Der wesentliche Unterschied gegenüber einer Diode besteht in der Möglichkeit eines Blockierzustandes.

Für die technische Verwirklichung der Ventilfunktion wurden im Laufe der Zeit verschiedene physikalische Prinzipien herangezogen, von denen die meisten heute überholt sind. Da Elektronenröhren mit Glühkathode für Antriebsaufgaben nicht die nötige Stromergiebigkeit aufwiesen und der Spannungsabfall zu groß war (Wirkungsgrad),

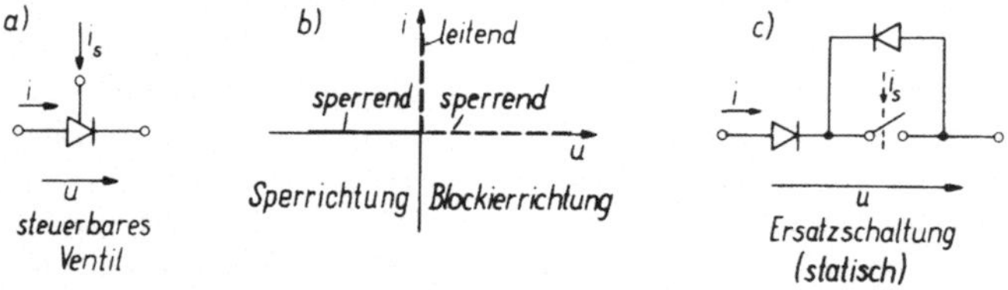

Bild 8.1

ging man zunächst zu gasgefüllten Trioden mit beheizter Kathode, sog. Thyratrons, über; Leistung und Lebensdauer waren jedoch auch hierbei recht begrenzt, so daß sie nur für kleinere Antriebe in Frage kamen. Große Leistungen im MW-Bereich, wie sie z.B. für Walzwerke und Fördermaschinen gebraucht werden, ließen sich erst durch Quecksilberdampf-Ventile mit flüssiger Quecksilber-Kathode erreichen. Diese Ventilart wurde im Laufe der Jahrzehnte zu hoher technischer Vollkommenheit entwickelt (z.B. [50]).

Nachteilig blieben die bewegliche Quecksilber-Kathode, die den Einsatz in Fahrzeugen erschwerte, sowie die Baugröße; ferner der große Spannungsabfall von 20 bis 25 V und die außerhalb eines engen Temperaturbereiches zu beobachtende Anfälligkeit gegen Rückzündungen, d.h. fehlerhafte Stromführung in Sperrichtung und die daraus folgenden Kurzschlüsse. Außerdem waren Hg-Dampf-Stromrichter wegen der großen Entionisierungszeit im Anschluß an eine Stromflußperiode für höhere Frequenzen wenig geeignet.

Diese Schwierigkeiten lassen sich durch die seit etwa 1955 entwickelten Halbleiter-Ventile, sog. Thyristoren, fast vollständig vermeiden. Beginnend mit kleinen Leistungen sind Thyristoren in immer höhere Leistungsbereiche vorgedrungen, wo sie inzwischen bei Neuanlagen die Hg-Stromrichter vollständig verdrängt haben.

Die physikalische Wirkungsweise des Thyristors wird an anderer Stelle behandelt (z.B. [12] bis [14]); hier soll eine einfache Modellüberlegung genügen.

Bild 8.2 zeigt das Schema eines Silizium-Einkristalles, der in vier Schichten unterschiedlich dotiert ist, so daß drei p-n-Übergänge entstehen. Die mittleren Schichten sind relativ schwach, die äußeren dagegen stark dotiert. Die Innenschicht p_2 ist durch eine Steuerelektrode zugänglich, die extern über einen niederohmigen Steuerstromkreis mit der Kathode verbunden ist. Folgende Betriebszustände sind möglich:

1. Bei negativer Anoden-Kathoden-Spannung, $u < 0$, sperrt die Diode $p_1 - n_1$. Dies entspricht dem Sperrzustand in Bild 8.1b.
2. Bei positiver Spannung, $u > 0$, und in Abwesenheit eines Steuerstromes ($u_s < 0$) sperrt die Diode $n_1 - p_2$. Dies entspricht der Sperrung in Vorwärtsrichtung, auch Blockierzustand genannt.
3. Bei positiver Spannung, $u > 0$, und genügend großem Steuerstrom, $i_s > 0$, wird der Übergang $n_1 - p_2$ leitend; durch den nun einsetzenden Strom i wird die Zone n_1 von beiden Seiten mit Ladungsträgern überflutet, so daß der Thyristor einen niedrigen Durchlaßwiderstand annimmt.

Dieser Zustand bleibt, sofern i einen bestimmten Haltewert i_H überschritten hat, auch bei Wegnahme des Steuerstromes bestehen; erst wenn der Laststrom i aufgrund von Vorgängen im Lastkreis zu Null wird, kann der Thyristor den Sperr- oder Blockierzustand wieder erreichen.

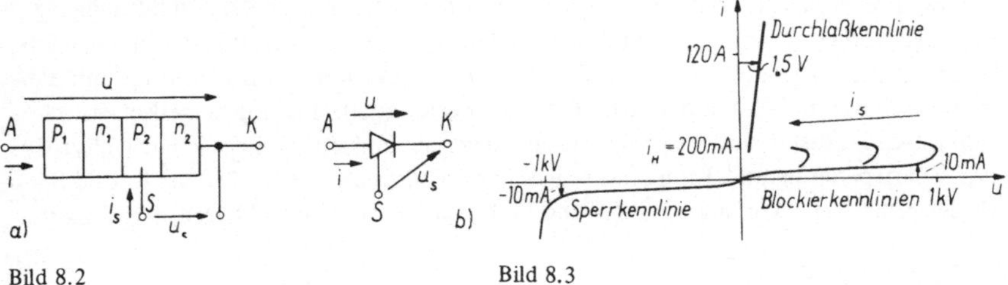

Bild 8.2

Bild 8.3

Bild 8.3 zeigt vereinfachte Kennlinien eines Thyristors, wobei die Maßstäbe der Deutlichkeit halber verzerrt sind. Die angegebenen Zahlenwerte gelten für einen typischen Thyristor mittlerer Leistung. Während der Sperrstrom in beiden Richtungen in der Größenordnung von 10 mA ist, kann der Laststrom mehrere 100 A betragen. Der im leitenden Zustand auftretende Spannungsabfall liegt bei 1,5 V; die maximale Sperrspannung in beiden Richtungen kann 1 bis 3 kV betragen.

Nach Überschreiten der maximalen negativen Sperrspannung steigt, wie bei ungesteuerten Gleichrichtern, der Sperrstrom lawinenartig an, so daß eine thermische Zerstörung des Thyristors eintritt. In der Vorwärtsrichtung ist das Verhalten komplizierter. Bei Erreichen einer mit steigendem Steuerstrom abnehmenden sog. Kippspannung schaltet der Thyristor, d.h. er nimmt spontan den durchlässigen Zustand an; sofern der Strom i den Haltewert i_H überschreitet, bleibt der Durchlaßzustand auch bei Entfernung des Steuerstromes bestehen.

Da beim „Kippen" des Thyristors örtliche Überlastungen der Halbleiterzelle entstehen können, ist sein betriebsmäßiges Auftreten nach Möglichkeit zu vermeiden. Es ist vielmehr zweckmäßig, das Zünden durch einen kurzzeitigen Steuerstrom-Impuls mit steiler Flanke herbeizuführen. Dadurch läßt sich außerdem erreichen, daß der Thyristor zu einem genau definierten Zeitpunkt zündet.

Wegen der geringen Abmessungen der hochbelasteten Halbleiterzelle und ihrer kleinen Wärmekapazität erfordert der richtige Einsatz von Thyristoren die Beachtung zahlreicher Grenzbedingungen; neben der Einhaltung von Maximalwerten für Temperatur, Spannung und Strom sind z.B. auch die Anstiegsgeschwindigkeiten di/dt, du/dt zu begrenzen, was u.a. durch besondere Schutzbeschaltungen erreicht werden kann. Wegen der in Starkstromnetzen unvermeidlichen kurzzeitigen Schaltspannungen ist es notwendig, einen hinreichenden Abstand der Betriebsspannungen von den zulässigen Spitzenwerten zu halten. Bei Beachtung der von den Herstellern angegebenen Einsatzbedingungen hat sich der Thyristor jedoch als ein zuverlässiges und im Gegensatz zum Transistor äußerst robustes Schaltelement erwiesen, das auch starke kurzzeitige Überströme verträgt. Im übrigen ist es wieder eine Aufgabe der Regelung, länger dauernde Überbeanspruchungen auszuschließen. Die bei Hg-Dampf-Ventilen gültigen Einbaubegrenzungen, z.B. ihre Erschütterungsempfindlichkeit und Lageabhängigkeit, sind bei Thyristoren wesentlich gelockert, da es sich um Festkörper-Bauelemente handelt; der Raumbedarf ist entscheidend reduziert.

Ein wichtiger Entwurfsparameter, vor allem bei zwangskommutierten Schaltungen, ist die sog. Freiwerdezeit. Man versteht darunter jene Zeit, die nach dem Nulldurchgang des Laststromes i verstreichen muß, bis der Thyristor seine Sperrfähigkeit in Vorwärtsrichtung (Blockierfähigkeit) wieder erreicht. Die Freiwerdezeit wird benötigt, um die im Bereich der n_1-Schicht bei Stromführung angesammelte Ladungsträgerkonzentration durch Diffusion und Rekombination wieder abzubauen; sie liegt je nach Thyristortyp, Sperrspannung und Temperatur zwischen wenigen μs und ca. 250 μs. In Bild 8.4 ist der prinzipielle Verlauf von u (t) und i (t) beim Sperren eines Thyristors skizziert.

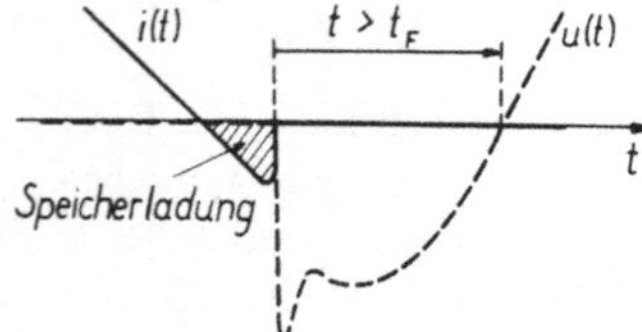

Bild 8.4

Der Laststrom wird dabei als Folge der gespeicherten Ladungsträger kurzzeitig negativ. Sobald die Halbleiterstrecke sperrt, entsteht als Folge des induktiven Lastkreises eine Spannungsspitze, die durch eine RC-Schutzbeschaltung begrenzt werden muß. Anschließend ist der Spannungsverlauf durch die externe Schaltung bestimmt. Nach Verstreichen der Freiwerdezeit t_F kann die Spannung u wieder positive Werte annehmen, ohne daß ein spontanes Wiederzünden zu befürchten ist. Die Freiwerdezeit wird wesentlich reduziert, wenn nach dem Erlöschen des Stromes eine Sperrspannung, $u < 0$, anliegt.

8.2. Netzgeführter Stromrichter in Einphasen-Brückenschaltung

Mit den in Abschn. 8.1 beschriebenen Thyristoren, die in zahlreichen Typen gebaut werden, können verlustarme und elektronisch steuerbare Leistungsverstärker für einen weiten Leistungsbereich aufgebaut werden. Von besonderer Bedeutung, vor allem für die Steuerung von Gleichstromantrieben, sind dabei die sog. netzgeführten Stromrichter, bei denen die steuerbare Gleichspannung einem Wechsel- oder Drehstromnetz konstanter Spannung entnommen wird.

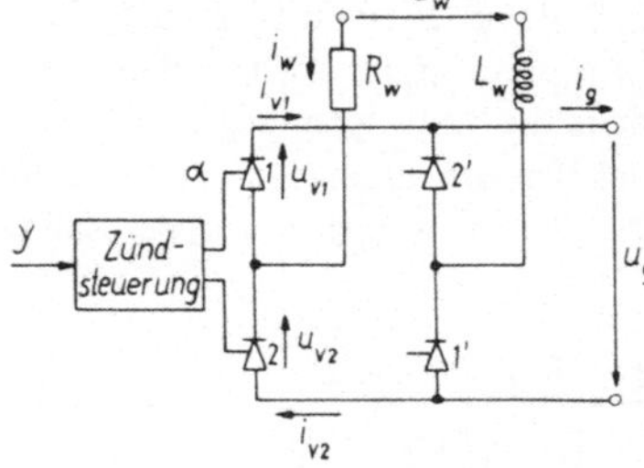

Bild 8.5

Als einfachste Schaltung wird zunächst die Einphasen-Brückenschaltung betrachtet, die allerdings, abgesehen von Bahnantrieben, nur für kleinere Leistungen in Betracht kommt. Die in Bild 8.5 gezeichnete Schaltung enthält vier Thyristoren, von denen in jeder Halbwelle der Wechselspannung u_W (t) abwechselnd ein diagonal liegendes Paar 1, 1′ oder 2, 2′ gezündet wird. Wegen der Schalterwirkung der Thyristoren ist der Gleichstromkreis dadurch abwechselnd über 1, 1′ oder 2, 2′ mit der Spannung $u_W(\tau) = \hat{u}_W \sin \tau$, $\tau = \omega t$, verbunden.

Nimmt man der Einfachheit halber zunächst an, daß auf der Gleichstromseite ein gut geglätteter kontinuierlicher Gleichstrom $i_g = I_g$ fließt (z.B. als Folge einer eingeprägten

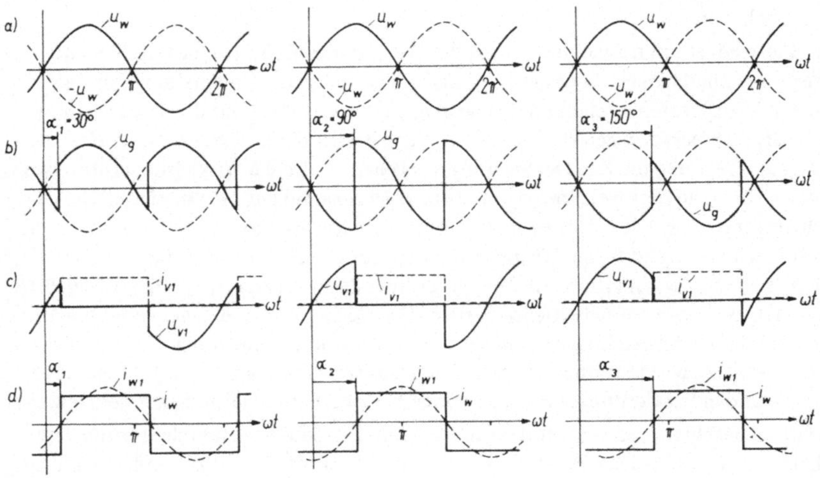

Bild 8.6

Stromquelle) und daß die Innenimpedanz (R_w, L_w) des Wechselstromkreises vernachlässigt werden kann, so entstehen für verschiedene Zündwinkel α die in Bild 8.6b skizzierten Kurvenformen der Spannung u_g (τ). Man erhält also bei konstantem Zündwinkel periodische Ausschnitte der Wechselspannung u_w (τ). Der Zündwinkel α stellt dabei die Zündverzögerung gegenüber dem bei Verwendung von Dioden zu beobachtenden „natürlichen Zündzeitpunkt" dar; für die Ventile 1, 1' ist dies der Zeitpunkt $\tau = 0$, $2\pi, \ldots$, wenn die Wechselspannung u_w (τ) – und bei stromführenden Gegenventilen 2, 2' damit die Ventilspannung u_{v1} – positiv wird. Die größtmögliche Zündverzögerung ist $\alpha_{max} = \pi$; für noch größere Werte von α läßt sich das Ventil nicht mehr zünden, da dann die Ventilspannung im Zündaugenblick negativ ist. Man erkennt dies am Verlauf der Ventilspannung u_{v1} (τ), die in Bild 8.6c für verschiedene Werte des Zündwinkels α gezeichnet ist. Später wird der Zündwinkelbereich noch weiter eingeschränkt.

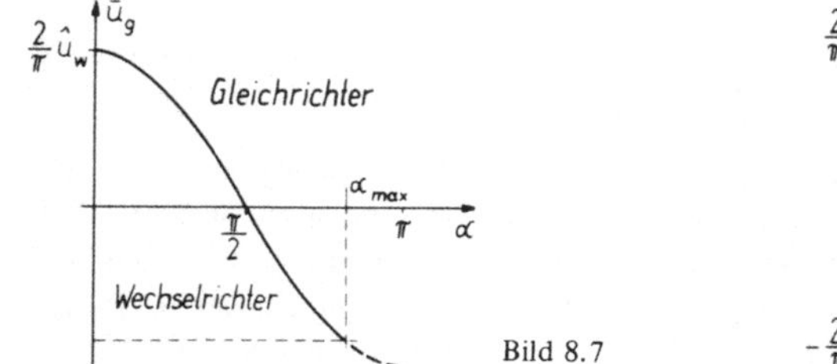

Bild 8.7

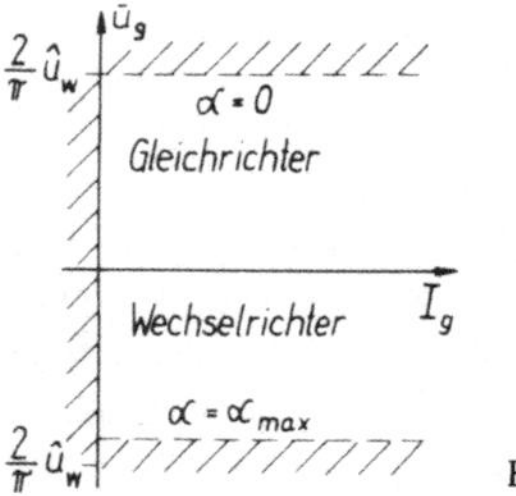

Bild 8.8

Der ebenfalls eingetragene Verlauf des Ventilstromes i_{v1} zeigt deutlich die Schalterwirkung der Ventile; die Ventilspannung u_v und der Ventilstrom i_v sind nie gleichzeitig von Null verschieden. Im stationären Zustand sind die zu den Gegenventilen 2, 2' gehörigen Spannungen und Ströme gegenüber denen von 1, 1' gerade um eine Halbperiode verschoben.

In Bild 8.6d ist schließlich der Verlauf des Wechselstromes i_w (τ) für verschiedene Werte des Zündwinkels dargestellt. Infolge der periodischen Umschaltung mit den beiden Ventilpaaren erscheint der eingeprägte Gleichstrom I_g auf der Wechselstromseite als rechteckförmiger Wechselstrom i_w (τ), dessen Phasenlage zur Wechselspannung u_w (τ) durch die Zündverzögerung α gegeben ist. Da die Wirkleistung (Mittelwert der Leistung) auf der Netzseite bei sinusförmiger Spannung u_w (τ) durch die Grundschwingung i_{w1} (τ) des Stromes i_w (τ) bestimmt wird, ergibt sich für $0 < \alpha < \pi/2$ ein mittlerer Leistungsfluß vom Wechselstromnetz zur Gleichstromseite; für $\pi/2 < \alpha < \pi$ kehrt sich der Leistungsfluß um. Man bezeichnet deshalb den ersten Fall als Gleichrichter-, den zweiten als Wechselrichterbetrieb. Die Möglichkeit einer Energierichtungsumkehr ist für die Anwendung bei Antrieben von besonderer Bedeutung. Die durch Zündverzögerung bewirkte zeitliche Verschiebung des Wechselstromes i_w (τ) verändert aber nicht nur den Wirkleistungsaustausch, sondern auch die Blindleistung auf der Netzseite.

Es ist zu beachten, daß ein Ventil zwar zu jedem Zeitpunkt Strom führen kann, daß es aber nur während jeder zweiten Halbwelle möglich ist, das Ventil zu zünden, nämlich dann, wenn die zugehörige Ventilspannung positiv ist.

Bei Gleichstrom-Antrieben interessiert vor allem der vom Zündwinkel α abhängige Mittelwert der Gleichspannung

$$\overline{u}_g = \frac{1}{\pi} \int_{\alpha}^{\alpha+\pi} \hat{u}_w \sin\tau \, d\tau = \frac{2}{\pi} \hat{u}_w \cos\alpha = U_{g0} \cos\alpha .$$

Man erhält also die in Bild 8.7 skizzierte Steuerkennlinie $\overline{u}_g(\alpha)$; aus einem noch zu erläuternden Grund gilt die Kurve nur bis etwa $\alpha_{max} = 150°$. Die Unkehrbarkeit des Energieflusses wird auch an Hand der Steuerkennlinie deutlich. Da der Gleichstrom I_g wegen der Ventile seine Richtung nicht ändern kann, kehrt für $\alpha > \pi/2$ mit der Gleichspannung $\overline{u}_g$ auch die an den Gleichstromkreis abgegebene Leistung $\overline{u}_g I_g$ ihr Vorzeichen um. Eine einfache Stromrichterschaltung nach Bild 8.5 stellt somit eine mit α steuerbare Spannungsquelle dar, die in zwei Quadraten der $\overline{u}_g$, I_g-Ebene betrieben werden kann (Bild 8.8). Da die zeitliche Verschiebung der Zündimpulse auf elektronischem Wege erfolgt, ist der gesteuerte Stromrichter ein besonders schnell wirkendes Stellglied.

In Bild 8.9 ist das Zeigerdiagramm der Grundschwingung $i_{w1}(t)$ des Wechselstromes $i_w(\tau)$ aufgetragen. Wegen der Rechteckform des Wechselstromes (Bild 8.6d) folgt die Amplitude unmittelbar aus dem Gleichstrom

$$\hat{i}_{w1} = \sqrt{2} I_{w1} = \frac{4}{\pi} I_g ,$$

während die Phasennacheilung dem Zündwinkel α entspricht. Als Ortskurve $\tilde{I}_{w1}(\alpha)$ ergibt sich ein Halbkreis vom Radius $|\tilde{I}_{w1}|$, die Grundschwingung des Stromes hat also eine Phasennacheilung im Bereich $0 \leqslant \varphi = \alpha \leqslant \alpha_{max}$, entsprechend dem Aussteuerbereich des Stromrichters. Abgesehen von den Oberschwingungen im Strom i_w, benötigt der Stromrichter stets induktive Blindleistung, die bei einem bestimmten Gleichstrom für $\alpha = \pi/2$ ihren Maximalwert annimmt. Die dadurch entstehenden Rückwirkungen auf das Wechselstromnetz sind bei großen Leistungen zu berücksichtigen. Der induktive Blindstrom führt nämlich in Verbindung mit den Netz- und Transformatorimpedanzen zu Spannungsabsenkungen, die Oberschwingungen zu Verzerrungen der Kurvenform. Durch Übergang zu mehrphasigen Schaltungen läßt sich die Wirkung der Oberschwingungen mildern, dagegen bleibt der Blindstrom auch dort erhalten.

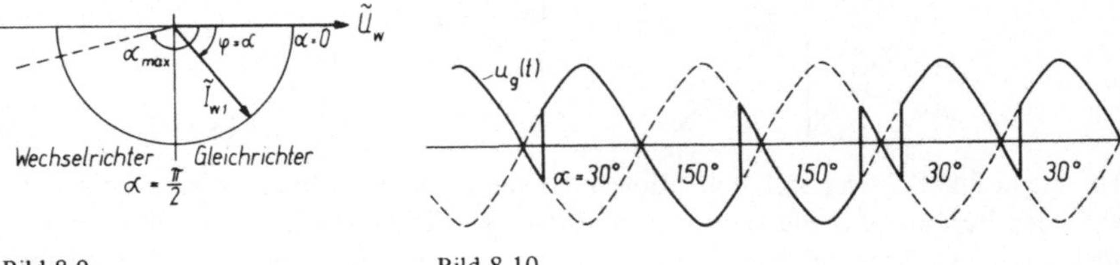

Bild 8.9

Bild 8.10

Die Nacheilung des Wechselstromes ist eine Folge des Steuerverfahrens durch Zündverzögerung. Um eine Phasenvoreilung von i_{w1} zu erreichen, wäre eine Zündverfrühung notwendig, d.h. die Zündung müßte zu einem Zeitpunkt erfolgen, in dem die Ventilspannung noch negativ ist. Da dies nicht möglich ist, wären besondere Maßnahmen erforderlich, um für $\alpha < 0$ eine Umkehr der Ventilspannung, d.h. $u_v > 0$, zu erzwingen. Man bezeichnet solche Verfahren als Zwangskommutierung; sie finden bei Umrichtern Verwendung [26], kommen aber wegen des zusätzlichen Geräteaufwandes und der Ventilbeanspruchung für netzgeführte Stromrichter nicht in Betracht; diese verwenden ausschließlich die sog. natürliche Kommutierung durch Zündverzögerung.

In Bild 8.10 sind nichtstationäre Verläufe der Gleichspannung u_g gezeigt, wenn der Zündwinkel α sprungförmig zwischen $30°$ und $150°$ verändert wird. Man erkennt, daß der Einphasen-Stromrichter in der Lage ist, innerhalb einer Halbwelle auf ein verändertes Steuersignal zu reagieren. Da in jeder Halbwelle nur einmal gezündet werden kann, hat der Stromrichter Eigenschaften eines diskreten (Abtast-) Systems. Wegen der nichtlinearen Zusammenhänge ist allerdings eine Beschreibung der dynamischen Wirkungsweise ziemlich verwickelt, (z.B. [23], [51], [52], [53], [59], [96]).

Aus Bild 8.10 ist z.B. ersichtlich, daß eine veränderte Steuergröße möglicherweise nicht sofort wirksam werden kann, sondern daß Wartezeiten vergehen. Auch ist ein Übergang in den Gleichrichterzustand viel schneller möglich als in den Wechselrichterbetrieb, da hier die „langsame" Umkehrung der Wechselspannung abgewartet werden muß.

Die Ansteuerung des Stromrichters erfolgt im allgemeinen durch die Ausgangsspannung eines elektronischen Reglers; daher ist ein Zündsteuergerät erforderlich, das die Umsetzung der Reglerspannung y in den Zündwinkel α bewirkt und Zündimpulse geeigneter Form erzeugt. Bild 8.11 erläutert die grundsätzliche Wirkungsweise eines solchen Gerätes.

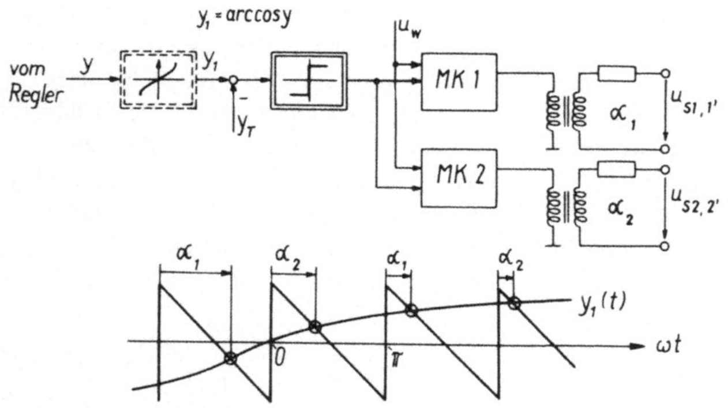

Bild 8.11

Um die in Bild 8.7 dargestellte nichtlineare Steuerkennlinie $\overline{u_g}(\alpha)$ auszugleichen, wird zwischen Regler und Steuergerät manchmal ein nichtlineares Übertragungsglied eingefügt, das die Umkehrfunktion (arc cos) bildet; seine Ausgangsgröße y_1 wird mit einem netzsynchronen sägezahnförmigen Taktsignal $y_T(\tau)$ verglichen; der erste in jeder Halbwelle auftretende Schnittpunkt liefert den Zündzeitpunkt. Die eigentlichen Zündimpulse entstehen in abwechselnd aktivierten monostabilen Kippschaltungen MK mit darauffolgenden Impulsverstärkern und Zündübertragern. Aus Bild 8.11b ist zu erkennen, daß damit ein Übergang von Wechselrichter- in den Gleichrichterbetrieb, z.B. als

Folge einer Unstetigkeit in der Steuergröße y, jederzeit möglich ist, während im umgekehrten Fall eine Wartezeit von maximal einer halben Periodendauer verstreicht.

Bei den bisherigen Überlegungen wurden zum besseren Verständnis verschiedene Vereinfachungen eingeführt, die bei praktischen Stromrichterschaltungen nicht zutreffen. Hierzu gehört z.B. die Annahme eines eingeprägten Gleichstromes I_g und die Vernachlässigung der Netz-Innenimpedanz. Die damit zusammenhängenden Effekte sollen nun wenigstens angenähert diskutiert werden.

Bei Belastung des Stromrichters durch einen Ohm-Widerstand R_g im Gleichstromzweig gilt $u_g = R_g i_g$; der Gleichstrom hat also die Form der Stromrichter-Ausgangsspannung. Daraus folgt sofort, daß das jeweils stromführende Ventil beim Nulldurchgang der Netzspannung erlischt; wegen des passiven Gleichstromkreises entfällt natürlich auch ein Wechselrichterbetrieb. Der Strom hat damit den in Bild 8.12 gezeichneten lückenden Verlauf. Während der Strompausen teilt sich die Spannung an den Ventilen nach Maßgabe der Sperrwiderstände auf.

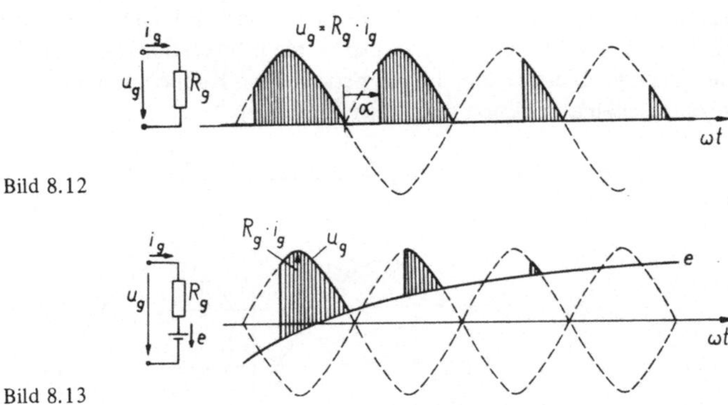

Bild 8.12

Bild 8.13

Der Lückeffekt verstärkt sich noch, wenn in Reihe mit dem Belastungswiderstand eine veränderliche Gleichspannung $e(\tau) > 0$ geschaltet wird. Ein Ventilpaar kann nun nur noch gezündet werden, wenn die Netzspannung $|u_w|$ größer als die Gegenspannung $e(\tau)$ ist; ein gezündetes Ventil erlischt, sobald diese Bedingung nicht mehr gilt. Bild 8.13 zeigt den Strom- und Spannungsverlauf anhand eines Beispiels.

Eine weitere Komplikation tritt ein, wenn der Gleichstromkreis außer Widerstand und Gegenspannung eine Induktivität, z.B. zur Glättung des Stromes i_g, enthält. In diesem Fall ist auch für $\alpha > 0$ ein kontinuierlicher (nicht lückender) Stromfluß möglich, da die Induktivität die Zeitabschnitte, in denen $u_g < e$ ist, überbrücken kann. Dieser Fall ist in Bild 8.14 für verschiedene Werte von α gezeichnet. Er entspricht der Speisung eines Gleichstrommotors durch einen Stromrichter. Die Innen-Impedanz der Wechselspannungsquelle ist dabei weiterhin vernachlässigt; die Gegenspannung ist als konstant angenommen, $e = E$.

Zunächst sei ein stromloser Zustand betrachtet; wegen $i_g = 0$, $di_g/dt = 0$ ist dann $u_g = E$. Zum Zeitpunkt $\omega t = \alpha_1$ werden nun unter der Nebenbedingung $\hat{u}_w \sin \alpha_1 > E$ die Thyristoren 1, 1′ gezündet, so daß der Strom i_g mit endlicher Steilheit ansteigt und schnell den Haltewert überschreitet. Wegen der leitenden Thyristoren 1, 1′ ist nun $u_g = u_w$ und mit $\omega t = \tau$ gilt die Differentialgleichung

$$\omega L_g \frac{di_g}{d\tau} + R_g i_g = \hat{u}_w \sin \tau - E, \quad \tau > \alpha_1 . \tag{1}$$

Die Lösung lautet mit der Anfangsbedingung $i_g(\alpha_1) = 0$ und mit der Abkürzung $L_g/R_g = T_g$:

$$i_g(\tau) = \frac{\hat{u}_w}{R_g} \frac{1}{\sqrt{1 + (\omega T_g)^2}} \left[\sin(\tau - \arctan \omega T_g) - e^{-\frac{\tau - \alpha_1}{\omega T_g}} \cdot \sin(\alpha_1 - \arctan \omega T_g)\right] - \frac{E}{R_g}\left[1 - e^{-\frac{\tau - \alpha_1}{\omega T_g}}\right]. \tag{2}$$

Zum Zeitpunkt $\beta_1 < \alpha_1 + \pi$ erreicht der Strom i_g wieder den Wert Null, $i_g(\beta_1) = 0$, so daß die Thyristoren erlöschen. Der Gleichstromkreis bleibt dann stromlos, bis bei $\alpha_1 + \pi$ die Thyristoren 2, 2′ gezündet werden. Im stationären Betrieb entsteht somit ein lückender Gleichstrom, der aus periodischen Kuppen besteht. Der Mittelwert des Stromes ist eine Funktion sämtlicher Parameter

$$\bar{i}_g = \frac{1}{\pi} \int_{\alpha_1}^{\beta_1} i_g(\tau)\, d\tau = \bar{i}_g(\alpha, \hat{u}_w, \omega T_g, R_g, E) . \tag{3}$$

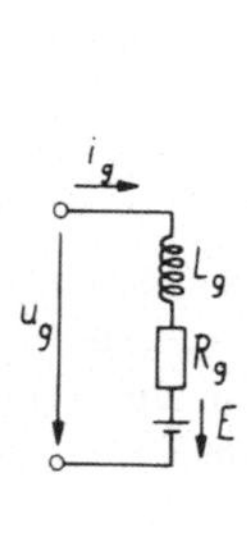

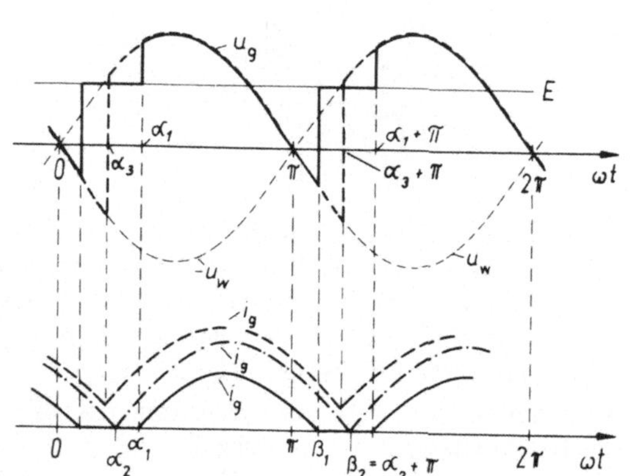

Bild 8.14

Ein entsprechender Ausdruck gilt für den Mittelwert der Gleichspannung,

$$\bar{u}_g = \frac{1}{\pi} \int_{\alpha_1}^{\alpha_1 + \pi} u_g(\tau)\, d\tau .$$

Das Integral läßt sich aufgrund der Maschengleichung

$$u_g(\tau) = E + \omega L_g \frac{di_g}{d\tau} + R_g i_g$$

und unter Berücksichtigung der Periodizitätsbedingung

$$i_g(\alpha_1) = i_g(\alpha_1 + \pi) = 0\,,$$

auf Gl. (3) zurückzuführen,

$$\bar{u}_g = E + R_g \bar{i}_g(\alpha, \hat{u}_w, \omega T_g, R_g, E)\,. \tag{4}$$

Die Lastkennlinie $\bar{u}_g(\bar{i}_g)$ für $\alpha = \text{const}$ und veränderliche Gegenspannung E ist bei lückendem Strom wegen der veränderlichen Brenndauer $\beta_1 - \alpha_1$ stark nichtlinear (s. Bild 8.16).

Wird mit den vorher getroffenen Annahmen der Zündwinkel verkleinert, $\alpha < \alpha_1$, so erhöht sich die Amplitude der Stromimpulse bei gleichzeitigem Anstieg der Stromflußdauer. Dabei tritt ein Grenzfall $\alpha = \alpha_2$ ein, wenn gerade im Augenblick des Löschens der Thyristoren 1, 1′ die Thyristoren 2, 2′ gezündet werden. Der Strom i_g berührt dann den Nullwert nur noch einmal je Halbperiode.

Dieser Grenzfall zum kontinuierlichen Stromfluß läßt sich durch die Periodizitätsbedingung $i_g(\alpha_2) = i_g(\alpha_2 + \pi) = 0$ aus Gl. (2) ableiten,

$$\frac{\hat{u}_w}{\sqrt{1 + (\omega T_g)^2}} \sin(\alpha_2 - \arctan \omega T_g)\,[1 + e^{-\frac{\pi}{\omega T_g}}] + E\,[1 - e^{-\frac{\pi}{\omega T_g}}] = 0\,. \tag{5a}$$

Die Bedingung für kontinuierlichen Stromfluß kann in folgender Form geschrieben werden

$$\alpha < \alpha_2 = \arctan \omega T_g - \arcsin\left[\frac{E}{\hat{u}_w}\sqrt{1 + (\omega T_g)^2} \cdot \tanh\left(\frac{\pi}{2\omega T_g}\right)\right]. \tag{5b}$$

Zu jedem Wert der Gegenspannung E gehört also ein Zündwinkel α_2, bei dem der Strom die Lückgrenze erreicht. Als Sonderfall für $\omega T_g \gg 1$, d.h. bei guter Glättung des Gleichstromes, geht Gl. (5b) in die Bedingung

$$\frac{2}{\pi}\hat{u}_w \cos\alpha \geqslant E$$

über; sie sagt aus, daß die eingeprägte Spannung des Stromrichters größer sein muß als die Gegenspannung, um einen kontinuierlichen Stromfluß zu ermöglichen. Die vorstehenden Beziehungen gelten übrigens für $E \gtrless 0$, d.h. sowohl für Gleich- als auch für Wechselrichterbetrieb.

Bei weiterer Reduktion des Zündwinkels, $\alpha_3 < \alpha_2$, oder bei Verringerung der Gegenspannung ist der Gleichstrom beim Zünden eines Thyristorpaares noch nicht auf Null abgesunken, so daß ein kontinuierlicher (nicht lückender) Stromfluß entsteht (Bild 8.14). Damit lautet die Lösung der Differentialgleichung im Intervall $\alpha_3 \leqslant \tau \leqslant \alpha_3 + \pi$

$$\begin{aligned} i_g(\tau) = {} & \frac{\hat{u}_w}{R_g\sqrt{1 + (\omega T_g)^2}} \sin(\tau - \arctan \omega T_g) - \frac{E}{R_g} + \\ & + \left[i_g(\alpha_3) - \frac{\hat{u}_w}{R_g\sqrt{1 + (\omega T_g)^2}} \sin(\alpha_3 - \arctan \omega T_g) + \frac{E}{R_g}\right] e^{-\frac{\tau - \alpha_3}{\omega T_g}} \end{aligned} \tag{6}$$

Der Anfangswert $i_g(\alpha_3)$ ist wieder aus der Periodizitätsbedingung

$$i_g(\alpha_3) = i_g(\alpha_3 + \pi) \tag{7}$$

zu berechnen. Im Fall kontinuierlichen Stromflusses, d.h. bei Erfüllung der Grenzbedingung (5b), lassen sich die Mittelwerte von Spannung und Strom auf wesentlich einfachere Weise gewinnen. Die Integrale sind ja nun über genau eine halbe Periode zu erstrecken. Im periodischen Zustand entfällt wegen $i_g(\alpha) = i_g(\alpha + \pi)$ der Einfluß der Induktivität und es gilt

$$\bar{u}_g(\alpha) = \frac{1}{\pi} \int_{\alpha}^{\alpha+\pi} \hat{u}_w \sin\tau \, d\tau = \frac{2}{\pi} \hat{u}_w \cos\alpha , \tag{8}$$

$$\bar{i}_g(\alpha) = \frac{1}{\pi} \int_{\alpha}^{\alpha+\pi} \frac{\hat{u}_w \sin\tau - E}{R_g} \, d\tau = \frac{\bar{u}_g - E}{R_g} . \tag{9}$$

Bei kontinuierlichem Stromfluß entsteht also gerade die in Bild 8.7 aufgetragene Steuerkennlinie; der Stromrichter wirkt wie eine steuerbare eingeprägte Spannungsquelle.
Für die Auslegung der Glättungsdrossel ist jener mittlere Stromwert $\bar{i}_{gL}$ von Bedeutung, bei dem gerade der Lück-Grenzfall eintritt ($\alpha = \alpha_2$);

$$\bar{i}_{gL} = \frac{\bar{u}_g(\alpha_2) - E(\alpha_2)}{R_g} . \tag{10}$$

Der Lück-Grenzstrom ist also eine Funktion des Zündwinkels, wobei die zugehörige Gegenspannung $E(\alpha_2)$ aus Gl. (5) zu bestimmen ist. Die Lückgrenze ist in den Stromrichterkennlinien, Bild 8.16, angegeben. Bei größeren Antrieben ist man bestrebt, den maximalen Lückstrom durch Wahl der Induktivität L_g unterhalb von 10% des Nennstromes zu halten. Aus Gründen der Wirtschaftlichkeit (L_g) ist dies jedoch nicht immer erreichbar.
Als weiterer wichtiger Effekt ist die endliche Kommutierungszeit zu nennen, die als Folge der bisher vernachlässigten Impedanz im Wechselstromkreis (L_w, R_w) zu beobachten ist; sie rührt im wesentlichen von der Streuung und dem Wicklungswiderstand des Stromrichtertransformators, zum Teil aber auch von der Netz-Innenimpedanz, her. Bei größeren Leistungen hat das Verhältnis $\omega L_w / R_w$ einen Wert von etwa 10, so daß der Widerstand vernachlässigt werden kann.
Wegen der endlichen, wenn auch gegenüber L_g kleinen Induktivität L_w können die Ströme in den Ventilzweigen und in der Wechselstromzuführung nicht den in Bild 8.6 gezeichneten unstetigen Verlauf nehmen. Der Auf- und Abbau der Ventilströme beim Zünden und, daraus folgend, die Vorzeichenumkehr des Wechselstromes i_w gehen vielmehr in Form stetiger Kommutierungsvorgänge in einer endlichen Zeitspanne, der sog. Kommutierungs- oder Überlappungszeit, vor sich.

Als Beispiel sei bei der in Bild 8.15a gezeichneten Schaltung angenommen, daß zu einem bestimmten Zeitpunkt die Ventile 2, 2′ leiten und daß bei $\tau = \alpha$, d.h. bei positiver Wechselspannung u_w, die Ventile 1, 1′ gezündet werden. Da die Ströme i_g und i_w wegen der Induktivitäten L_g bzw. L_w stetig verlaufen, bleiben die Ventile 2, 2′ auch nach der Zündung der Gegenventile zunächst leitend, so daß während eines kurzen

Intervalles alle vier Ventile Strom führen. Die Gleichrichterbrücke stellt also während der Kommutierungszeit eine Kurzschlußverbindung dar, $u_g = u_b = 0$. Somit lauten die Knotenpunktsgleichungen

$$i_{v1} + i_{v2} = i_g\,, \quad i_{v1} - i_{v2} = i_w \tag{11a, b}$$

und die Maschengleichungen

$$u_w = R_w i_w + \omega L_w \frac{di_w}{d\tau}\,, \quad -e = R_g i_g + \omega L_g \frac{di_g}{d\tau}\,. \tag{12a, b}$$

Außerdem gelten die Anfangsbedingungen

$$i_{v2}(\alpha) = -i_w(\alpha) = i_g(\alpha)\,, \quad i_{v1}(\alpha) = 0.$$

Der Kurzschluß durch die Ventile wirkt sich wegen der wesentlich kleineren Induktivität L_w vor allem im Wechselstromkreis in einer schnellen Stromänderung aus, während der Gleichstrom i_g infolge der großen Glättungsinduktivität L_g vorübergehend als konstant angesehen werden kann, $i_g(\tau) \approx i_g(\alpha) = \text{const}$.

Somit gilt, mit der Abkürzung $L_w/R_w = T_w$, für $\tau > \alpha$

$$i_w(\tau) \approx \hat{i}_k \sin(\tau - \arctan \omega T_w) - [i_g(\alpha) + \hat{i}_k \sin(\alpha - \arctan \omega T_w)]\, e^{-\frac{\tau - \alpha}{\omega T_w}}. \tag{12}$$

Dabei ist

$$\hat{i}_k = \frac{\hat{u}_w}{\sqrt{R_w^2 + (\omega L_w)^2}}$$

der Scheitelwert des (stationären) Transformator-Kurzschlußstromes.

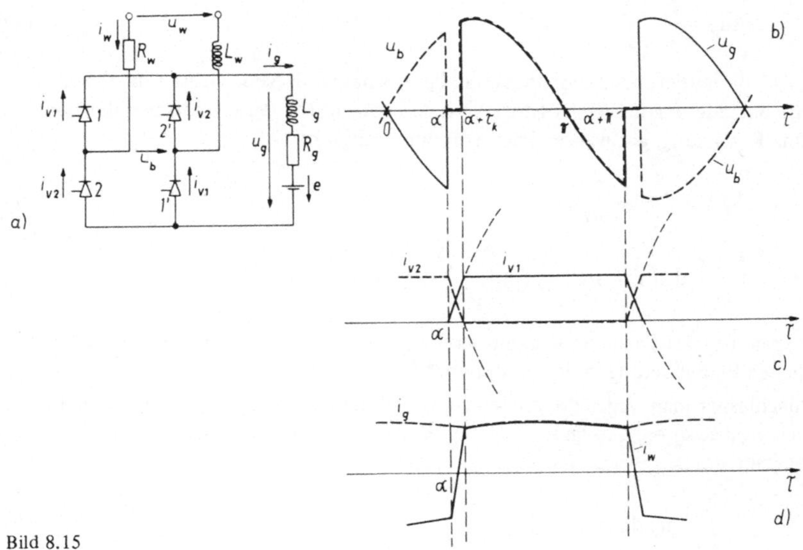

Bild 8.15

Mit diesem Ergebnis lassen sich aus Gl. (11) die Ventilströme berechnen.

$$i_{v1}(\tau) \approx \frac{1}{2}[i_g(\alpha) + i_w(\tau)],$$
$$i_{v2}(\tau) \approx \frac{1}{2}[i_g(\alpha) - i_w(\tau)]. \qquad (13)$$

Dieser Stromverlauf gilt nur solange, wie alle Ventile Strom führen. Sobald i_{v2} den Wert Null erreicht hat,

$$i_{v2}(\alpha + \tau_k) = 0,$$

ist die Kommutierung beendet, und Gl. (12), (13) sind nicht mehr gültig. Nach Abschluß der Kommutierung gilt wieder Gl. (6). Die verschiedenen Größen sind in Bild 8.15b bis d skizziert. Alle Ströme sind nun stetige Funktionen; dagegen zeigen die Spannungen u_g und u_b charakteristische Kommutierungseinbrüche.

Als Folge der endlichen Kommutierungszeit erfährt der Wechselstrom i_w eine weitere Verzögerung; zu der vorher betrachteten sog. Steuer-Blindleistung (Bild 8.9) kommt dadurch ein Anteil hinzu, der als Kommutierungs-Blindleistung bezeichnet wird und bei genaueren Untersuchungen berücksichtigt werden muß.

Im zeitlichen Verlauf der Stromrichterspannung u_g äußert sich die Kommutierung als Kurzschluß; es gilt ja

$$u_g(\tau) \approx 0 \quad \text{für} \quad \alpha \leqslant \tau \leqslant \alpha + \tau_k.$$

Dadurch tritt auf der Gleichstromseite ein mittlerer Spannungsverlust auf,

$$\Delta\bar{u}_g = \frac{1}{\pi}\int_{\alpha}^{\alpha+\tau_k} u_w \, d\tau, \qquad (14)$$

der als Kommutierungs-Spannungsabfall bezeichnet wird. Seine Größe läßt sich über die Stromänderung im Wechselstromkreis abschätzen: Mit der vereinfachenden Annahme $R_w \ll \omega L_w$ gilt während der Kommutierungszeit

$$u_w(\tau) \approx \omega L_w \frac{di_w}{d\tau},$$

oder
$$\int_{\alpha}^{\alpha+\tau_k} u_w \, d\tau \approx \omega L_w i_w(\tau)\Big|_{\alpha}^{\alpha+\tau_k} = \omega L_w [i_w(\alpha+\tau_k) - i_w(\alpha)].$$

Die Spannungszeitfläche im Kommutierungsintervall entspricht also gerade der erforderlichen Flußänderung in der Induktivität L_w.

Vernachlässigt man wegen der großen Glättungsinduktivität L_g den Wechselanteil des Gleichstromes, $i_g \approx \bar{i}_g$, so ändert sich der Wechselstrom während der Kommutierungszeit gerade um $\Delta i_w \approx 2\bar{i}_g$. Somit gilt

$$\int_{\alpha}^{\alpha+\tau_k} u_w \, d\tau \approx 2\omega L_w \bar{i}_g. \qquad (15)$$

Der in Gl. (14) angegebene Spannungsverlust infolge der Kommutierung hat damit den Wert

$$\Delta \bar{u}_g \approx \frac{2\omega\, L_w}{\pi}\, \bar{i}_g \; ; \tag{16a}$$

er ist dem Gleichstrom proportional. Die Induktivität der Wechselspannungsquelle wirkt demnach wie ein Ohmscher Innenwiderstand des Stromrichters. Als Folge verlaufen die Lastkennlinien des Stromrichters, $\bar{u}_g\,(\bar{i}_g)$ für $\alpha = \text{const}$, auch im Bereich kontinuierlichen Stromflusses etwas geneigt (Bild 8.16). Im Gegensatz zum Lückbetrieb sind die Kennlinien bei kontinuierlichem Strom jedoch linear. Normiert man Gl. (16a) mit der maximalen mittleren Gleichspannung bei Widerstandsbelastung, $U_{g0} = 2/\pi\, \hat{u}_w$, und mit dem Nennstrom I_{gn}, so folgt

$$\frac{\Delta \bar{u}_g}{U_{g0}} \approx \frac{\omega\, L_w I_{gn}}{\hat{u}_w} \frac{\bar{i}_g}{I_{gn}} = k \frac{\bar{i}_g}{I_{gn}} \, . \tag{16b}$$

Der Faktor k hängt im wesentlichen von der Streuinduktivität des Stromrichter-Transformators und der Frequenz ab; er liegt gewöhnlich bei $k \approx 0{,}05 \div 0{,}10$.

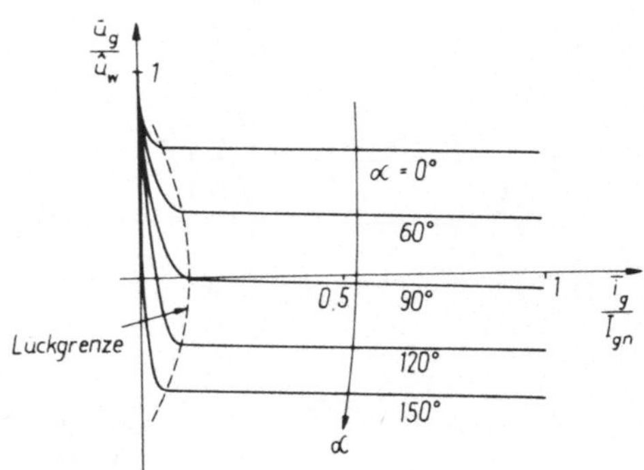

Bild 8.16

Die Kommutierungs- oder Überlappungszeit τ_k ist natürlich auch eine Funktion des Zündwinkels. Die Abschätzung

$$\int_{\alpha}^{\alpha+\tau_k} u_w\, d\tau \approx \tau_k \hat{u}_w \sin \alpha$$

läßt erkennen, daß der Kommutierungswinkel τ_k, der meistens nur wenige Grad beträgt, für konstanten Strom bei $\alpha = 90^\circ$ ein Minimum durchläuft. Einen genaueren Wert findet man durch Berechnung des Integrals in Gl. (15),

$$\tau_k \approx \arccos\left(\cos \alpha - \frac{2\omega\, L_w}{\hat{u}_w}\, \bar{i}_g\right) - \alpha \, . \tag{17}$$

Die Kenntnis der Überlappungszeit τ_k ist vor allem im Wechselrichterbetrieb, d.h. bei großen Zündwinkeln von Bedeutung. Es muß nämlich sichergestellt sein, daß die abkommutierenden Ventile beim Nulldurchgang der Wechselspannung blockierfähig sind, um eine fehlerhafte Rückkommutierung zu verhindern. Da im Wechselrichterbetrieb eine negative Gleichspannung wirksam ist, $E < 0$, würden andernfalls u_w und E während einer Halbperiode gleiche Polarität haben und einen kurzschlußartigen Überstrom hervorrufen; man bezeichnet einen solchen Störungsfall durch fehlerhafte Kommutierung als Wechselrichterkippung.

In Bild 8.17 ist eine durch unzulässige Vergrößerung des Zündwinkels verursachte Wechselrichterkippung dargestellt. Der Wechselrichter arbeitete dabei zunächst stationär mit $\alpha = 135°$. Dann wurden die Ventile 1, 1′ mit einer zusätzlichen Verzögerung gezündet. Wegen der geringen Spannung $u_w(\tau)$ geht die Kommutierung in diesem Bereich nur langsam vor sich; sie ist bei $\alpha + \tau_k$ beendet, nachdem die Ventile 2, 2′ stromlos geworden sind. Da deren Sperrspannung u_{v2} in diesem Augenblick klein ist, Bild

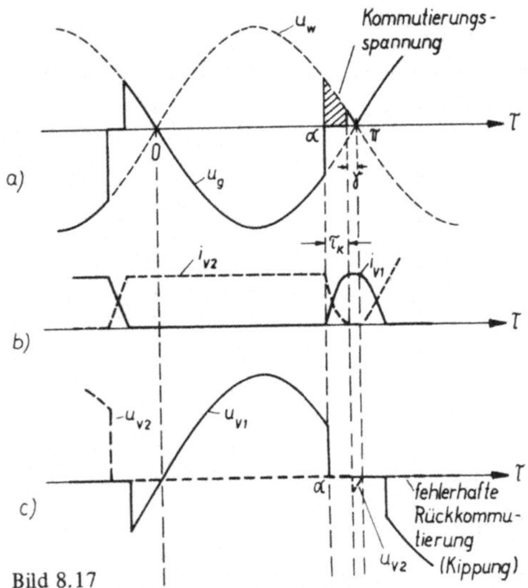

Bild 8.17

8.17c, steigt auch die Freiwerdezeit der Ventile an; es kann deshalb der dargestellte Fall eintreten, daß zum Zeitpunkt π die volle Blockierfähigkeit der Ventile 2, 2′ noch nicht wieder hergestellt ist, da die Freiwerdezeit den zur Verfügung stehenden Abschnitt entsprechend dem Löschwinkel γ überschreitet. Die Folge ist eine unbeabsichtigte Wiederzündung von 2, 2′ und eine Rückkommutierung des Stromes auf diese Ventile. In Verbindung mit der Gleichspannung $E < 0$ führt dies zu einem starken Anstieg des Stromes; u_w und E wirken ja nun gemeinsam auf die vorhandenen Impedanzen des Gleich- und Wechselstromkreises. Eine ordnungsgemäße Wechselrichterkommutierung ist dann frühestens wieder nach einer vollen Periode möglich.

Man erkennt, daß die Kippgefahr mit dem Strom und der Innenimpedanz des speisenden Netzes ansteigt. Beide Einflüsse haben eine Vergrößerung der Kommutierungszeit τ_k zur Folge. Um den Stromrichter spannungsmäßig dennoch voll auszunutzen, wäre zu erwägen, den Löschwinkel γ im Grenzfall auf einem vorgegebenen Minimalwert zu regeln. Wegen des zusätzlichen meßtechnischen Aufwandes und der verbleibenden Unsicherheit bei plötzlichen Spannungseinbrüchen im Wechselstromnetz wird dies Möglichkeit allerdings nur bei sehr großen Leistungen, z.B. bei der Hochspannungs-Gleichstrom-Übertragung, ausgenutzt [55]. Im übrigen beschränkt man sich darauf, den Zündwinkel auf „sichere" Werte (z.B. $\alpha_{max} = 150°$) zu begrenzen und Überströme, vor allem im Wechselrichterbetrieb, durch eine schnelle Regelung zu verhindern.

8.3. Drehstrom-Brückenschaltung

Die im vorhergehenden Abschnitt betrachtete einphasige Brückenschaltung wird gewöhnlich nur für kleinere Leistungen bis etwa 1 kW verwendet, abgesehen von Bahnantrieben, wo nur Einphasenstrom zur Verfügung steht. Darüber bevorzugt man mehrphasige Schaltungen, die folgende Vorzüge aufweisen:

1. Das Drehstromnetz wird im stationären Zustand durch den Stromrichter symmetrisch belastet.
2. Die dem Netz entnommenen Wechselströme enthalten höherfrequente Oberschwingungen kleinerer Amplitude als bei einem einphasigen Stromrichter, so daß geringere Verzerrungen der Wechselspannungen auftreten.
3. Auch der Gleichspannung u_g sind höherfrequente und kleinere Wechselkomponenten überlagert; dies ermöglicht eine Reduktion des Aufwandes für die Glättung des Gleichstromes i_g.
4. Die Wartezeiten bei Regelvorgängen sind geringer, da die Ventile in kürzeren Abständen gezündet werden können; dadurch sind schnellere Regelvorgänge möglich.

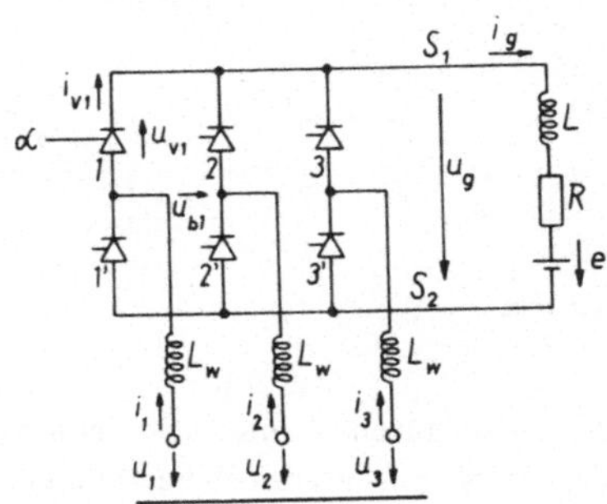

Bild 8.18

Bild 8.18 zeigt eine Drehstrom-Brückenschaltung, die in Verbindung mit Thyristoren am häufigsten verwendete Mehrphasenschaltung, bei der im stationären Zustand während einer Periode sechs Ventile im gleichen Abstand gezündet werden. Man rechnet die Drehstrom-Brückenschaltung deshalb auch zu den sechspulsigen Schaltungen; bei der einphasigen Brückenschaltung handelt es sich um eine zweipulsige Schaltung. In Verbindung mit Hg-Dampf-Ventilen wurden auch Mittelpunktschaltungen viel verwendet, die mit einer gemeinsamen Hg-Kathode ausgeführt werden können; außerdem sind dort keine Ventilstrecken in Reihe geschaltet. Seit Einführung der Thyristoren als Einzelventile mit ihrer viel kleineren Durchlaßspannung haben diese Gesichtspunkte an Bedeutung verloren.

Die Ventile 1, 2, 3 verbinden die Drehstromklemmen 1, 2, 3 in zyklischer Folge mit der positiven Gleichstrom-Sammelschiene S_1, die Ventile 1', 2', 3' mit der negativen Schiene S_2. In den Bildern 8.19 und 8.20 sind die zeitlichen Verläufe verschiedener Größen für zwei Zündwinkel ($\alpha_1 = 45°$ und $\alpha_2 = 135°$) gezeichnet. Die Netzinduktivitäten L_W, die überwiegend durch die Streuung des Stromrichtertransformators bedingt sind, wurden dabei zunächst wieder vernachlässigt, so daß keine Überlappung auftritt; als Gleichstrom i_g wird ein eingeprägter konstanter Strom angenommen.

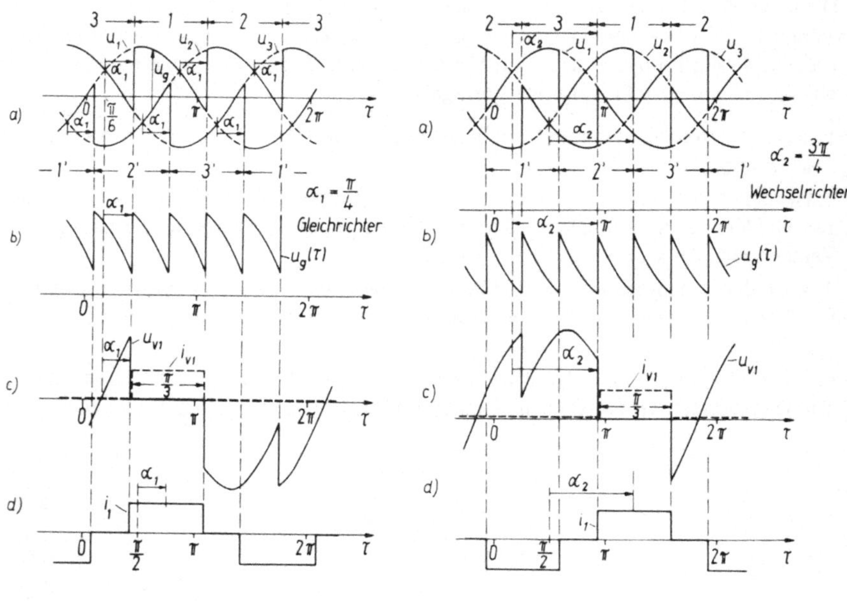

Bild 8.19 Bild 8.20

Die in den einzelnen Intervallen leitenden Ventile sind eingetragen; es handelt sich dabei jeweils um eines der oberen und eines der unteren Gruppe in Bild 8.18. Die Stromführungsdauer eines jeden Ventils beträgt demnach im stationären Zustand 120°; die Zündung erfolgt abwechselnd in der oberen und unteren Gruppe. Der natürliche Zündzeitpunkt ist durch die Nulldurchgänge der verketteten Spannungen $u_{12} = u_1 - u_2$, usw. bestimmt. Wenn z.B. Ventil 1 Strom führt, liegt an Ventil 2 die Blockierspannung $u_2 - u_1$. Ventil 2 kann also erst gezündet werden, nachdem $u_2 - u_1$ positiv geworden ist.

Der natürliche Zündzeitpunkt ($\tau = \pi/6$ bei Ventil 1) dient als Bezugspunkt für den Zündwinkel α, der auch hier im Bereich $0 \leqslant \alpha \leqslant \alpha_{max}$ veränderlich ist. An der oberen

Grenze ist wieder ein Sicherheitsabstand in der Größe der maximalen Überlappungs- und Freiwerdezeit einzuhalten, um eine Wechselrichterkippung zu vermeiden.

Der Mittelwert der Gleichspannung $u_g(\tau)$ folgt mit den angenommenen Vereinfachungen und der Definition

$$u_1(\tau) = \hat{u}_w \sin\tau\,, \quad u_2(\tau) = \hat{u}_w \sin(\tau - \frac{2\pi}{3})\,, \quad u_3(\tau) = \hat{u}_w \sin(\tau - \frac{4\pi}{3})\,,$$

aus

$$\bar{u}_g = \frac{3}{\pi} \int_{\frac{\pi}{6}+\alpha}^{\frac{\pi}{2}+\alpha} (u_1 - u_2)\, d\tau = \frac{3\sqrt{3}}{\pi}\, \hat{u}_w \int_{\frac{\pi}{6}+\alpha}^{\frac{\pi}{2}+\alpha} \sin(\tau + \frac{\pi}{6})\, d\tau$$

$$= \frac{3\sqrt{3}}{\pi}\, \hat{u}_w \cos(\tau + \frac{\pi}{6}) \Bigg|_{\frac{\pi}{2}+\alpha}^{\frac{\pi}{6}+\alpha} = \frac{3\sqrt{3}}{\pi}\, \hat{u}_w \cos\alpha = U_{g0} \cos\alpha\,. \tag{18}$$

Man erhält also auch hier eine cos-förmige Steuerkennlinie. Im Fall einer Speisung durch das 220/380 V-Drehstromnetz beträgt der Maximalwert $U_{g0} = 512$ V.

Der Verlauf der Gleichspannung u_g in den Bildern 8.19b/20b läßt erkennen, daß im stationären Zustand nur noch Oberschwingungen auftreten, deren Frequenzen Vielfache von 6f, bei 50 Hz Netzfrequenz also von 300 Hz, sind.

Spannung und Strom eines Ventils sind in Bild 8.19c für Gleichrichterbetrieb, in Bild 8.20c für Wechselrichterbetrieb aufgetragen. Im ersten Fall überwiegt die Sperrspannung ($u_v < 0$), im zweiten die Blockierspannung ($u_v > 0$). Der Gleichrichterbetrieb ist deshalb unempfindlich gegen Überlastung, während bei starker Wechselrichteraussteuerung stets die Gefahr einer Kippung besteht. Die negative Ventilspannung ($u_v < 0$) muß ja eine genügende Spannungszeitfläche und Zeitdauer aufweisen, damit die Kommutierung abgeschlossen werden kann und anschließend die Freiwerdezeit der Thyristoren nicht unterschritten wird.

In den Bildern 8.19d und 8.20d ist für die beiden Zündwinkel α_1 und α_2 der Strom i_1 in einer Zuleitung aufgetragen. Die zeitliche Verschiebung der Strom-Grundschwingung gegenüber der zugehörigen Phasenspannung (u_1) entspricht auch hier die Zündverzögerung α. Ein Vergleich mit Bild 8.6d läßt erkennen, daß bei der Drehstromschaltung die Oberschwingungen der Wechselströme geringer sind. Die Ströme enthalten keine geradzahligen Oberschwingungen und keine Teilschwingungen der Frequenzen 3kf, $k = 1, 2, \ldots$.

Ist der zur Anpassung der Spannung verwendete Stromrichter-Transformator auf der Netz- und Ventilseite im Stern geschaltet, so hat auch der Netzstrom den in den Bildern 8.19d, 8.20d gezeichnete Verlauf. Dagegen ändert sich die Kurvenform des netzseitigen Stromes, wenn eine der Wicklungen im Dreieck geschaltet ist; anhand von Bild 8.21 wird dies erläutert. Es sei angenommen, daß der ventilseitige Gleichstrom zu einem bestimmten Zeitpunkt über die Ventile 1' und 3 fließt. Vernachlässigt man den Magnetisierungsstrom des Transformators und nimmt gleiche Primär- und Sekundärwindungszahlen an, dann gilt für die Netzströme des Transformators

$$i_{N1} = i_{w3} - i_{w1} = 2\, i_g ,$$

$$i_{N2} = i_{w1} - i_{w2} = -\, i_g ,$$

$$i_{N3} = i_{w2} - i_{w3} = -\, i_g .$$

Durch Permutation der sechs möglichen Zustände entsteht daraus gerade der in Bild 8.21b gezeichnete netzseitige Stromverlauf i_{N1} (τ); auch hier sind keine dreifachen Oberschwingungen enthalten. Dreieck- und Sternwicklung können bei entsprechender Wahl der Windungszahlen auch vertauscht werden.

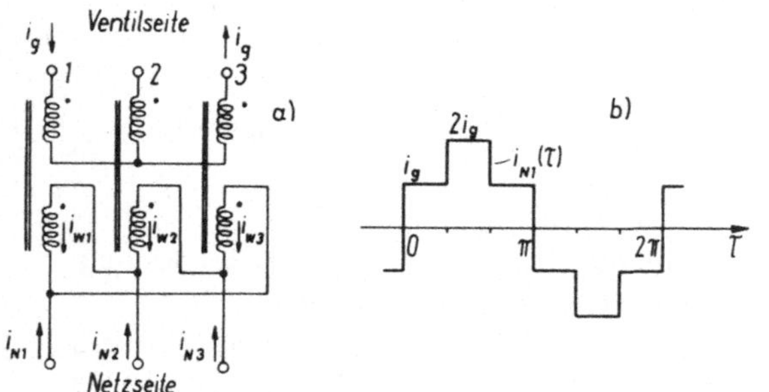

Bild 8.21

Häufig reicht die mit einem Thyristor je Brückenzweig erreichbare Gleichspannung nicht aus, so daß Reihenschaltungen notwendig werden. Dabei hat es sich bewährt, nicht einzelne Thyristoren, sondern zwei oder mehrere vollständige Drehstrom-Brücken in Reihe zu schalten. Während nämlich bei der Reihenschaltung einzelner Thyristoren besondere Maßnahmen zur Steuerung der Spannungsverteilung im gesperrten Zustand notwendig sind, erübrigt sich dies im zweiten Fall, da die Ventil-Spannungen vom Transformator vorgegeben sind. Wählt man nun eine Schaltung gemäß Bild 8.22, wobei der Stromrichter-Transformator zwei unterschiedlich geschaltete Sekundärwicklungen aufweist, so entsteht wegen der $\curlywedge/\Delta$-Phasendrehung von 30° ein zwölfpulsiger stationärer Verlauf der Gleichspannung u_g; sie enthält nur Frequenzen, die Vielfache von 12f sind. Auch auf der Netzseite tritt eine Reduktion der Strom- und daraus folgend auch der Spannungsoberschwingungen ein. Dennoch muß bei großen Leistungen die Frage der Netzoberschwingungen sorgfältig beachtet werden, da Netzfilter naturgemäß mit hohem Aufwand verbunden sind.

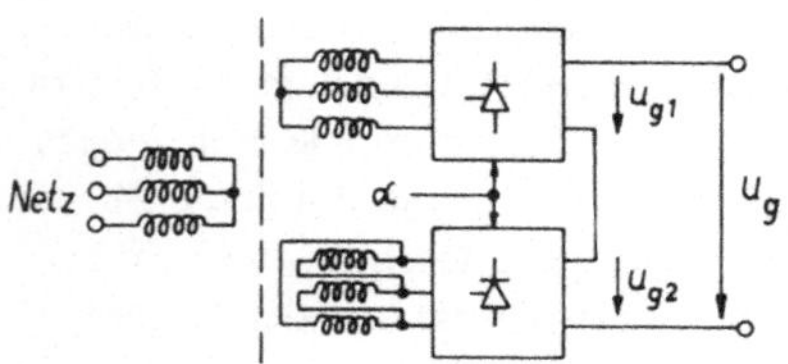

Bild 8.22

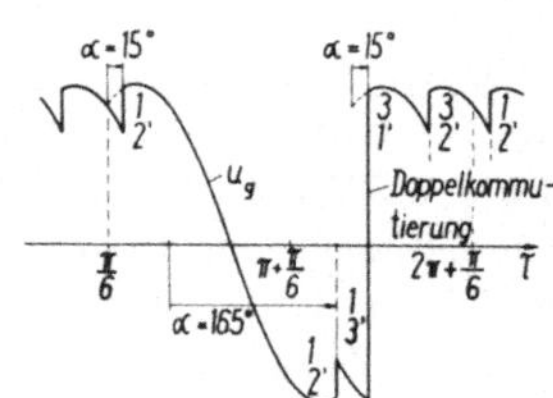

Bild 8.23

Das dynamische Verhalten des 6-pulsigen Stromrichters mit zugehörigem Zündsteuergerät entspricht im Prinzip dem zweipulsigen Fall, jedoch mit dem Unterschied, daß die stationären Zündungen nun nicht mehr im Abstand π, sondern im Abstand $\pi/3$ erfolgen, wodurch ein schnellerer Eingriff möglich ist. Die Wartezeit bei einer kleinen Änderung der Steuergröße liegt nun zwischen Null und 1/6f, bei 50 Hz also 20ms/6 = 3,3 ms. Ein mehrphasiger Stromrichter ist somit ein dynamisch außerordentlich hochwertiges Stellglied, das es ermöglicht, mit kleinen Regelsignalen (mW) große Leistungen (MW) in sehr kurzer Zeit (ms) zu steuern. Der Stromrichter wird in dieser Hinsicht von keinem anderen Leistungsverstärker erreicht.

Bild 8.23 zeigt einen durch sprungartige Verstellung des Zündwinkels ausgelösten Übergang vom Gleichrichter- zum Wechselrichterbetrieb und zurück. Beim Übergang in den Wechselrichterbereich werden die Zündungen verzögert, so daß die gerade stromführenden Ventile leitend bleiben, bis sich die Netzspannung umgekehrt hat. Bei der entgegengesetzten Verstellung entfällt diese Verzögerung, da eine Gleichrichterzündung jederzeit möglich ist. Dabei kann, wie in Bild 8.23 zu sehen, der Fall eintreten, daß einzelne Ventile übersprungen werden, da Mehrfachkommutierungen erfolgen, bei denen kurzzeitig mehrere Ventile leitend sind.

Eine Besonderheit der Drehstrom-Brückenschaltung besteht darin, daß beim Anfahren mindestens zwei Ventile, eines in jeder Gruppe, gezündet werden müssen, damit ein Strom fließen kann. Man löst dieses Problem, indem man entweder den Zündimpulsen eine Zeitdauer $\tau > \pi/3$ gibt oder aber mit Doppelimpulsen arbeitet, wobei jedes Ventil zwei kurze Zündimpulse im Abstand $\pi/3$ erhält. Im Normalfall trifft dann der Folgeimpuls auf einen bereits leitenden Thyristor und ist unwirksam.

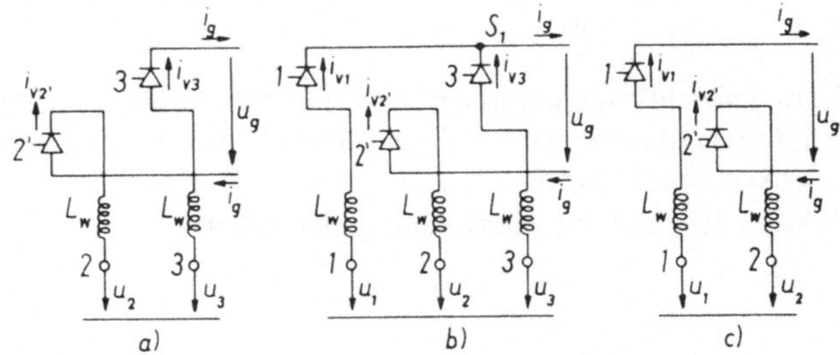

Bild 8.24

Bei den bisherigen Überlegungen wurde wieder angenommen, daß der Wechsel der stromführenden Ventile augenblicklich erfolgt; da aber in den Zuleitungen, und auch in den Ventilzweigen selbst, Streuinduktivitäten enthalten sind, dauert die Kommutierung in Wirklichkeit endliche Zeit. In Bild 8.24 wird dieser Vorgang erläutert; die Zuleitungswiderstände sind dabei gegenüber den Streuinduktivitäten vernachlässigt. Es sind drei Abschnitte zu unterscheiden:

Anfangs sollen z.B. die Ventile 3 und 2' den konstanten Gleichstrom i_g führen (Bild 8.24a). Zum Zeitpunkt $\tau = \pi/6 + \alpha$ wird das Ventil 1 gezündet, so daß die durch Bild 8.24b beschriebene Situation eintritt; die Wechselspannungs-Klemmen 1, 3 sind nun über die Ventile 1, 3 verbunden; der wegen der kleinen Induktivitäten L_W einsetzende Kurzschlußstrom bewirkt eine Kommutierung des Gleichstromes i_g von Ventil 3 nach 1. Sobald der Strom i_{v3} Null geworden ist, sperrt Ventil 3, und der Stromrichter befindet sich im Zustand von Bild 8.24c. Der beschriebene Überlappungsvorgang, bei dem mehr als zwei Ventile der Brückenschaltung leitend sind, erstreckt sich im allgemeinen nur über wenige Grad.

Der Kommutierungszustand nach Bild 8.24b wird durch folgende Gleichungen beschrieben:

$$i_{v1} + i_{v3} = i_{v2'} = i_g \approx \bar{i}_g = \text{const}, \quad \frac{\pi}{6} + \alpha \leqslant \tau \leqslant \frac{\pi}{6} + \alpha + \tau_k ,$$
$$\omega L_w \left(\frac{di_{v1}}{d\tau} - \frac{di_{v3}}{d\tau}\right) \approx u_1 - u_3 . \tag{19}$$

Elimination von i_{v3} führt auf

$$2\omega L_w \frac{di_{v1}}{d\tau} \approx u_1 - u_3 = \sqrt{3}\, \hat{u}_w \sin\left(\tau - \frac{\pi}{6}\right) . \tag{20}$$

Mit der Anfangsbedingung $i_{v1}\left(\frac{\pi}{6} + \alpha\right) = 0$ lautet die Lösung

$$i_{v1}(\tau) \approx \frac{\sqrt{3}\, \hat{u}_w}{2\omega L_w} \left[\cos\alpha - \cos\left(\tau - \frac{\pi}{6}\right)\right] ,$$

und $\quad i_{v3}(\tau) \approx \bar{i}_g - i_{v1}(\tau)$.

Sobald i_{v3} Null erreicht hat, ist die Kommutierung beendet,

$$i_{v3}\left(\frac{\pi}{6} + \alpha + \tau_k\right) = 0 .$$

Der Kommutierungsvorgang ist in Bild 8.25 als Ergebnis einer genauen Nachbildung mit dem Digitalrechner [103] gezeichnet. Die Kommutierungszeit ist dabei der Deutlichkeit wegen vergrößert.

Wegen der gleichen Induktivitäten in den Zuleitungen liegt die Sammelschiene S_1 wäh-

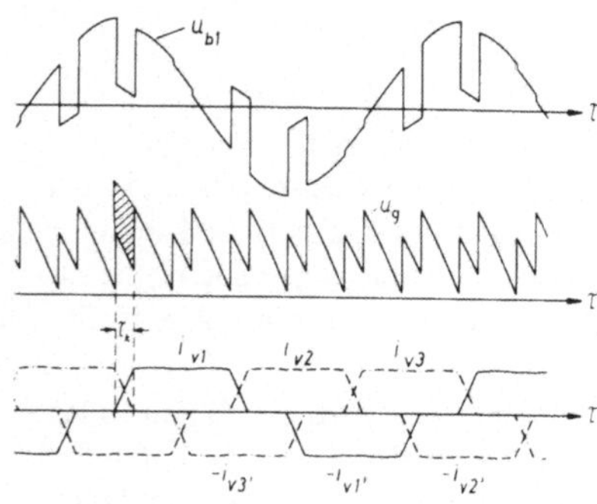

Bild 8.25

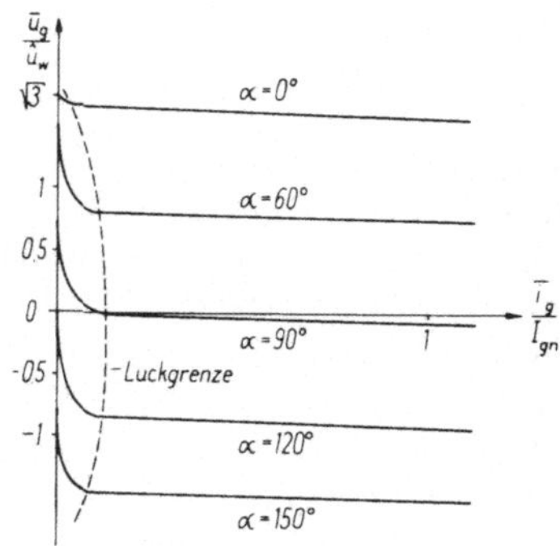

Bild 8.26

rend des Kommutierungs-Kurzschlusses (Bild 8.24b) auf der mittleren Spannung zwischen u_1 und u_3,

$$u_g(\tau) \approx \frac{u_1 + u_3}{2} - u_2, \quad \frac{\pi}{6} + \alpha \leqslant \tau \leqslant \frac{\pi}{6} + \alpha + \tau_k .$$

Der zugehörige Spannungsverlust ist in Bild 8.25 schraffiert eingetragen. Der Mittelwert beträgt

$$\Delta\bar{u}_g = \frac{3}{\pi} \int_{\frac{\pi}{6}+\alpha}^{\frac{\pi}{6}+\alpha+\tau_k} \frac{u_1 - u_3}{2} d\tau$$

Da andererseits wegen Gl. (20)

$$\int_{\frac{\pi}{6}+\alpha}^{\frac{\pi}{6}+\alpha+\tau_k} \frac{u_1 - u_3}{2} d\tau = \omega L_w \bar{i}_g$$

gilt, folgt $\Delta\bar{u}_g = \frac{3}{\pi} \omega L_w \bar{i}_g$.

Der Spannungsverlust infolge der Kommutierung ist also wieder dem Gleichstrom und der wechselstromseitigen Streuinduktivität proportional, so daß im Bereich kontinuierlichen (nicht lückenden) Stromes eine lineare geneigte Lastkennlinie $\bar{u}_g(\bar{i}_g)$ entsteht. Die Kommutierung hat also wieder eine ähnliche Wirkung wie ein zusätzlicher Innenwiderstand des Stromrichters.

In Bild 8.26 sind die Lastkennlinien der Drehstrom-Brückenschaltung für verschiedene Zündwinkel aufgetragen. Auch hier ergibt sich ein Bereich lückenden Stromes, in dem die Kennlinien stark geneigt und nichtlinear sind. Bei entsprechender Wahl der Glättungsinduktivität L_g erstreckt sich der Lückbetrieb auf kleine Werte von $\bar{i}_g$, so daß er im Leerlaufstrom-Bereich des Motors liegt und im stationären Betrieb nicht erreicht wird. Wenn es aus Kostengründen notwendig ist, auf die Glättungsdrossel zu verzichten, kann lückender Strom aber auch unter Last auftreten. Dies erfordert dann wegen der veränderlichen Motordynamik besondere Vorkehrungen beim Entwurf der Regelung, s.a. [111], [112].

Die bei der Kommutierung des Stromrichters zu beobachtenden vorübergehenden Kurzschlüsse der Drehstromzuleitungen wirken sich natürlich unmittelbar auf die Klemmenspannungen des Stromrichters und eventuell angeschlossener Geräte aus; in Bild 8.25 ist z.B. der Verlauf der Spannung u_{b1} (Bild 8.18) eingetragen. Dadurch entsteht die Gefahr einer Rückwirkung über die Synchronisierspannungen auf die Zündsteuerung, was bei einem schwachen Netz mit hoher Innenimpedanz zu einer Instabilität des Stromrichters führen kann. Neben dem naheliegenden, aber nicht immer gangbaren Weg einer Siebung der Synchronisierspannungen gibt es zahlreiche Vorschläge für „netzspannungsunabhängige“ Zündsteuerschaltungen, die z.B. interne Oszillatoren verwenden und auch bei nachgiebigen Drehstromspannungen einen stabilen Betrieb ermöglichen (z.B. [56], [97]).

Diese kurze Beschreibung eines sechspulsigen Stromrichters genügt für die Behandlung der meisten Antriebsprobleme. Spezielle Fragen, z.B. das Verhalten bei Kurzschlüssen oder Oberschwingungsanalysen, werden in der Fachliteratur behandelt (z.B. [9]). Zusammenfassend ist der Stromrichter als verlustarmes und dynamisch hochwertiges Leistungsstellglied zu bezeichnen; allerdings ist für die Speisung von Stromrichtern großer Leistung (MW) wegen der Oberschwingungen, der erforderlichen Blindleistung und der unverzögert übertragenen Wirkleistungs-Schwankungen ein kräftiges Drehstromnetz erforderlich. Der Stromrichter unterscheidet sich hier wesentlich vom Umformer, wo Wirklaständerungen wegen der rotierenden Massen verzögert und eingeebnet auf das Drehstromnetz übertragen werden und auch keine Oberschwingungsprobleme bestehen.

8.4. Regelkreis mit Stromrichter als Stellglied

Wegen der hohen Ausgangsleistung und der guten Steuerbarkeit eignen sich netzgeführte Stromrichter hervorragend als Stellglieder für elektrische Antriebe. Eine besondere Annehmlichkeit besteht darin, daß die üblichen Zündsteuergeräte unmittelbar von elektronischen Reglern angesteuert werden können, da sie mit den gleichen Schaltelementen aufgebaut sind und im informationsverarbeitenden Teil gleiches Leistungsniveau haben.

Bei der Auslegung eines Regelkreises, der einen Stromrichter enthält, entsteht die Frage, wie man das dynamische Verhalten des Stromrichters mathematisch erfassen kann. Schwierigkeiten ergeben sich zum einen aus der Tatsache, daß die Zündung einen diskreten Vorgang darstellt – der Zündwinkel ist keine kontinuierliche Zeitfunktion – und zum anderen, daß die Funktionen des Zündsteuergerätes und des Stromrichters nicht linear sind. Es gibt zwar zahlreiche Untersuchungen über pulsbreiten- und pulsphasenmodulierte Systeme dieser oder ähnlicher Art, doch fehlt bisher eine übersichtliche und zusammenhängende Theorie.

Eine genaue Analyse der dynamischen Vorgänge im Stromrichter ist ziemlich kompliziert; man erhält nichtlineare Differenzengleichungen, die sich nicht geschlossen lösen lassen. Eine Linearisierung der Differenzengleichungen ist nur für kleine Auslenkungen von einem stationären Betriebspunkt gültig; sie führt allerdings auf ein einfaches Ergebnis, daß nämlich der Stromrichter im normalen Parameterbereich näherungsweise durch ein unverzögertes Proportionalglied ersetzt werden kann, sofern ein integrierender Regler verwendet wird und die Regelstrecke Tiefpaßverhalten aufweist, d.h. die Oberschwingungen auf der Gleichstromseite gedämpft werden [51], [52], [53], [96]. Bei üblichen Antriebsregelungen sind diese Bedingungen erfüllt. In der Nähe der Stabilitätsgrenze ist die Vereinfachung freilich nicht mehr zutreffend; hier ist es notwendig, auf die Differenzengleichungen zurückzugreifen.

In der Praxis hat sich auch eine Modellvorstellung eingeführt, bei der man den Stromrichter mit Zündsteuerung durch die Wartezeit zwischen einer kleinen Änderung der Steuergröße und der zugehörigen Verschiebung des nächstfolgenden Zündimpulses beschreibt. Da die Wartezeit vom Zeitpunkt der Steuergrößenänderung abhängt und z.B.

bei einem sechspulsigen Stromrichter zwischen Null und 20 ms/6 = 3,33 ms variieren kann, wird eine mittlere Ersatzlaufzeit T_L = 1,67 ms angenommen [57], [58]. Auch dieses Modell führt zu brauchbaren Ergebnissen, sofern man sich auf gut gedämpfte Vorgänge beschränkt. In der Nähe der Stabilitätsgrenze sind jedoch auch hier starke Abweichungen zu beobachten.

Daneben gibt es noch weitere Vorschläge zur Behandlung des Stromrichters; eine Möglichkeit besteht z.B. darin, das unsymmetrische Steuerverhalten bei Vergrößerung und Verkleinerung des Zündwinkels durch Vorschaltung eines nichtlinearen dynamischen Steuergliedes auszugleichen [59].

Der typische Fall einer Stromregelung unter Verwendung eines sechspulsigen Stromrichters soll nun an Hand eines Beispiels betrachtet werden. Bild 8.27 zeigt die gewählte Schaltung; der an ein niederohmiges Drehstromnetz angeschlossene Stromrichter

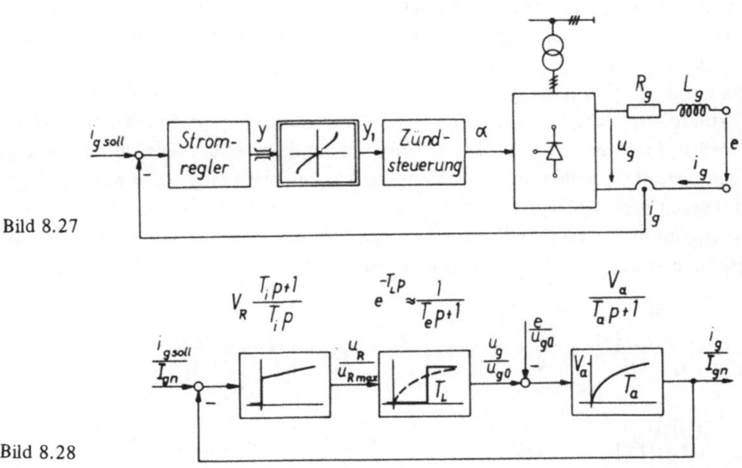

Bild 8.27

Bild 8.28

in Drehstrom-Brückenschaltung versorgt dabei einen induktiven Gleichstromkreis mit Gegenspannung. Mit Hilfe eines Stromreglers soll der Gleichstrom i_g auf einen vorgegebenen Wert $i_{g\,soll}$ gehalten werden, unabhängig von der als Störgröße wirkenden Gegenspannung e. Die Parameter sind so gewählt, daß der Spannungsabfall $\Delta \bar{u}_g$ bei Nennstrom etwa 5% der maximalen Gleichrichterspannung beträgt und daß für $\alpha = 0$, e = 0 ohne Regelung der 8fache Nennstrom auftreten würde. Dies entspricht etwa den Verhältnissen bei der Ankerspeisung einer Gleichstrommaschine. Auf die Verwendung des arccos-Entzerrungsgliedes (Bild 8.11) wurde verzichtet, da es keine wesentliche Verbesserung bringt. Als Steuergerät wurde eine Schaltung mit freischwingendem Oszillator angenommen [97].

Bild 8.28 zeigt ein vereinfachtes Blockschaltbild zur Festlegung der Reglerparameter. Der Stromrichter einschließlich Zündsteuergerät ist dabei, entsprechend der vorher beschriebenen Vereinfachung, durch ein lineares Laufzeitglied mit der mittleren Laufzeit $T_L \approx 1{,}7$ ms oder ein Verzögerungsglied mit der Ersatzzeitkonstanten $T_e = T_L$ ersetzt.

Die Verzögerung des Strom-Istwertes wurde sehr klein angenommen, so daß sie zur Ersatzzeitkonstante des Stromrichters geschlagen werden kann. Mit der Annahme eines PI-Reglers lautet somit die Übertragungsfunktion des offenen Kreises (Kreisübertragungsfunktion) näherungsweise

$$F_k(p) \approx V_R \frac{T_i p + 1}{T_i p} \frac{1}{T_e p + 1} \frac{V_a}{T_a p + 1}, \quad T_a = L_g/R_g .$$

Bei Annahme eines Zahlenwertes $T_a = 30$ ms ist es vorteilhaft, näherungsweise das „symmetrische Optimum" zu verwenden [61]; die zugehörigen Zahlenwerte lauten dann [21],

$$T_i = a^2 T_e , \quad V_k = V_R V_a = \frac{1}{2} \frac{T_a}{T_e}, \quad D = \frac{a-1}{2} .$$

In Bild 8.29 ist ein gerechnetes Oszillogramm mit sprungförmigen Sollwertänderungen sowie starken Laststörungen durch Umpolung der Gegenspannung dargestellt. Der Stromrichter wurde dabei unter Berücksichtigung der Streuimpedanzen des Transformators und der Ventilzweige naturgetreu nachgebildet [98] bis [104]. Infolge der Transformator-Impedanz ergeben sich starke Kommutierungseinbrüche der Wechselspannung am Stromrichter (u_{b1}). Trotz der Vereinfachungen bei der Auslegung des Reglers erhält man überall schnelle und gut gedämpfte Ausgleichsvorgänge. Die Ersatzzeitkonstante des geschlossenen Regelkreises liegt bei $T_{ge} \approx 10$ ms. Da das Stromrichter-Stellglied häufig im innersten Regelkreis einer mehrschleifigen Kaskadenregelung angeordnet ist, ergibt sich damit eine gute Ausgangsbasis für die übergeordnete Regelung.

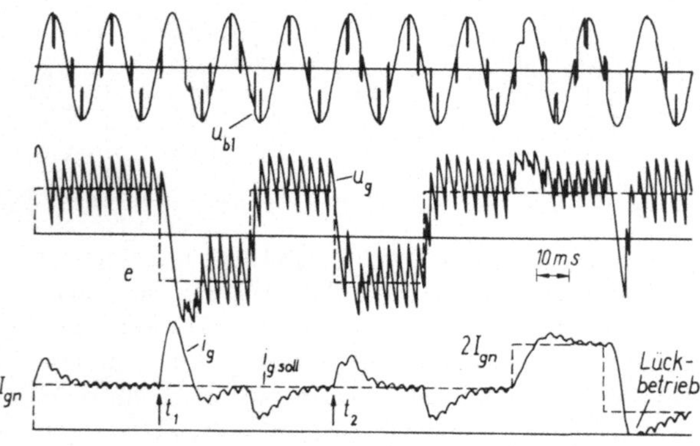

Bild 8.29

Die Feinstruktur der in Bild 8.29 gezeigten Vorgänge hängt von verschiedenen Details ab, z.B., ob die Umpolung von e unmittelbar vor oder nach einer Zündung erfolgt; an den Ausgleichsvorgängen bei t_1, t_2 ist dies deutlich zu erkennen. Diese Unterschiede sind eine Folge der diskreten und nichtlinearen Eigenschaften des Stromrichters; sie werden durch die Regelung teilweise ausgeglichen.

Die Oszillogramme zeigen eine etwas bessere Dämpfung als die angenommenen Parameter ($a = 2$, $D = 1/2$) erwarten ließen. Dies ist eine Folge der bei der Reglerdimensionierung verwendeten pessimistischen Abschätzung des Stromrichterverhaltens durch eine mittlere Wartezeit.

8.5. Stromrichter mit reduzierter Steuerblindleistung

In manchen Stromrichter-Anwendungen stört der hohe Bedarf an Steuer-Blindleistung bei Teil-Aussteuerung. Dies gilt z.B. für Bahnen, wo der Blindstrom in Verbindung mit der großen Fahrleitungsinduktivität eine starke Lastabhängigkeit der Spannung verursachen würde. Da Kondensatoren wegen der hohen Leistung, dem stark schwankenden Blindleistungsbedarf und der unter Umständen niedrigen Frequenz (16 2/3 Hz) als Kompensationsmittel nicht in Frage kommen, hat man verschiedene blindstromsparende Schaltungen und Steuerverfahren entwickelt [62]. Manche dieser Schaltungen enthalten neben den gesteuerten auch ungesteuerte Ventile; Bild 8.30 zeigt als Beispiel eine sog. halbgesteuerte Brückenschaltung mit zwei Thyristor- und zwei Dioden-Zweigen. Durch die Dioden D_1, D_2 werden die negativen Anteile der Spannung u_g (t) abgeschnitten; der induktive Gleichstrom i_g fließt dann zeitweilig in einem Kurzschlußweg über die beiden Dioden und nicht über die Netzspannung. Wie aus der vereinfachten Darstellung in Bild 8.30 c zu erkennen ist, wird durch diesen Nebenweg („Freilaufzweig") der Steuer-Blindstrom stark herabgesetzt. Ähnliche Eigenschaften hat eine Schaltungsvariante, bei der z.B. die Ventile D_1, T_2 als Thyristoren und die Ventile D_2, T_1 als Dioden ausgeführt sind.

Wegen der nun geltenden Betriebsbedingungen

$$i_g > 0, \quad u_g > 0$$

ist der Arbeitspunkt des Stromrichters auf einen einzigen Quadranten der $\overline{u}_g$, $\overline{i}_g$-Ebene beschränkt; eine, auch kurzzeitige, Energierücklieferung ins Netz ist damit nicht mehr möglich. Bei Fahrzeugantrieben mit Reihenschlußmotoren (Abschn. 6) ist dies jedoch kein Nachteil.

Das bei der halbgesteuerten Brückenschaltung nach Bild 8.30 angewendete Prinzip läßt sich auch auf mehrphasige Schaltungen erweitern. Eine einfache Möglichkeit besteht

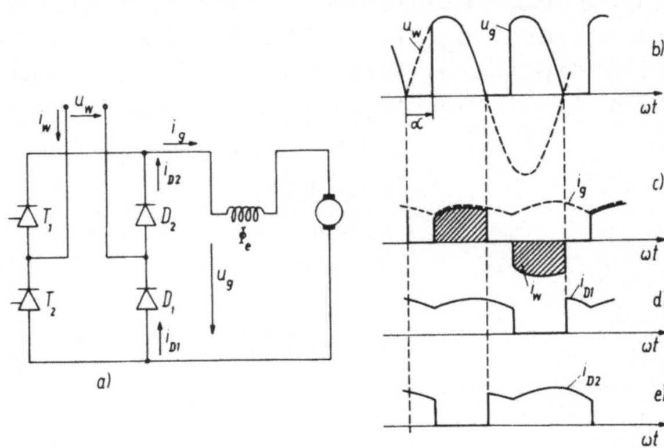

Bild 8.30

z.B. darin, parallel zum Gleichstrom-Ausgang eine „Freilauf"-Diode zu schalten; ähnliche Ergebnisse erhält man mit einer Drehstrom-Brückenschaltung, z.B. gemäß Bild 8.18, in der drei Thyristoren durch Dioden ersetzt sind.

Ein anderes Verfahren zur Blindstrom-Reduktion ist in Bild 8.31 angedeutet. Es handelt sich dabei um die Zu- und Gegenschaltung eines ungesteuerten und eines gesteuerten Stromrichters, die z.B. in Drehstrom-Brückenschaltung ausgeführt sein können. Die gesamte Gleichspannung läßt sich damit im Bereich

$$U_{g10} + U_{g20} \cos \alpha_{max} \leqslant \bar{u}_g \leqslant U_{g10} + U_{g20}$$

steuern. Wählt man die Spannungen gemäß der Beziehung $U_{g10} + U_{g20} \cdot \cos \alpha_{max} = 0$, so ist der gesamte erste Quadrant der $\bar{u}_g, \bar{i}_g$-Ebene erreichbar. Daß diese Schaltung weniger Blindstrom genötigt als ein einfacher Stromrichter nach Bild 8.18 ist an der Aussteuergrenze erkennbar; für $\bar{u}_g \approx 0$ arbeitet der gesteuerte Stromrichterteil als Wechselrichter an der Kippgrenze, d.h. mit geringer Steuerblindleistung, während ein Stromrichter üblicher Ausführung bei $\bar{u}_g \approx 0$ maximale Blindleistung erfordert. Bei voller Ausgangsspannung, $\alpha = 0$, erhält man mit der in Bild 8.31 angegebenen Drehstrom-Schaltung wieder einen zwölfpulsigen Spannungsverlauf.

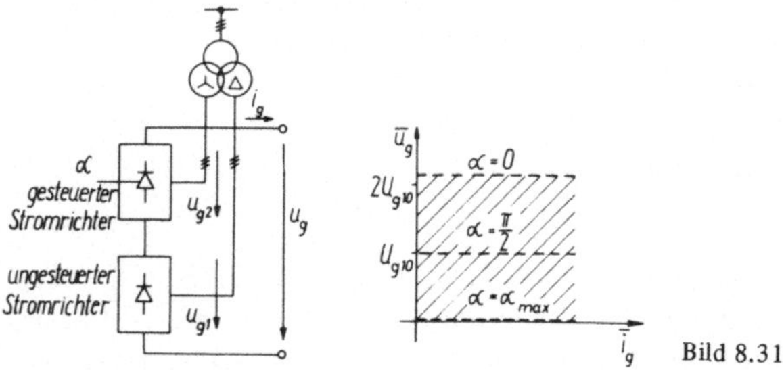

Bild 8.31

Das Prinzip der Zu- und Gegenschaltung läßt sich verallgemeinern, indem man den gesamten Spannungsbereich $\bar{u}_g$ auf mehrere Stromrichter verteilt, wie z.B. in Bild 8.22, die nacheinander so gesteuert werden, daß sich jeweils nur ein Teilstromrichter nicht bei $\alpha = 0$ oder $\alpha = \alpha_{max}$ befindet. Man bezeichnet ein solches Steuerverfahren deshalb auch als Folgesteuerung. Seine Anwendung ist vor allem dann interessant, wenn der Stromrichter aus Leistungsgründen ohnehin unterteilt werden muß [63].

9. Gleichstrom-Regelantriebe mit Stromrichterspeisung

Dank der praktisch unbegrenzten Ausgangsleistung und der ausgezeichneten Steuereigenschaften sind Stromrichter ideale Leistungsstellglieder für Gleichstromantriebe. Die elektromechanischen Ausgleichsvorgänge lassen sich damit ohne weiteres beherrschen.

Für ortsfeste Antriebe kommen vor allem netzgeführte Stromrichter in Frage, wie sie in Abschn. 8 beschrieben wurden. Da die Kommutierung bei diesen Schaltungen durch die Wechselspannungen erfolgt, spricht man auch von natürlicher oder Phasen-Kommutierung. Sie erfordert den geringsten Aufwand an Thyristoren und passiven Schaltelementen. Dagegen ist es bei Fahrzeugen ohne Fahrleitung oder bordeigenes Drehstromnetz notwendig, zu zwangskommutierenden Stromrichterschaltungen überzugehen, die einen erhöhten Schaltungsaufwand und auch größere Verluste aufweisen.

9.1. Gleichstromantrieb mit netzgeführtem Stromrichter

Verwendet man einen Stromrichter, z.B. in Drehstrom-Brückenschaltung als Stellglied für den Ankerkreis eines Gleichstrommotors (Abschn. 7), so ist zu beachten, daß der Stromrichter gemäß Bild 8.26 nur in zwei Quadranten der $\bar{u}_g$, $\bar{i}_g$-Ebene betrieben werden kann. Falls das Erregerfeld des Motors sein Vorzeichen nicht ändert, bedeutet dies, daß der Motor zwar mit beiden Drehrichtungen arbeiten kann, das Drehmoment aber auf ein Vorzeichen beschränkt ist. Mit einer Strom-Drehzahl-Kaskadenregelung mit Strombegrenzung (Bild 9.1) entstehen dann Drehzahl-Drehmomentkennlinien, wie sie

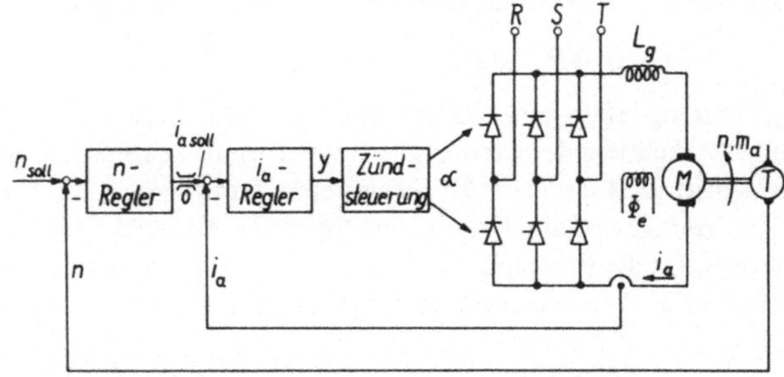

Bild 9.1

in Bild 9.2 dargestellt sind. Da der Stromrichter einen negativen Strom-Sollwert nicht ausführen kann, ist es nicht sinnvoll, solche Werte zuzulassen (bei einem integrierenden Regler wären unnötige Wartezeiten beim Aufsteuern die Folge); der Ausgang des Drehzahlreglers erhält deshalb neben der oberen auch eine untere Begrenzung, $0 \leqslant i_{a\,soll} \leqslant i_{a\,max}$. Bei Verwendung eines solchen „Einfach"-Stromrichters kann der Motor also nur in zwei Quadranten der Drehzahl-Drehmoment-Ebene arbeiten. Eine Nutzbremsung des Antriebs im 2. Quadranten ist nicht ohne weiteres möglich, doch läßt sich der Motor gegebenenfalls über externe Widerstände bremsen.

Ein derartiger Zweiquadranten-Antrieb eignet sich vor allem für Arbeitsmaschinen, deren Drehmoment eine starke Reibungskomponente aufweist, z.B. Papier- oder Druckereimaschinen, Kalander, ferner auch für Pumpen und Ventilatoren. Im Prinzip wäre er auch zum Antrieb von Hubwerken ohne selbsthemmende Getriebe verwendbar, doch ist auch dort meistens eine Drehmomentumkehr notwendig, z.B. wegen einer zweiseitigen Hublast oder zur Beschleunigung in Senkrichtung.

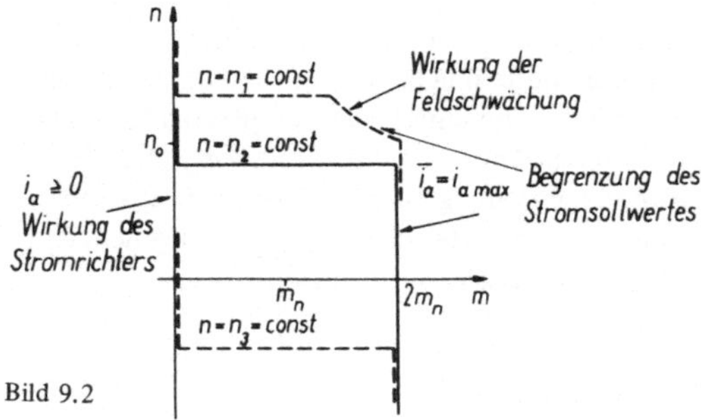

Bild 9.2

Da das Antriebsmoment beim Gleichstrommotor als Produkt von Ankerstrom und Erregerfluß entsteht, gibt es zwei Möglichkeiten, um mit einem Einfach-Stromrichter beide Drehmomentrichtungen, d.h. Vier-Quadrant-Betrieb, zu verwirklichen, eine Umpolung des Ankerstroms oder des Erregerflusses.

Bild 9.3 zeigt das Prinzip einer Anker-Umschaltung. Um induktive Überspannungen im Gleichstromkreis zu vermeiden und mit kleinen Schaltgeräten auszukommen, muß im stromlosen Zustand geschaltet werden. Ein Umschaltbefehl für den mechanischen Schalter darf also erst gegeben werden, wenn die Bedingungen

$$i_{a\ soll} = 0 \quad \text{und} \quad i_a = 0$$

gleichzeitig erfüllt sind. Das erste Signal zeigt an, daß der übergeordnete Drehzahlregler eine Umkehrung des Drehmomentes fordert, das zweite, daß der Ankerstrom auf Null abgebaut ist, z.B. indem der Stromrichter kurzzeitig als Wechselrichter arbeitete. Gleichzeitig wird durch das zweite Signal die Zulässigkeit eines Umschaltvorganges angezeigt. Da die Erfassung des Zustandes $i_a = 0$ bei lückendem Strom mit Unsicherheiten behaftet ist, kann vor dem eigentlichen Umschaltbefehl noch eine kurze Wartezeit mit

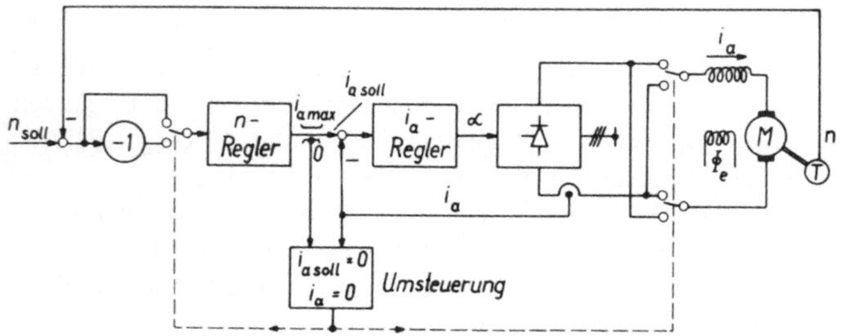

Bild 9.3

Zündimpulssperre eingefügt werden. Während der gesamten Umschaltung, die bei Verwendung spezieller Schaltgeräte mit kleinem Schaltweg etwa 100 ms dauert, bleibt der Stromrichter gesperrt.

Bei Erfassung des Strom-Istwertes mit einem Gleichstromwandler auf der Stromrichterseite des Schalters oder mit induktiven Stromwandlern auf der Wechselstromseite ändert sich durch den Umschaltvorgang am Strom-Regelkreis nichts. Dagegen kehrt sich die Wirkungsrichtung der Drehzahl-Regelstrecke um, so daß gleichzeitig mit der Anker-Umschaltung eine Vorzeichenänderung im Drehzahlregelkreis notwendig wird. In Bild 9.3 ist dies symbolisch angedeutet.

Eine Umkehrung des Drehmomentes ist gemäß $m_a = c_m \Phi_e i_a$ auch durch eine Umpolung des Erregerfeldes, bei gleichbleibender Richtung des Ankerstromes, möglich. Die Erregerwicklung kann dabei z.B. über einen Umkehr-Stromrichter geringerer Leistung gespeist sein. Wegen der, verglichen mit dem Ankerkreis, erheblich größeren magnetischen Energie des Erregerkreises erstreckt sich die Feldumkehr allerdings über einen längeren Zeitabschnitt, so daß eine merkliche Drehmomentunterbrechung unvermeidlich ist. Trotz Anwendung einer kurzzeitigen Übererregung in Höhe des 3 bis 5fachen der Nenn-Erregerspannung liegt die Feldumkehrzeit selten unter 1 s. Bei großen Motoren wird der Anker durch die während der Flußänderung induzierte transformatorische Spannung kritisch beansprucht.

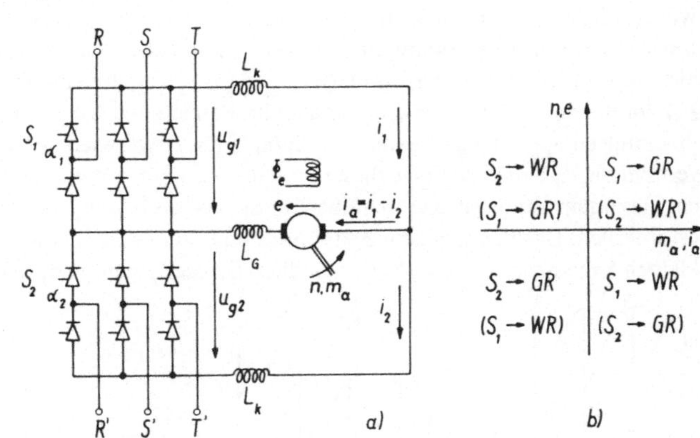

Bild 9.4

Aus diesen Gründen bevorzugt man heute, trotz des Aufwandes für einen zweiten Stromrichter, elektronische Steuerverfahren im Ankerkreis. Man bezeichnet solche Stromrichter entsprechend der möglichen Betriebsweise in den vier Quadranten der $\overline{u}_a$, $\overline{i}_a$-Ebene als Vier-Quadrant-Stromrichter. Bild 9.4a zeigt als Beispiel eine sog. Gegen-Parallel-Schaltung zur Speisung des Ankers eines Gleichstrommotors. Die Schaltung besteht aus zwei gleichstromseitig verbundenen Zwei-Quadrant-Stromrichtern, z.B. in Drehstrom-Brückenschaltung, die wechselstromseitig von getrennten Sekundärwicklungen eines Stromrichtertransformators gespeist werden. Man erkennt, daß nun der Motorstrom $i_a = i_1 - i_2$ beide Vorzeichen annehmen kann. Durch geeignete Aussteuerung der beiden Stromrichter wird dafür gesorgt, daß kein nennenswerter Kreisstrom am

Motor vorbei über die beiden Stromrichter fließt. In Bild 9.4b sind die Betriebszustände der beiden Stromrichter in die Drehzahl-Drehmoment-Ebene des Motors eingetragen. Der Motorstrom $i_a = i_1 - i_2$ wird somit, je nach Vorzeichen, vom einen oder anderen der beiden Stromrichter geliefert.

Wenn der Motor z.B. im 1. Quadranten arbeitet, ist $i_a = i_1 - i_2 > 0$; somit liefert der Stromrichter S_1 als Gleichrichter ($\bar{u}_{g1} > 0$) den Motorstrom. Um einen unzulässig großen Kreisstrom zu verhindern, muß gleichzeitig Stromrichter S_2 im Wechselrichterbetrieb arbeiten. Die Spannung $\bar{u}_{g2}$ muß ja der Spannung $\bar{u}_{g1}$ so folgen, daß sich nur ein kleiner Kreisstrom $\bar{i}_k = \bar{i}_2$ oberhalb der Lückgrenze ausbildet. Dies hat den Vorteil, daß der Stromrichter S_2 im Eingriff bleibt und im Bedarfsfall ohne Verzögerung oder Umschaltpause den Ankerstrom umkehren kann. Die Zuordnung der Stromrichter zu den anderen Quadranten ist entsprechend; man erhält auf diese Weise einen stetigen Übergang zwischen allen vier Quadranten.

Der Motorstrom wird stets von einem „Haupt-Stromrichter" geliefert, während der „Nebenstromrichter" (in Bild 9.4b in Klammern) mit seiner Spannung dem Hauptstromrichter folgt und dabei den kleinen Kreisstrom $\bar{i}_k = \mathrm{Min}\,(\bar{i}_1, \bar{i}_2)$ führt. Die Forderung nach einer bestimmten Gleichspannung am Anker der Maschine und nach einem bestimmten Kreisstrom ist mit den Zündwinkeln α_1, α_2 der beiden Stromrichter zu erfüllen.

Werden die beiden Stromrichter so gesteuert, daß $\bar{u}_{g1} + \bar{u}_{g2} = R_k \bar{i}_k \approx 0$ ist, so ergänzen sich zwar die Gleichkomponenten der Spannungen angenähert zu Null, nicht aber die Augenblickswerte der Spannungen $u_{g1}(\tau)$, $u_{g2}(\tau)$; der eine Stromrichter arbeitet ja z.B. im Bereich $0 \leqslant \alpha_1 \leqslant \pi/2$, der andere im Bereich $\pi/2 \leqslant \alpha_2 \leqslant \alpha_{max}$. Bild 9.5 zeigt die Spannungen $u_{g1}(\tau)$, $u_{g2}(\tau)$ und ihre Summe für verschiedene Aussteuerungen. Um zu verhindern, daß sich als Folge dieser großen Wechselspannung, die bei $\alpha_1 \approx \alpha_2 \approx \pi/2$ ein Maximum annimmt, kurzschlußartige Ströme ausbilden, sind Kreisstromdrosseln L_K erforderlich. Da aber zu jedem Zeitpunkt mindestens einer der Stromrichter nur den kleinen Kreisstrom i_k führt, brauchen diese Drosselspulen nicht völlig linear zu sein;

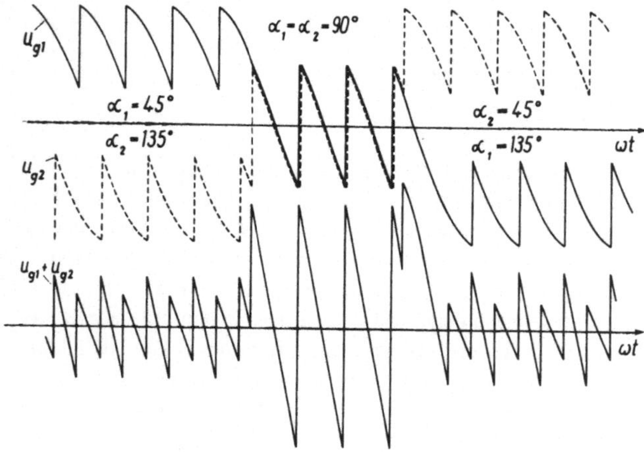

Bild 9.5

sie können bei Übernahme des Ankerstromes also auch in die Sättigung geraten, was ihre Abmessungen reduziert. Zur Glättung des Ankerstromes i_a ist dann allerdings eine besondere Drosselspule L_G notwendig.

Um bei einem bestimmten Laststrom i_a die gewünschte Stromaufteilung auf einen Haupt- und einen Nebenstromrichter zu erreichen, könnte man zunächst an ein Steuerungsverfahren denken, bei dem die Zündwinkel α_1, α_2 in einer festen Abhängigkeit stehen, z.B. $\alpha_2 = \pi - \alpha_1$, so daß sich die beiden Spannungs-Mittelwerte näherungsweise zu Null ergänzen, $\overline{u}_{g1} + \overline{u}_{g2} \approx 0$. Das angestrebte Ziel ließe sich damit allerdings nur sehr unvollkommen erreichen. Da die Kennlinien α (y) praktischer Zündsteuergeräte nicht exakt linear und die Ausgangsspannungen $\overline{u}_g$ lastabhängig sind, wäre es nicht zu vermeiden, daß der Nebenstromrichter entweder außer Eingriff gerät oder wegen der geringen Gleichstromwiderstände einen unzulässig hohen Kreisstrom führt. Im ersten Fall wäre keine stetige Umkehrung des Ankerstromes mehr möglich, während im zweiten Fall unnötige Verluste im Transformator, den Stromrichtern und den Kreisstromdrosseln entstünden.

Es ist deshalb notwendig, jedem Stromrichter einen eigenen Stromregler zuzuordnen, deren Stromsollwerte mit Hilfe eines nichtlinearen Funktionsgebers aus dem Ankerstrom-Sollwert $i_{a\ soll}$ abgeleitet werden. Bild 9.6a zeigt ein Regelschema [43], das sich

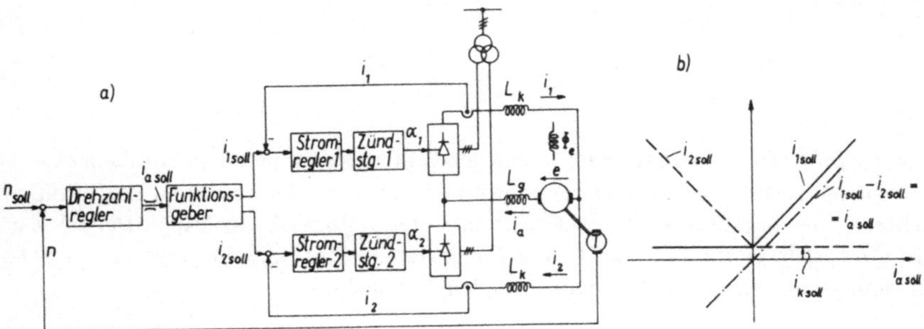

Bild 9.6

in der Praxis seit langem bewährt hat. Die Kennlinien des Funktionsgebers sind in Bild 9.6b gezeichnet. Der Kreisstrom-Sollwert $i_{k\ soll}$ wird dabei so gewählt, daß der jeweilige Nebenstromrichter (S_1 für $\overline{i}_a < 0$, S_2 für $\overline{i}_a > 0$) gerade oberhalb des Lückgrenzstromes arbeitet; bei üblicher Auslegung der Kreisstromdrosseln ist dies etwa $0{,}1 \cdot i_{a\ nenn}$. Die in Bild 9.6a dargestellte Regelschaltung läßt sich auch für Feldschwächbetrieb erweitern, wie er in Abschn. 7.3 beschrieben wurde.

Mit diesem Steuerverfahren erhält man einen vollständig kontinuierlichen Vier-Quadrant-Betrieb mit stetigen Übergängen zwischen allen Betriebszuständen. Der zusätzliche Aufwand gegenüber einer Einfach-Stromrichterschaltung ist allerdings beträchtlich. Bei manchen Antrieben sind indessen gewisse Einsparungen durch unterschiedliche Auslegung der beiden Stromrichterhälften möglich. Eine solche Situation ist z.B. bei kontinuierlichen Walzwerken gegeben, wo der Stromrichter für Rückwärts-Drehmoment nur zum gelegentlichen Abbremsen benötigt wird und entsprechend schwächer ausgelegt werden kann.

Weitere Einsparungen, vor allem am Stromrichtertransformator und an den Kreisstromdrosseln, lassen sich mit der sog. kreisstromfreien Gegenparallelschaltung erzielen, die in Bild 9.7 im Prinzip gezeichnet ist. Ihr Grundmerkmal ist, daß zu jedem Zeitpunkt mindestens eine Stromrichterhälfte stromlos bleibt. Da dann kein Kreisstrom mehr fließen kann, erübrigen sich auch die Kreisstromdrosseln.

Außerdem brauchen beide Stromrichter drehstromseitig nicht mehr isoliert zu werden; man kann sie also aus einer gemeinsamen Sekundärwicklung oder, falls die Spannungen passen, über kleine Drosseln zur di/dt-Begrenzung unmittelbar aus dem Netz speisen. Die Sperrung und Freigabe der beiden Stromrichterhälften hat bei dieser Schaltung allerdings mit besonderer Sorgfalt zu erfolgen, um eine gleichzeitige Stromführung beider Stromrichter zu verhindern; dies käme ja nun einem Netzkurzschluß gleich.

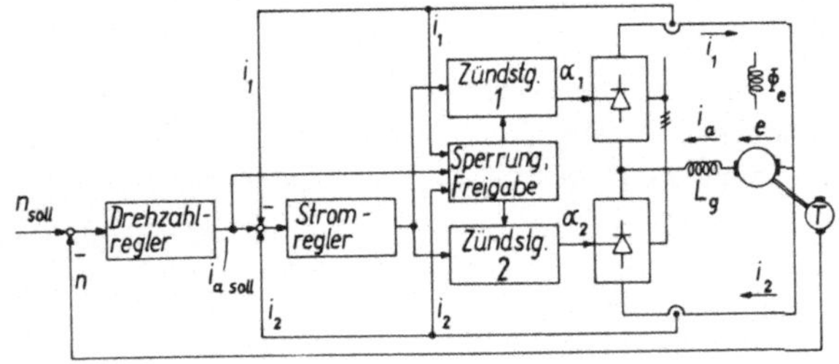

Bild 9.7

Bild 9.7 zeigt eines von verschiedenen möglichen Steuerverfahren; dabei wird ein einziger Stromregler verwendet, der bei positivem Ankerstrom-Sollwert $i_{a\ soll}$ den Stromrichter S_1, bei negativem Sollwert den Stromrichter S_2 zum Einsatz bringt. Der jeweils nicht benötigte Stromrichter wird durch Blockieren der Zündimpulse gesperrt. Das Entscheidungskriterium ist ähnlich dem bei Anker-Umschaltung,

$$i_{a\ soll} > 0 \quad \text{und} \quad i_2 = 0 \quad \rightarrow S_2 \text{ sperren, } S_1 \text{ freigeben,}$$

bzw. $$i_{a\ soll} < 0 \quad \text{und} \quad i_1 = 0 \quad \rightarrow S_1 \text{ sperren, } S_2 \text{ freigeben.}$$

Außerdem läßt man auch hier oftmals zur Sicherheit noch eine Wartezeit von wenigen ms verstreichen, um den Nullwert des Stromes im abzuschaltenden Stromrichter mit Sicherheit zu erfassen. Es führt nämlich nicht nur eine vorzeitige Freigabe des bisher gesperrten Stromrichters zu einem Kurzschluß; auch eine zu früh erfolgende Sperrung der Zündimpulse des noch leitenden Stromrichters kann wegen der aktiven Last eine Betriebsstörung verursachen; wenn der in Betrieb befindliche Stromrichter gerade als Wechselrichter arbeitet, verhindert ja eine Sperrung der Zündimpulse die Kommutierung des Wechselrichters und löst damit einen kurzschlußartigen Überstrom aus.

An die Zuverlässigkeit der Meß- und Steuergeräte sind deshalb bei einer kreisstromfreien Gegenparallelschaltung hohe Anforderungen zu stellen. Wegen des reduzierten Schaltungsaufwandes wird die kreisstromfreie Gegenparallelschaltung heute üblicherweise angewendet.

Von der in Bild 9.7 gezeigten Steuerschaltung gibt es zahlreiche Varianten. Es ist beispielsweise auch möglich, nur eine einzige Zündsteuerung zu verwenden und die Zündimpulse wahlweise einem der beiden Stromrichter zuzuführen.

9.2. Gleichstrom-Umrichter mit Zwangskommutierung

Den bisher behandelten netzgeführten Stromrichterschaltungen ist gemeinsam, daß ein Wechsel- oder Drehspannungsnetz als Speisequelle zur Verfügung steht. Darauf beruht auch die Wirkungsweise der Phasensteuerung mit natürlicher Kommutierung. Sobald nämlich ein Ventil einen Zündimpuls erhalten hat, übernimmt es eine der Wechselspannungen, den Strom auf das neu gezündete Ventil zu kommutieren. Voraussetzung ist dabei natürlich, daß der Zündimpuls zu einem Zeitpunkt erscheint, wenn das zu zündende Ventil positive Spannung (Blockierspannung) führt; andernfalls ist eine Kommutierung nicht möglich.

Es gibt verschiedene Einsatzmöglichkeiten für Stromrichter, bei denen ein Wechsel- oder Drehspannungsnetz nicht vorhanden ist, so daß dieses einfache Kommutierungsverfahren nicht angewendet werden kann. Da ein stromführender Thyristor sich nicht durch Steuersignale in den Sperrzustand überführen läßt, sind dann besondere Vorkehrungen im Starkstromkreis nötig, um sicherzustellen, daß sich der zu zündende Thyristor im Blockierzustand befindet und daß der vorher leitende Thyristor erlischt[1]). Man spricht deshalb bei einem solchen Vorgang auch von Zwangskommutierung [26].

In Bild 9.8a ist eine Schaltung dieser Art vereinfacht gezeichnet. Sie dient dazu, eine konstant vorgegebene Gleichspannung U_0 in eine steuerbare Gleichspannung $U_a = \bar{u}_a < U_0$ umzuwandeln, z.B. um damit einen Gleichstrommotor zu speisen. Dieses Problem tritt vor allem bei Fahrzeugen mit Gleichstrom-Fahrleitung und bei Fahrzeugen mit Speicherbatterien auf. Bild 9.8a bezieht sich auf einen solchen Fall; als Last ist dabei ein Reihenschluß-Fahrmotor angenommen.

Eine ähnliche Situation kann aber auch bei Fahrzeugen mit Wechselstrom-Fahrleitung vorliegen. Der Einsatz eines normalen netzgeführten Stromrichters ist dort oft nicht möglich, da die Fahrleitungsinduktivität zu starke Spannungsschwankungen und Verzerrungen der Kurvenform ergeben würde. In Verbindung mit einem Gleichstromantrieb bestehen dann folgende Möglichkeiten:

a) Verwendung einer blindstromsparenden Stromrichter-Schaltung, z.B. einer halbgesteuerten Brücke (Abschn. 8.5).

b) Stufentransformator mit veränderlicher Sekundärspannung und ungesteuerter Gleichrichter.

c) Ungesteuerte Gleichrichtung mit anschließendem zwangskommutiertem Gleichstrom-Gleichstrom-Umrichter. Dies entspricht gerade der in Bild 9.8a gezeichneten Anordnung.

---

[1]) Es gibt zwar Thyristoren, die nicht nur elektronisch gezündet, sondern auch gelöscht werden können, doch sind sie bisher auf kleine Leistungen beschränkt.

Die grundsätzliche Wirkungsweise des Umrichters ist in Bild 9.8b für einen angenommenen stationären Zustand erläutert; es handelt sich dabei um ein mit dem Digitalrechner gewonnenes Oszillogramm [60], [100].

Der Hauptthyristor S_1 wird zum Zeitpunkt t_1 periodisch gezündet; jeweils nach der Zündung liegt nahezu die gesamte Speisespannung U_0 am induktiven Lastkreis, $u_a \approx U_0$. Im Zeitpunkt t_2, d.h. zeitlich versetzt, zündet der Löschthyristor S_2 und übernimmt bei richtiger Polarität der Kondensatorspannung ($u_c < 0$) vorübergehend den Laststrom i_a, so daß S_1 erlischt. Während der Ankerstrom i_a den Kondensator in positiver Richtung umlädt, geht die Spannung u_a am Ankerkreis zurück, $u_a \approx U_0 - u_c$. Sobald u_a den Wert Null erreicht hat, wird die Nebenschlußdiode D_1 leitend und S_2 erlischt ebenfalls. Der induktive Ankerkreis ist nun über D_1 kurzgeschlossen, $u_a \approx 0$. Im folgenden Intervall sind beide Thyristoren gesperrt, bis der Hauptthyristor S_1 erneut gezündet wird.

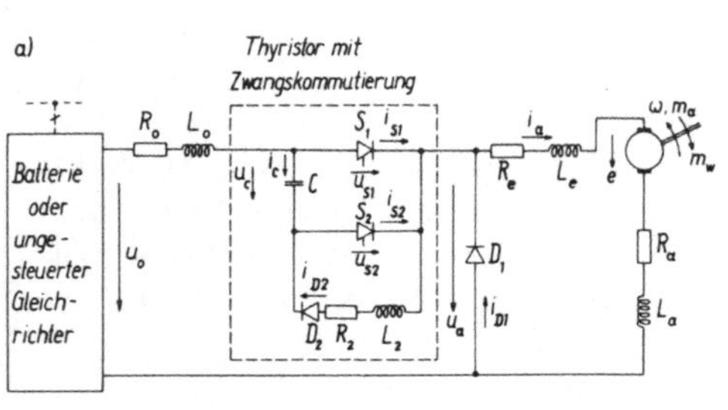

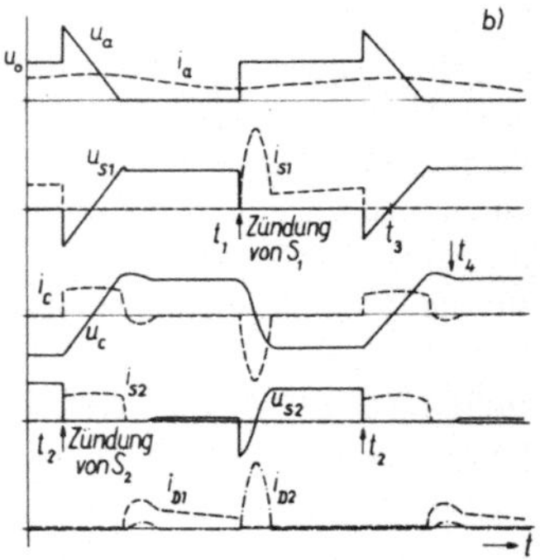

Bild 9.8

Voraussetzung für den in Bild 9.8b dargestellten Betrieb mit Zwangskommutierung ist der richtige Verlauf der Spannung u_c des Kommutierungskondensators; sie wirkt als Blockierspannung für den jeweils einzuschaltenden Thyristor und ermöglicht damit dessen Zündung. Die Bereitstellung der passenden Kondensatorspannung ist Aufgabe der Umschwingschaltung D_2, L_2. Angenommen, im Zündzeitpunkt t_1 sei $u_c > 0$, dann fließt durch den Hauptthyristor der Laststrom i_a sowie zusätzlich ein Ladestrom durch die als Schwingkreis wirkende Schaltung L_2, C. Der Kondensator wird dadurch schnell auf negative Spannung umgeladen. Bei $i_{D2} = - i_c = 0$ sperrt die Diode D_2, der Schwingungsvorgang reißt ab, und der Kondensator behält den negativen Scheitelwert der Spannung, $u_c = - u_{c\,max}$. Der Kommutierungskondensator ist damit für die Zündung des Löschthyristors S_2 vorbereitet. Sobald dieser gezündet wird, t_2, wechselt der Laststrom wegen der kleinen Streuinduktivitäten in den Thyristorzweigen sehr schnell von S_1 nach S_2, und der anfangs beschriebene positive Umladevorgang des Kondensators durch den Laststrom i_a beginnt. Bei $u_c = + U_0$ wird die Nebenschlußdiode D_1 leitend, und nun sperrt auch der zweite Thyristor S_2. Die unerwünschte Teilentladung des Kondensators (t_4) erfolgt über D_2; sie könnte durch Verwendung eines mit S_1 zu zündenden Thyristors anstelle der Diode D_2 verhindert werden.

Anschließend wiederholt sich der Vorgang periodisch. Die gewählte Frequenz $f = 1/T$ liegt meistens zwischen 50 und 400 Hz, je nach Leistung und Art der verwendeten Thyristoren.

Eine Steuerwirkung entsteht durch Veränderung der Phasenlage der Zündzeitpunkte; verwendet man z.B. für S_2 eine feste mit T periodische Zündfolge t_2, so läßt sich die Einschaltdauer von S_1 durch Verschiebung der Phasenlage von t_1 steuern. Bei Vernachlässigung des Kommutierungsvorganges entsteht als Spannung u_a (t) somit ein näherungsweise rechteckförmiger periodischer Verlauf mit konstanter Amplitude U_0 und veränderlicher Einschaltdauer $t_2 - t_1$. Der Mittelwert der Spannung u_a läßt sich damit etwa im Bereich

$$0{,}1 < \frac{\bar{u}_a}{U_0} \approx \frac{t_2 - t_1}{T} < 0{,}9$$

verändern, ohne daß Dauerverluste, wie z.B. bei Verwendung eines Ankerwiderstandes, entstehen. Wegen der nicht beliebig abzukürzenden Kommutierungsvorgänge sind die Grenzlagen $t_2 - t_1 \to 0$ und $t_2 - t_1 \to T$ nicht stetig erreichbar.

Bereits aus dieser vereinfachten Darstellung läßt sich erkennen, daß sich die Vorgänge grundsätzlich von denen bei einem netzgeführten Stromrichter mit natürlicher Kommutierung unterscheiden. Eine quantitative Analyse, insbesondere auch der Beanspruchung der Thyristoren, ist nur durch mühsame abschnittweise Rechnung, durch Messungen oder aber durch Nachbildung der Schaltung auf dem Digitalrechner möglich. Hierfür wurden besondere Programme entwickelt [60], [100].

Aus Bild 9.8b ist zu erkennen, daß auch in dieser Schaltung die Freiwerdezeit der Thyristoren eine wichtige Entwurfsgröße darstellt. Ist nämlich die Ladung $q = c\,|u_c|$ des Kommutierungskondensators im Zeitpunkt t_2 zu klein oder der Laststrom i_a zu groß, dann wird die Spannung u_{s1} wieder positiv (t_3), noch bevor der Thyristor S_1 seine Blockierfähigkeit wiedererlangt hat. Die Folge wäre eine Rückkommutierung auf S_1 und, da S_2 wegen der fehlenden Kondensatorspannung dann nicht mehr gezündet werden kann, maximale Dauer-Ausgangsspannung $u_a = U_0$. Die Steuerfähigkeit des Umrichters ginge dann verloren. Die Verhältnisse sind also ähnlich wie beim netzgeführten Wechselrichter in der Nähe der Kippgrenze.

Über Gleichstrom-Umrichter (Zerhacker, Gleichstromsteller) existiert eine umfangreiche Spezialliteratur (z.B. [64] bis [66]). Es gibt zahlreiche Varianten, insbesondere bei den Kommutierungsschaltungen, die hier nicht im einzelnen erörtert werden können. Für manche Anwendungen, z.B. bei batteriegespeisten Stellmotoren, wird ein Betrieb in allen vier Quadranten der u_a, i_a-Ebene gefordert. Auch dies ist mit zusätzlichem Aufwand möglich. Bei dem in Bild 9.8a angenommenen Beispiel eines Fahrzeugantriebes mit Reihenschlußmotor genügt ein einziger Quadrant der $\bar{u}_a$, $\bar{i}_a$-Ebene (Abschn. 6). Für diesen Fall soll nun ein geeignetes Regelverfahren entworfen werden.

Da der Gleichstrom-Umrichter ebenso wie der netzgeführte Stromrichter ein sehr schnell reagierendes und nur begrenzt überlastbares Leistungs-Stellglied ist, muß auch hier die Regelung einen wirksamen Überlastschutz bieten; bei Fahrzeugantrieben kommt in vielen Fällen ein großes Last-Trägheitsmoment hinzu, so daß das Anfahren fast immer mit Strombegrenzung erfolgt. Bei Antrieben mit netzgeführten Stromrichtern hat sich als Grundschaltung die Strom-Drehzahl-Kaskaden-Regelung bewährt, Abschn. 9.1; deshalb liegt es nahe, dieses Prinzip auch auf den Gleichstrom-Umrichter zu übertragen.

Es empfiehlt sich, für den Entwurf der Regelung von einer vereinfachten Anordnung auszugehen, wie sie in Bild 9.9a dargestellt ist. Bei Vernachlässigung der Kommutierungsvorgänge zwischen S_1, S_2 und bei Annahme eines nicht lückenden Ankerstromes erscheint der Umrichter von der Lastseite gesehen wie eine niederohmige Spannungsquelle, deren Spannung periodisch und mit einstellbarem Taktverhältnis abwechselnd den Wert U_0 oder Null annimmt. Dies ist in Bild 9.9a durch einen mechanischen Schalter in Verbindung mit der Nebenschlußdiode D_1 angedeutet.

Für die Steuerung des Stellgliedes genügt ein binäres Signal (S_1 zünden, S_2 zünden), das am einfachsten von einem Zweipunktregler geliefert wird. Dadurch entsteht zwar eine vom Betriebspunkt abhängige Umschaltfrequenz, z.B. [22], doch stört dies nicht, solange der Minimalwert der Frequenz genügend groß ist.

Das in Bild 6.3 gezeigte Strukturbild des Reihenschlußmotors läßt erkennen, daß die Regelstrecke stark nichtlinear ist, doch sind bei Verwendung eines schnell schaltenden Zweipunktreglers im inneren Strom-Regelkreis keine besonderen Schwierigkeiten zu erwarten. Für die Drehzahlregelung bleibt dann im wesentlichen wieder die mechanische Integration (T_m) übrig. Wegen der Quadratbildung (i_a^2) bei der Erzeugung

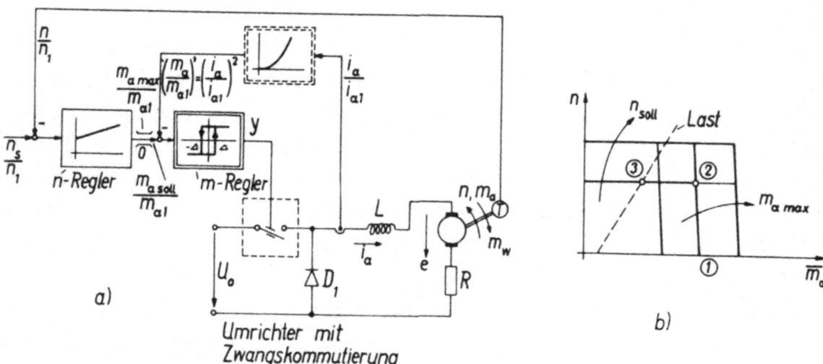

Bild 9.9

des Drehmomentes ist allerdings die wirksame Verstärkung der Drehzahl-Regelstrecke abhängig vom Arbeitspunkt, so daß, je nach Betriebspunkt, unterschiedliche Einschwingvorgänge der Drehzahl zu erwarten sind. Um dies zu vermeiden, ist es vorteilhaft, anstelle des Ankerstromes das Antriebs-Drehmoment als innere Regelgröße zu verwenden. Da das Drehmoment aber auf einfache Weise nicht meßbar ist, wird aus dem Ankerstrom i_a die Ersatzgröße $(m_a/m_{a1}) = (i_a/i_{a1})^2$ gebildet; an die Genauigkeit des Funktionsgebers sind dabei keine besonderen Ansprüche zu stellen. Das gesamte Regelschema erhält damit die in Bild 9.9a gezeigte Form. Sämtliche Nichtlinearitäten und Unstetigkeiten sind nun im inneren Kreis konzentriert.

Bei einer positiven Flanke der Stellgröße y wird der Hauptthyristor, bei einer negativen

Flanke der Löschthyristor gezündet. Die für die Wirkung des Gleichstrom-Umrichters notwendige Schaltschwingung entsteht also im Drehmoment-Regelkreis; ein besonderer Taktgeber ist nicht erforderlich. Die Frequenz der Schwingung läßt sich in einfacher Weise durch die Hysteresebreite 2Δ des Zweipunktreglers einstellen.

Der Funktionsbildner im Istwertzweig des inneren Regelkreises hat zur Folge, daß bei Begrenzung des Drehzahlregler-Ausgangssignals nicht der Strom, sondern dessen Quadrat, d.h. die Ersatzgröße für das Drehmoment, begrenzt ist. Da i_a^2 für $i_a > 0$ aber monoton verläuft, ist die Wirkungsweise die gleiche. Man erhält damit stationäre Motorkennlinien, wie sie in Bild 9.9b skizziert sind. Während der horizontale Ast wegen des integrierenden Drehzahlreglers genau verwirklicht wird, ist die Drehmoment-Begrenzung als Folge des proportional wirkenden Zweipunktreglers leicht geneigt. Beide Sollwerte n_{soll}, $m_{a\,max}$ können elektronisch vorgegeben werden, so daß eine einfache Anpassung des Antriebes an die Lastbedingungen möglich ist. Bei einem Fahrzeugantrieb kann also neben der gewünschten Endgeschwindigkeit auch das maximale Drehmoment z.B. abhängig von der Last und der gewünschten Anfahr-Beschleunigung eingestellt werden.

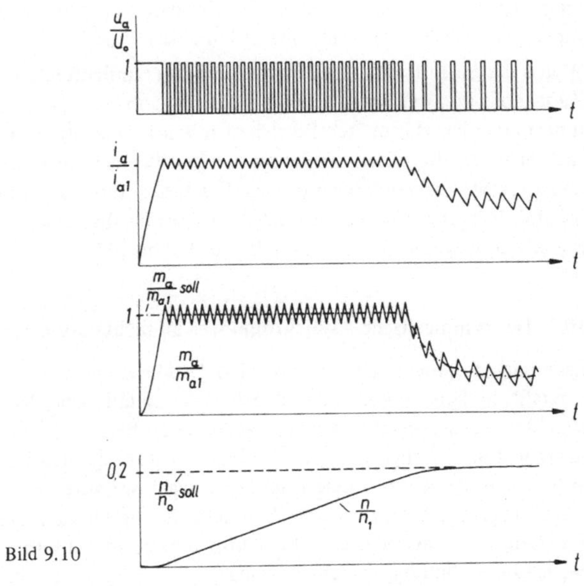

Bild 9.10

In Bild 9.10 ist ein digital berechneter Anfahrvorgang mit drehzahlabhängigem Widerstandsmoment gezeichnet. Die Bewegung des zugehörigen Arbeitspunktes (1–2–3) ist in Bild 9.9b eingetragen. Für die Dimensionierung der beiden Regler kommen einfache Näherungen in Betracht, wie sie z.B. in [22] beschrieben werden. Es ist zwar möglich, einen Gleichstrom-Umrichter als nichtlineares Regelsystem auch exakt zu behandeln, z.B. [23], [67], doch ist der mathematische Aufwand beträchtlich und, gemessen an der guten Genauigkeit einfacher Näherungen, im allgemeinen nicht lohnend.

10. Drehstrom-Asynchronmaschine

Die Drehstrom-Asynchronmaschine oder Induktionsmaschine ist die am weitesten verbreitete elektrische Antriebsmaschine; sie hat um die Jahrhundertwende den Siegeszug des Drehstroms gegenüber dem früher üblichen Gleichstrom begründet. Als wichtigster Vorteil des Induktionsmotors in der Form des Kurzschlußläufermotors ist der Wegfall aller bewegten Kontakte zu nennen. Der Aufbau wird dadurch außerordentlich einfach und robust. Asynchronmotoren werden in einer Vielzahl von Konstruktionen für Leistungen von wenigen Watt bis zu mehreren MW gebaut.

Nachteilig ist, daß die Drehzahl des netzgespeisten Asynchronmotors nicht auf einfache Weise kontinuierlich geändert werden kann, ohne den Wirkungsgrad wesentlich herabzusetzen. Obwohl man seit Jahrzehnten an den Problemen einer verlustarmen Drehzahlsteuerung von Asynchronmotoren arbeitet, waren alle bis vor wenigen Jahren realisierbaren Lösungen für normale Anwendungen zu kompliziert und zu teuer. Erst mit den Fortschritten der Halbleitertechnik ist es möglich geworden, ruhende Frequenzwandler genügender Leistung zu einem annehmbaren Preis zu bauen, so daß der Asynchronmotor auch als Regelantrieb eine Zukunft hat.

Wegen der im Luftspalt des Asynchronmotors umlaufenden Felder, deren räumliche Zuordnung von der Drehzahl und Belastung abhängt, ist die Theorie des Asynchronmotors im nichtstationären Betrieb ziemlich verwickelt; sie wird deshalb nur in vereinfachter Form abgeleitet. Die für stationären Betrieb mit sinusförmigen Spannungen üblicherweise verwendete einphasige Ersatzschaltung reicht für die Beschreibung dynamischer Vorgänge und bei Stromrichterspeisung allerdings nicht aus; sie geht als Sonderfall aus der allgemeineren Lösung hervor [1] bis [4].

10.1. Der symmetrische Asynchronmotor im nichtstationären Betrieb

Es sei angenommen, daß der Stator (S) der Maschine einen kreisförmigen Hohlzylinder darstellt, in dem ein konzentrisch gelagerter zylindrischer Rotor (R) umläuft. In den einander gegenüberstehenden glatten Zylinderoberflächen sollen symmetrische Drehstromwicklungen mit über dem Umfang sinusförmiger Durchflutungsverteilung angeordnet sein. Die aktiven Leiter der Wicklungen verlaufen parallel zur Drehachse (keine Schrägung). Der Sternpunkt der Ständerwicklung sei nicht angeschlossen; die Rotorwicklung kann entweder an Schleifringe geführt oder intern kurzgeschlossen sein. N_S, N_R sind die Windungszahlen je Strang.

Alle Überlegungen gelten für zweipolige Maschinen. Bei mehrpoligen Maschinen reduziert sich die Synchrondrehzahl gemäß der Polpaarzahl; gleichzeitig erhöht sich das Drehmoment entsprechend. Diesen Effekt nutzt man bei polumschaltbaren Motoren aus.

Die Permeabilität des vollständig geblechten Ständer- und Läufereisens wird unendlich groß angenommen; Sättigungserscheinungen, Eisenverluste, Endeffekte an den Stirnseiten des Motors und Nutenoberwellen werden vernachlässigt.

In Bild 10.1 sind die verwendeten Zählpfeile festgelegt. α ist der Winkel im ruhenden

Ständerkoordinatensystem; $\alpha = 0$ entspricht dabei der Achse der Ständerwicklung 1. Die Wicklungsachsen 2 und 3 folgen bei $\alpha = \gamma = 120^\circ$ und $\alpha = 2\gamma = 240^\circ$. Eine entsprechende Definition gilt für den Rotor; β ist die mit dem Läufer bewegliche Umfangskoordinate, bezogen auf die Achse der Wicklung 1. ϵ (t) ist der Drehwinkel des Rotors im feststehenden Koordinaten-System, $\omega(t) = d\epsilon/dt$ die Winkelgeschwindigkeit des Rotors. Da die Feldgrößen im Luftspalt in jeder Schnittebene senkrecht zur Drehachse gleich sind, handelt es sich um ein ebenes Problem. Außerdem wird das Nutzfeld im Luftspalt radialgerichtet angenommen, so daß als unabhängige Variable nur die Umfangswinkel α bzw β und die Zeit t übrigbleiben.

Die drei Ständerströme $i_{S1}(t)$, $i_{S2}(t)$, $i_{S3}(t)$ haben einen beliebigen Verlauf; sie werden aus Symmetriegründen als gleichwertig mitgeführt, obwohl wegen des nicht angeschlossenen Sternpunktes der Ständerwicklung zwei Ströme zur Beschreibung ausreichen,

$$i_{S1}(t) + i_{S2}(t) + i_{S3}(t) = 0.$$

Mit diesen Vereinbarungen hat die zur Zeit t von der Ständerwicklung im Luftspalt erregte Durchflutungswelle eine angenähert sinusförmige Verteilung

$$\vartheta_S(\alpha, t) = N_S \left[i_{S1}(t) \cos\alpha + i_{S2}(t) \cos(\alpha - \gamma) + i_{S3}(t) \cos(\alpha - 2\gamma) \right],$$
$$\gamma = \frac{2\pi}{3}. \tag{1}$$

$\vartheta_S(\alpha, t)$ ist dabei gemäß Bild 10.2 die Ständerdurchflutung, die von einer den Motor unter dem Winkel α durchsetzenden Randkurve umfaßt wird. Wegen der angenommenen

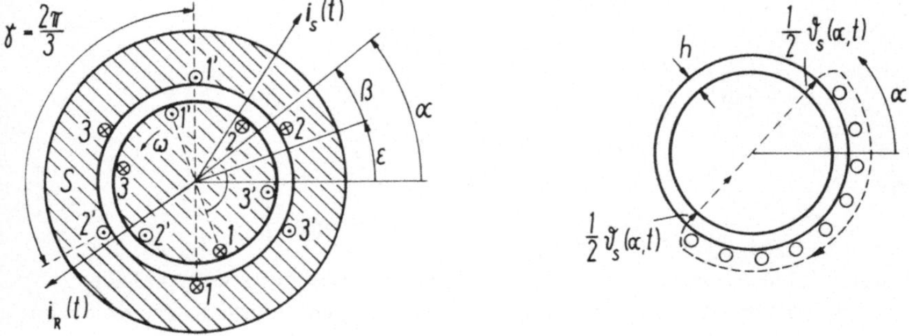

Bild 10.1

Bild 10.2

hohen Permeabilität des Eisens erscheint die Durchflutung als magnetische Feldstärke im Luftspalt.

Falls, wie später angenommen wird, die drei Ständerströme ein symmetrisches, zeitlich sinusförmiges Drehstromsystem (z.B. [20]) bilden, stellt $\vartheta_S(\alpha, t)$ eine sich gleichförmig bewegende sinusförmig verteilte Durchflutungswelle mit konstanter Amplitude dar.

In komplexer Schreibweise mit

$$\cos\alpha = \frac{1}{2}(e^{j\alpha} + e^{-j\alpha}), \text{ usw.}$$

folgt nach einigen Umformungen

$$\vartheta_S(\alpha, t) = \frac{N_S}{2}[i_{S1}(t) + i_{S2}(t)\,e^{-j\gamma} + i_{S3}(t)\,e^{-j2\gamma}]\,e^{j\alpha}$$
$$+ \frac{N_S}{2}[i_{S1}(t) + i_{S2}(t)\,e^{j\gamma} + i_{S3}(t)\,e^{j2\gamma}]\,e^{-j\alpha}\,. \tag{1a}$$

Zur Abkürzung wird ein als komplexe Größe geschriebener ebener Ständerstrom-Vektor

$$\mathbf{i}_S(t) = i_{S1}(t) + i_{S2}(t)\,e^{j\gamma} + i_{S3}(t)\,e^{j2\gamma}, \tag{2a}$$

und der konjugiert komplexe Vektor

$$\bar{\mathbf{i}}_S(t) = i_{S1}(t) + i_{S2}(t)\,e^{-j\gamma} + i_{S3}(t)\,e^{-j2\gamma} \tag{2b}$$

eingeführt. Damit erhält Gl. (1) die Form

$$\vartheta_S(\alpha, t) = \frac{N_S}{2}[\mathbf{i}_S(t)\,e^{-j\alpha} + \bar{\mathbf{i}}_S(t)\,e^{j\alpha}]\,, \quad \text{reell.} \tag{3}$$

Bild 10.3a zeigt die Konstruktion von $\mathbf{i}_S(t)$ für angenommene Werte der Ständerströme. Der Vektor ist nach Länge und Winkellage zeitlich veränderlich; er legt Betrag und Richtung eines resultierenden Ständerdurchflutungsvektors $\boldsymbol{\vartheta}_S(t) = N_S\,\mathbf{i}_S(t)$ fest.

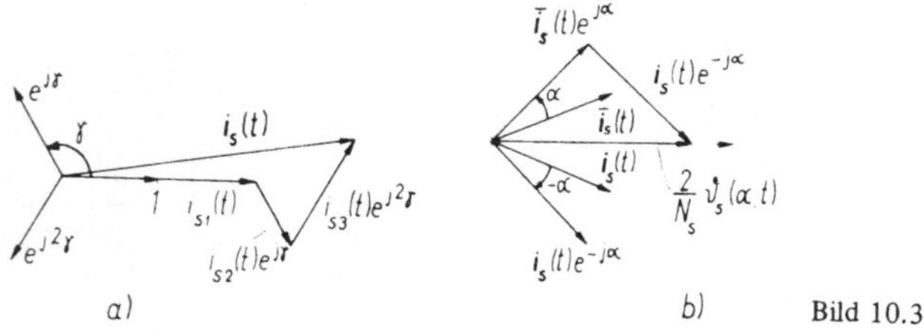

Bild 10.3

Falls die Ständerströme ein sinusförmiges symmetrisches Drehstromsystem bilden, durchläuft die Spitze von $\mathbf{i}_S(t)$ bzw. $\boldsymbol{\vartheta}_S(t)$ gleichförmig eine konzentrische Kreisbahn um den Ursprung.

Wegen der konjugiert komplexen Summanden ist die rechte Seite von Gl. (3) für einen beliebigen zeitlichen Verlauf der Ständerströme stets reell (Bild 10.3b); $\vartheta_S(\alpha, t)$ ist ja eine vom Winkel α und der Zeit t abhängige physikalische Größe. Die komplexen Größen $\mathbf{i}_S(t), \bar{\mathbf{i}}_S(t)$ sind im Gegensatz zu den bei stationären Wechselströmen üblichen Zeigern zeitabhängige Vektoren. Sie kennzeichnen Betrag und Richtung der von den Strömen $i_{S1}(t)$, $i_{S2}(t)$, $i_{S3}(t)$ in der symmetrischen Drehstromwicklung erzeugten, in jedem Zeitpunkt räumlich sinusförmig verteilten Luftspaltdurchflutung.

Ein entsprechender Ansatz gilt für die von der gleichartig aufgebauten Rotorwicklung herrührende radiale Durchflutungswelle im bewegten Koordinatensystem.

$$\vartheta_R(\beta, t) = N_R\,[i_{R1}(t)\cos\beta + i_{R2}(t)\cos(\beta - \gamma) + i_{R3}(t)\cos(\beta - 2\gamma)]\,.$$

Mit der analogen Definition eines Rotorstrom-Vektors

$$\begin{aligned} \mathbf{i}_R(t) &= i_{R1}(t) + i_{R2}(t)\,e^{j\gamma} + i_{R3}(t)\,e^{j2\gamma}, \\ \bar{\mathbf{i}}_R(t) &= i_{R1}(t) + i_{R2}(t)\,e^{-j\gamma} + i_{R3}(t)\,e^{-j2\gamma}, \end{aligned} \tag{4}$$

entsteht im Läufer-Koordinatensystem (d.h. für einen mit dem Läufer bewegten Beobachter) die Rotor-Durchflutungswelle

$$\vartheta_R(\beta, t) = \frac{N_R}{2}\,[\mathbf{i}_R(t)\,e^{-j\beta} + \bar{\mathbf{i}}_R(t)\,e^{j\beta}]\,. \tag{5a}$$

Mit $\beta = \alpha - \epsilon$, d.h. beim Übergang zum feststehenden Ständer-Koordinatensystem, gilt

$$\vartheta_R(\alpha, \epsilon, t) = \frac{N_R}{2}\,[\mathbf{i}_R(t)\,e^{-j(\alpha-\epsilon)} + \bar{\mathbf{i}}_R(t)\,e^{j(\alpha-\epsilon)}]\,. \tag{5b}$$

Gl. (5a, b) beschreiben die gleiche Durchflutungswelle in verschiedenen Koordinaten. Die gesamte Durchflutung im Luftspalt entsteht durch Überlagerung der radialen Ständer- und Läufer-Durchflutungen,

$$\vartheta(\alpha, \epsilon, t) = \vartheta_S(\alpha, t) + \vartheta_R(\alpha, \epsilon, t)\,.$$

Da bei Annahme sehr hoher Permeabilität die gesamte Durchflutung am (doppelten) Luftspalt der Länge 2h auftritt, folgt für die Induktion in der Ständerwicklung

$$b_S(\alpha, \epsilon, t) = \frac{\mu_0}{2h}\,[\vartheta_S(\alpha, t) + k\,\vartheta_R(\alpha, \epsilon, t)]\,; \tag{6}$$

k ist dabei ein pauschaler Kopplungsfaktor. Bei der Berechnung des von einer Ständerwicklung umfaßten Flusses ist zu berücksichtigen, daß die Wicklungen in der in Bild 10.4 für die Ständerwicklung 1 angedeuteten Weise über den gesamten Umfang verteilt anzunehmen sind; damit ergibt sich ja gerade die vorher postulierte sinusförmige Feldverteilung im Luftspalt. Bei insgesamt N_S Durchmesser-Windungen je Ständerwicklung hat die unter dem Winkel λ gegen die Bezugsachse angeordnete „inkrementelle" Spule die Windungszahl $N_S/2 \cos\lambda\,\Delta\lambda$. Bei der Summation über eine Wicklungsseite, $-\pi/2 < \lambda < \pi/2$, ergibt sich damit gerade die gesamte Windungszahl N_S.

Der von der Ständerwicklung 1 zum Zeitpunkt t umfaßte magnetische Spulenfluß läßt sich als Doppelintegral schreiben,

$$\psi_{S1}(t) = N_S \int_{\lambda=-\frac{\pi}{2}}^{\frac{\pi}{2}} \frac{1}{2}\cos\lambda\,\Big[\int_{\alpha=\lambda-\frac{\pi}{2}}^{\lambda+\frac{\pi}{2}} \ell r b_S(\alpha, \epsilon, t)\,d\alpha\Big]\,d\lambda\,,$$

wobei ℓ die wirksame Eisenlänge und r der Radius des Rotors ist. Die Integration über

α ist eine Folge der inhomogenen Feldverteilung im Luftspalt, während die Integration über λ durch die angenommene Verteilung der Wicklung bedingt ist.

Einsetzen von Gl. (3), (5b), (6) führt auf

$$\psi_{S1}(t) = \frac{N_S^2 \, \ell r}{16\,h} \mu_0 \int_{-\frac{\pi}{2}}^{\frac{\pi}{2}} \left[\int_{\lambda-\frac{\pi}{2}}^{\lambda+\frac{\pi}{2}} (\mathbf{i}_S(t)\, e^{-j\alpha} + \bar{\mathbf{i}}_S(t)\, e^{j\alpha})\, d\alpha \right] (e^{j\lambda} + e^{-j\lambda})\, d\lambda +$$

$$+ k \frac{N_S N_R \ell r}{16\,h} \int_{-\frac{\pi}{2}}^{\frac{\pi}{2}} \left[\int_{\lambda-\frac{\pi}{2}}^{\lambda+\frac{\pi}{2}} (\mathbf{i}_R(t)\, e^{-j(\alpha-\epsilon)} + \bar{\mathbf{i}}_R(t)\, e^{j(\alpha-\epsilon)})\, d\alpha \right] (e^{j\lambda} + e^{-j\lambda})\, d\lambda \,.$$

Die Berechnung der Integrale wird wegen der Periodizität der Integranden durch die komplexe Schreibweise wesentlich vereinfacht. Man erhält schließlich

$$\psi_{S1}(t) = \frac{N_S^2 \, \ell r}{2\,h} \frac{\pi}{4} \mu_0 [\mathbf{i}_S(t) + \bar{\mathbf{i}}_S(t)] + k \frac{N_S N_R \ell r}{2\,h} \frac{\pi}{4} \mu_0 [\mathbf{i}_R(t)\, e^{j\epsilon} + \bar{\mathbf{i}}_R(t)\, e^{-j\epsilon}] \,;$$

mit den Abkürzungen

$$\frac{N_S^2 \, \ell r}{2\,h} \frac{\pi}{4} \mu_0 = \frac{L_S}{3} \,, \tag{7a}$$

$$k \frac{N_S N_R \ell r}{2\,h} \frac{\pi}{4} \mu_0 = \frac{M}{3} \,, \tag{7b}$$

folgt der einfache Ausdruck

$$\psi_{S1}(t) = \frac{L_S}{3} [\mathbf{i}_S(t) + \bar{\mathbf{i}}_S(t)] + \frac{M}{3} [\mathbf{i}_R(t)\, e^{j\epsilon} + \bar{\mathbf{i}}_R(t)\, e^{-j\epsilon}] \,. \tag{8a}$$

Auch der Spulenfluß $\psi_{S1}(t)$ in der Ständerwicklung 1 ist natürlich bei beliebigem zeitlichen Verlauf der Ströme reell.

In entsprechender Weise ergibt die Integration über λ in den Grenzen $\gamma \pm \pi/2$ bzw.

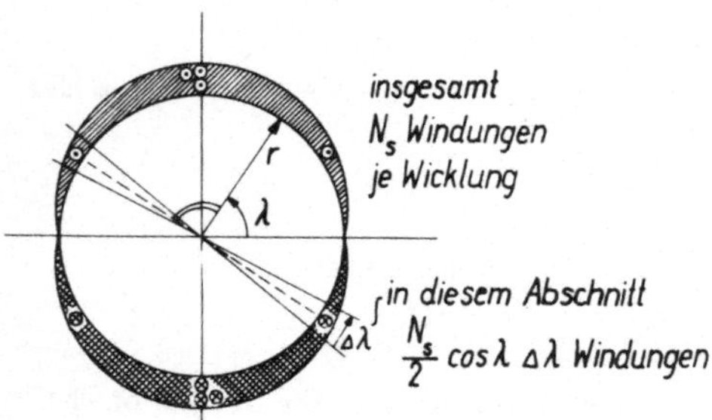

Bild 10.4

$2\gamma \pm \pi/2$ die Flüsse in den beiden anderen Ständerwicklungen

$$\psi_{S2}(t) = \frac{L_S}{3}[i_S(t)\,e^{-j\gamma} + \bar{i}_S(t)\,e^{j\gamma}] + \frac{M}{3}[\mathbf{i}_R(t)\,e^{j(\epsilon-\gamma)} + \bar{\mathbf{i}}_R(t)\,e^{-j(\epsilon-\gamma)}] \quad (8b)$$

und

$$\psi_{S3}(t) = \frac{L_S}{3}[i_S(t)\,e^{-j2\gamma} + \bar{i}_S(t)\,e^{j2\gamma}] + \frac{M}{3}[\mathbf{i}_R(t)\,e^{j(\epsilon-2\gamma)} + \bar{\mathbf{i}}_R(t)\,e^{-j(\epsilon-2\gamma)}]. \quad (8c)$$

Die Symmetrie von Gl. (8a bis c) legt es nahe, wie bei den Durchflutungen durch formale Zusammenfassung einen räumlichen Ständerfluß-Vektor zu definieren

$$\boldsymbol{\psi}_S(t) = \psi_{S1}(t) + \psi_{S2}(t)\,e^{j\gamma} + \psi_{S3}(t)\,e^{j2\gamma}. \quad (9)$$

Einsetzen von Gl. (8a bis c) führt dabei wegen des Wegfalls der konjugiert komplexen Anteile auf einen besonders übersichtlichen Ausdruck

$$\boldsymbol{\psi}_S(t) = L_S\,\mathbf{i}_S(t) + M\,\mathbf{i}_R(t)\,e^{j\epsilon}. \quad (10)$$

Der in Rotorkoordinaten definierte Rotorstromvektor $\mathbf{i}_R$ (Gl. 4) muß demnach zunächst um den mechanischen Winkel ϵ gedreht werden, bevor eine magnetische Überlagerung mit dem in Ständerkoordinaten definierten Vektor $\mathbf{i}_S$ möglich ist.

Der Fluß in den bewegten Rotorwicklungen läßt sich in gleicher Weise wie der Ständerfluß berechnen. Dabei ist lediglich die Ständerdurchflutung (Gl. 3) mit

$$\alpha = \epsilon + \beta$$

in das bewegte Koordinatensystem umzurechnen,

$$\vartheta_S(\beta, \epsilon, t) = \frac{N_S}{2}[i_S(t)\,e^{-j(\epsilon+\beta)} + \bar{i}_S(t)\,e^{j(\epsilon+\beta)}]. \quad (3b)$$

Die Integration über den Rotorumfang ergibt gemäß Gl. (3b), (5a), (6) und unter Annahme der gleichen Wicklungsverteilung den analog zu Gl. (8a) aufgebauten Ausdruck

$$\psi_{R1}(t) = \frac{L_R}{3}[\mathbf{i}_R(t) + \bar{\mathbf{i}}_R(t)] + \frac{M}{3}[i_S(t)\,e^{-j\epsilon} + \bar{i}_S(t)\,e^{j\epsilon}]. \quad (11a)$$

Dabei ist als Abkürzung eingeführt

$$\frac{N_R^2\,\ell r}{2h}\,\frac{\pi}{4}\,\mu_0 = \frac{L_R}{3}. \quad (7c)$$

In entsprechender Weise gilt

$$\psi_{R2}(t) = \frac{L_R}{3}[\mathbf{i}_R(t)\,e^{-j\gamma} + \bar{\mathbf{i}}_R(t)\,e^{j\gamma}] + \frac{M}{3}[i_S(t)\,e^{-j(\epsilon+\gamma)} + \bar{i}_S(t)\,e^{j(\epsilon+\gamma)}], \quad (11b)$$

und

$$\psi_{R3}(t) = \frac{L_R}{3}[\mathbf{i}_R(t)\,e^{-j2\gamma} + \bar{\mathbf{i}}_R(t)\,e^{j2\gamma}] + \frac{M}{3}[i_S(t)\,e^{-j(\epsilon+2\gamma)} + \bar{i}_S(t)\,e^{j(\epsilon+2\gamma)}]. \quad (11c)$$

Hieraus läßt sich wieder ein komplexer Summenausdruck für den Rotorfluß bilden,

$$\boldsymbol{\psi}_R(t) = \psi_{R1}(t) + \psi_{R2}(t)\, e^{j\gamma} + \psi_{R3}(t)\, e^{j2\gamma}$$
$$= L_R\, \mathbf{i}_R(t) + M\, \mathbf{i}_S(t)\, e^{-j\epsilon}\,, \tag{12}$$

der die zum Zeitpunkt t gültige Flußverkettung der Rotorwicklungen im bewegten Koordinatensystem kennzeichnet.

Mit den durch Gl. (10), (12) beschriebenen magnetischen Kopplungen werden nun die Maschengleichungen der Ständer- und Rotorwicklungen berechnet (Bild 10.5).

Für den Ständer gilt

$$R_S\, i_{S1}(t) + \frac{d\psi_{S1}(t)}{dt} = u_{S1}(t)\,,$$

$$R_S\, i_{S2}(t) + \frac{d\psi_{S2}(t)}{dt} = u_{S2}(t)\,,$$

$$R_S\, i_{S3}(t) + \frac{d\psi_{S3}(t)}{dt} = u_{S3}(t)\,.$$

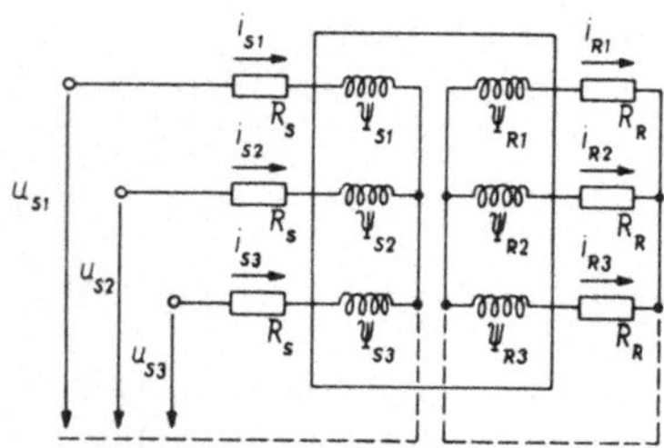

Bild 10.5

Auch diese skalaren Gleichungen lassen sich unter Verwendung von Gl. (2), (4), (9), (10) zu einer komplexen Vektorgleichung zusammenfassen,

$$R_S\, \mathbf{i}_S(t) + \frac{d\boldsymbol{\psi}_S(t)}{dt} = R_S\, \mathbf{i}_S(t) + L_S \frac{d\mathbf{i}_S}{dt} + M \frac{d}{dt}(\mathbf{i}_R\, e^{j\epsilon}) = \mathbf{u}_S(t)\,; \tag{13}$$

mit $\omega = d\epsilon/dt$ folgt nach der Kettenregel

$$R_S\, \mathbf{i}_S + L_S \frac{d\mathbf{i}_S}{dt} + M \frac{d\mathbf{i}_R}{dt} e^{j\epsilon} + j\omega M\, \mathbf{i}_R\, e^{j\epsilon} = \mathbf{u}_S\,. \tag{13a}$$

Die bei der Differentiation entstehenden Spannungsanteile sind als transformatorische und rotatorische Induktionsspannungen zu deuten.

Bei der komplexen Zusammenfassung der Spannungsgleichungen fällt der Ausdruck

$$\mathbf{u}_S(t) = u_{S1}(t) + u_{S2}(t)\, e^{j\gamma} + u_{S3}(t)\, e^{j2\gamma} \tag{14}$$

als Definition eines aus den drei Ständerspannungen gebildeten zeitabhängigen Spannungsvektors an. Auch hier handelt es sich nicht um einen komplexen Zeiger, wie er bei sinusförmigen Vorgängen verwendet wird; die Gl. (13), (14) gelten vielmehr für beliebigen zeitlichen Verlauf der als eingeprägt angenommenen Spannungen u_{S1} (t), u_{S2} (t), u_{S3} (t). Eine Zerlegung der Vektorgleichungen in die (für sich reellen) Anteile der einzelnen Wicklungen ist anhand der Definitionsgleichungen natürlich jederzeit möglich.

Die Spannungsgleichungen für die Rotorkreise lauten ganz entsprechend

$$R_R\, i_{R1}(t) + \frac{d\psi_{R1}}{dt} = 0\,,$$

$$R_R\, i_{R2}(t) + \frac{d\psi_{R2}}{dt} = 0\,,$$

$$R_R\, i_{R3}(t) + \frac{d\psi_{R3}}{dt} = 0\,.$$

Die in Bild 10.5 gestrichelt eingetragene Kurzschlußverbindung kann in Wirklichkeit entfallen, da sich die Rotorströme aus Symmetriegründen zu Null ergänzen.

Auch hier empfiehlt sich eine komplexe Zusammenfassung zur Abkürzung der Rechnung. Mit Gl. (4), (12) erhält man

$$R_R\, \mathbf{i}_R(t) + \frac{d\boldsymbol{\psi}_R}{dt} = R_R\, \mathbf{i}_R(t) + L_R \frac{d\mathbf{i}_R}{dt} + M \frac{d}{dt}(\mathbf{i}_S\, e^{-j\epsilon}) = 0\,. \tag{15}$$

$\mathbf{i}_R$ (t) und $\boldsymbol{\psi}_R$ (t) sind im Rotor-Koordinatensystem definiert. Die Differentiation ergibt

$$R_R\, \mathbf{i}_R + L_R \frac{d\mathbf{i}_R}{dt} + M \frac{d\mathbf{i}_S}{dt} e^{-j\epsilon} - j\omega M\, \mathbf{i}_S\, e^{-j\epsilon} = 0\,. \tag{15a}$$

Die Vektor-Differentialgleichungen (13), (15) beschreiben zusammen die elektromagnetischen Kopplungen des symmetrischen Drehstrommotors im stationären und nichtstationären Betrieb. Sie sind zu ergänzen durch die Gleichungen für die Drehmomentbildung und die mechanischen Bewegungsvorgänge.

Das Drehmoment wird im folgenden durch die Kraftwirkung des magnetischen Ständerfeldes auf die Läuferdurchflutung berechnet. Der von der Ständerdurchflutung (Gl. 3) herrührende Anteil der Nutzinduktion auf der Rotorseite des Luftspaltes ist

$$b_{RS}(\alpha, t) = k \frac{N_S \mu_0}{4\,h} [\mathbf{i}_S(t)\, e^{-j\alpha} + \bar{\mathbf{i}}_S(t)\, e^{j\alpha}]\,.$$

In Rotorkoordinaten gilt

$$b_{RS}(\beta, \epsilon, t) = k \frac{N_S \mu_0}{4\,h} [\mathbf{i}_S(t)\, e^{-j(\beta+\epsilon)} + \bar{\mathbf{i}}_S(t)\, e^{j(\beta+\epsilon)}]\,. \tag{16}$$

Der Rotorstrombelag a_R (β, t) ist wegen der symmetrischen Drehstromwicklung ebenfalls kontinuierlich und sinusförmig am Rotorumfang verteilt. Er stellt nach Bild 10.6 die Änderung der Rotordurchflutung mit dem Winkel β dar,

$$a_R(\beta, t) = \frac{1}{2}\frac{\partial \vartheta_R(\beta, t)}{\partial(r\beta)},$$

oder mit Gl. (5)

$$a_R(\beta, t) = -j\frac{N_R}{4r}[\mathbf{i}_R e^{-j\beta} - \bar{\mathbf{i}}_R e^{j\beta}].$$

Die an einem Flächenelement des Rotors wirksame Kraft in Umfangsrichtung entsteht gemäß Bild 10.6 als Produkt der vom Ständer herrührenden Nutzinduktion $b_{RS}(\beta, \epsilon, t)$ und des Rotor-Strombelages $a_R(\beta, t)$. Durch Integration über die Rotorfläche folgt das Antriebsdrehmoment m_a.

$$m_a(t) = -r^2 \ell \int_0^{2\pi} b_{RS}(\beta, \epsilon, t) \cdot a_R(\beta, t)\, d\beta$$

$$= -\underbrace{k\frac{N_S N_R \ell r}{8h}\mu_0}_{\frac{1}{\pi}\frac{M}{3}} \int_0^{2\pi} \frac{[\mathbf{i}_S e^{-j(\beta+\epsilon)} + \bar{\mathbf{i}}_S e^{j(\beta+\epsilon)}][\mathbf{i}_R e^{-j\beta} - \bar{\mathbf{i}}_R e^{j\beta}]}{2j} d\beta.$$

Der vor dem Integral stehende Faktor läßt sich mit Gl. (7b) vereinfachen.

Bei der Integration über den vollen Rotorumfang entfällt wieder der von β abhängige Teil des Integranden und man erhält

$$m_a(t) = \frac{1}{\pi}\frac{M}{3}\int_0^{2\pi} \frac{\mathbf{i}_S \bar{\mathbf{i}}_R e^{-j\epsilon} - \bar{\mathbf{i}}_S \mathbf{i}_R e^{j\epsilon}}{2j} d\beta = \frac{2}{3} M \,\mathrm{Im}[\mathbf{i}_S(t)\, \overline{\mathbf{i}_R(t)\, e^{j\epsilon}}]. \quad (17)$$

Dieser Ausdruck entspricht dem Vektor-Produkt zwischen Ständer- und Läuferdurchflutung.

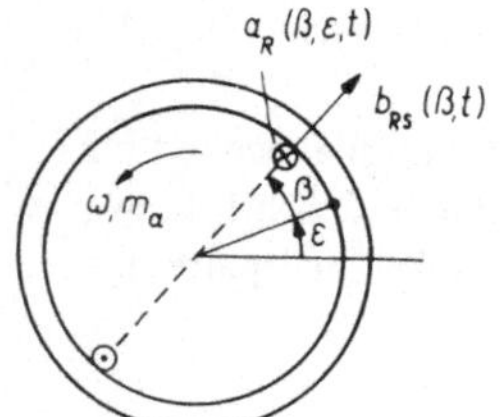

Bild 10.6

Einführung der Hauptinduktivitäten L_{hS}, L_{hR} und der Streufaktoren σ_S, σ_R,

$$L_S = (1 + \sigma_S) L_{hS}, \quad L_R = (1 + \sigma_R) L_{hR}, \quad M = \sqrt{L_{hS} L_{hR}} \quad (18a)$$

ergibt mit der vereinfachenden Annahme $N_S = N_R$

$$L_{hS} = L_{hR} = M = L_h, \quad L_S = (1 + \sigma_S) L_h, \quad L_R = (1 + \sigma_R) L_h. \quad (18b)$$

Die elektromagnetischen und mechanischen Vorgänge in der vereinfachten Asynchronmaschine werden somit durch folgenden Satz von nichtlinearen Differentialgleichungen 1. Ordnung beschrieben

$$R_S \, \mathbf{i}_S(t) + L_S \frac{d\mathbf{i}_S}{dt} + L_h \frac{d}{dt}(\mathbf{i}_R \, e^{j\epsilon}) = \mathbf{u}_S(t) , \tag{13}$$

$$R_R \, \mathbf{i}_R(t) + L_R \frac{d\mathbf{i}_R}{dt} + L_h \frac{d}{dt}(\mathbf{i}_S \, e^{-j\epsilon}) = 0 , \tag{15}$$

$$\Theta \frac{d\omega}{dt} = \frac{2}{3} L_h \, \mathrm{Im} \, [\mathbf{i}_S(t) \cdot \overline{\mathbf{i}_R(t) \, e^{j\epsilon}}] - m_w(\epsilon, \omega, t) , \tag{19}$$

$$\frac{d\epsilon}{dt} = \omega . \tag{20}$$

Die Gleichungen gelten für beliebigen zeitlichen Verlauf der Ströme, der Spannungen und des Lastmomentes. Da die Variablen der ersten beiden Gleichungen ebene Vektoren sind, entsprechen sie je zwei skalaren Differentialgleichungen.

Die wirklichen Ströme lassen sich aus der vektoriellen Darstellung leicht wiedergewinnen. Mit der Annahme eines isolierten Sternpunktes,

$$i_{S1}(t) + i_{S2}(t) + i_{S3}(t) = 0 ,$$

erhält z.B. Gl. (2a) die Form

$$\mathbf{i}_S(t) = \frac{3}{2} i_{S1}(t) + j \frac{\sqrt{3}}{2} [i_{S2}(t) - i_{S3}(t)] . \tag{21}$$

Somit ist z.B.

$$i_{S1}(t) = \frac{2}{3} \mathrm{Re} \, [\mathbf{i}_S(t)] .$$

Entsprechende Beziehungen gelten für die Ströme in den anderen Phasen und in der Läuferwicklung.

Die Gleichungen (13), (15), (19), (20) sind Ausgangspunkt für die Untersuchung nichtstationärer Vorgänge. Als Sonderfall enthalten sie natürlich auch den stationären Zustand bei Speisung der Maschine mit einem sinusförmigen eingeprägten Drehspannungssystem und konstantem Lastmoment. Um an Bekanntes anzuknüpfen und die Wirkungsweise der Asynchronmaschine besser zu überschauen, soll zunächst dieser Sonderfall betrachtet werden.

10.2. Stationärer Betrieb bei Speisung des Motors mit sinusförmigen symmetrischen Drehspannungen

10.2.1. Ständerstrom, Kreisdiagramm. Ein sinusförmiges symmetrisches Drehspannungssystem der Kreisfrequenz ω_1 läßt sich in folgender Weise schreiben (z.B. [20]),

$$u_{S1}(t) = \frac{\sqrt{2}}{2}(\tilde{U}_S e^{j\omega_1 t} + \tilde{\tilde{U}}_S e^{-j\omega_1 t}),$$
$$u_{S2}(t) = \frac{\sqrt{2}}{2}(\tilde{U}_S e^{j(\omega_1 t - \gamma)} + \tilde{\tilde{U}}_S e^{-j(\omega_1 t - \gamma)}),$$
$$u_{S3}(t) = \frac{\sqrt{2}}{2}(\tilde{U}_S e^{j(\omega_1 t - 2\gamma)} + \tilde{\tilde{U}}_S e^{-j(\omega_1 t - 2\gamma)}).$$

Die Zeigergrößen $\tilde{U}_S$, $\tilde{\tilde{U}}_S$ sind dabei komplexe Konstante, deren Betrag dem Effektivwert der Strangspannungen entspricht. Bildet man mit den Augenblickswerten u_{S1}, u_{S2}, u_{S3} einen ebenen Spannungsvektor $\mathbf{u}_S(t)$ gemäß Gl. (14),

$$\mathbf{u}_S(t) = [u_{S1}(t) + u_{S2}(t)\, e^{j\gamma} + u_{S3}(t)\, e^{j2\gamma}] = \frac{3\sqrt{2}}{2}\, \tilde{U}_S\, e^{j\omega_1 t}, \qquad (22)$$

so entfällt der konjugiert komplexe Anteil und man erhält einen sich gleichförmig drehenden Vektor konstanter Länge.

Bei Speisung des Motors mit einem symmetrischen Drehspannungssystem sind im stationären Zustand auch die Ständer- und Läuferströme sinusförmige Drehströme. Ein entsprechender Ansatz

$$i_{S1}(t) = \frac{\sqrt{2}}{2}(\tilde{I}_S e^{j\omega_1 t} + \tilde{\tilde{I}}_S e^{-j\omega_1 t}), \quad \text{usw.}$$

führt dann auf den zugehörigen Vektor der Ständerströme

$$\mathbf{i}_S(t) = \frac{3\sqrt{2}}{2}\, \tilde{I}_S\, e^{j\omega_1 t}. \qquad (23a)$$

Betrag und Phase von $\tilde{I}_S$ sind zunächst unbekannt.

Wegen der mechanischen Winkelgeschwindigkeit ω erscheint im Rotor die Schlupffrequenz $\omega_2 = \omega_1 - \omega$,

$$i_{R1}(t) = \frac{\sqrt{2}}{2}(\tilde{I}_R e^{j(\omega_1 - \omega)t} + \tilde{\tilde{I}}_R e^{-j(\omega_1 - \omega)t}), \quad \text{usw.}$$

Daraus folgt in entsprechender Weise

$$\mathbf{i}_R(t) = \frac{3\sqrt{2}}{2}\, \tilde{I}_R\, e^{j(\omega_1 - \omega)t}. \qquad (23b)$$

Da die Rotor-Durchflutungswelle mit der Winkelgeschwindigkeit ω_2 auf der sich mit ω bewegenden Rotoroberfläche umläuft, erzeugt der Rotor eine mit dem Ständerfeld synchron umlaufende Durchflutungswelle; mit $\omega = \text{const}$, $\epsilon = \omega t$ gilt

$$\mathbf{i}_R(t)\, e^{j\epsilon} = \frac{3\sqrt{2}}{2}\, \tilde{I}_R\, e^{j\omega_1 t}. \qquad (23c)$$

Einsetzen der Gl. (22), (23) in Gl. (13), (15) ergibt nach verschiedenen Vereinfachungen

$$(R_S + j\omega_1 \sigma_S L_h)\,\tilde{I}_S + j\omega_1 L_h\,(\tilde{I}_S + \tilde{I}_R) = \tilde{U}_S\,, \tag{24}$$

$$[R_R + j\,(\omega_1 - \omega)\,\sigma_R L_h]\,\tilde{I}_R + j\,(\omega_1 - \omega)\,L_h\,(\tilde{I}_S + \tilde{I}_R) = 0\,. \tag{25}$$

Normierung von Gl. (25) mit dem Schlupf $s = (\omega_1 - \omega)/\omega_1 = \omega_2/\omega_1$ führt auf

$$\left(\frac{R_R}{s} + j\omega_1 \sigma_R L_h\right)\tilde{I}_R + j\omega_1 L_h\,(\tilde{I}_S + \tilde{I}_R) = 0\,. \tag{25a}$$

Gl. (24) und (25a) beschreiben das bekannte einphasige Transformator-Ersatzschaltbild 10.7, dessen Gültigkeit allerdings auf den stationären Zustand bei sinusförmiger symmetrischer Speisung und bei konstantem Lastmoment beschränkt ist.

Anhand der Ersatzschaltung wird zunächst der Ständerstrom berechnet. Wesentliche Vereinfachungen ergeben sich dabei durch Vernachlässigung des Ständerwiderstandes; der entstehende Fehler ist bei größeren Maschinen nicht erheblich, er liegt im Rahmen der übrigen Annahmen.

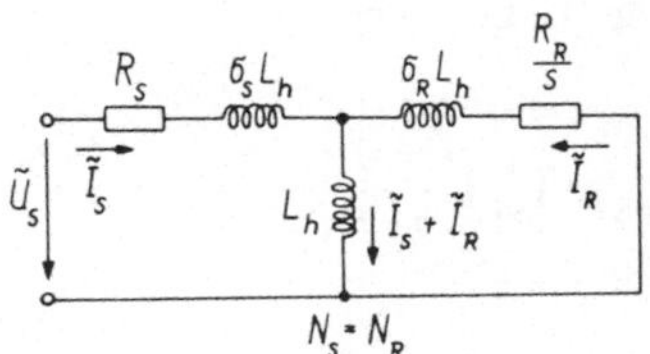

Bild 10.7

Für $R_S = 0$ hat die Impedanz einer Ständerwicklung gemäß Bild 10.7 den Wert

$$z_S = j\omega_1 \sigma_S L_h + \frac{j\omega_1 L_h\,(R_R/s + j\omega_1 \sigma_R L_h)}{R_R/s + j\omega_1\,(1 + \sigma_R)\,L_h}$$

oder nach einigen Umformungen mit

$$L_S = (1 + \sigma_S)\,L_h\,, \quad L_R = (1 + \sigma_R)\,L_h\,,$$
$$z_S = j\omega_1 L_S \frac{1 + j\dfrac{s\omega_1 L_R}{R_R}\left[1 - \dfrac{1}{(1+\sigma_S)(1+\sigma_R)}\right]}{1 + j\dfrac{s\omega_1 L_R}{R_R}}\,. \tag{26}$$

Die Größe

$$1 - \frac{1}{(1 + \sigma_S)(1 + \sigma_R)} = \sigma \tag{27}$$

wird gesamter Streufaktor genannt; sie hat einen bedeutenden Einfluß auf die Betriebseigenschaften der Maschine. σ läßt sich durch konstruktive Details, z.B. die Nutenform, verändern; üblicherweise liegt sein Wert zwischen 0,03 und 0,10. Zur Abkürzung wird ferner der sog. Kippschlupf

$$\frac{R_R}{\omega_1 \sigma L_R} = s_k \tag{28}$$

eingeführt. Es handelt sich dabei um jenen Schlupf, bei dem die im Ständer widerstandsfreie Maschine das maximale Drehmoment abgibt; bei üblichen Kurzschlußläufer-Motoren ist $s_k \ll 1$.

Mit diesen Bezeichnungen lautet der Ausdruck für den Ständerstrom

$$\tilde{I}_S = \frac{\tilde{U}_S}{z_S} = \frac{\tilde{U}_S}{j\omega_1 L_S} \frac{1 + j\frac{1}{\sigma}\frac{s}{s_k}}{1 + j\frac{s}{s_k}}. \tag{29}$$

Man erhält also eine allgemeine lineare Funktion, die die Achse der reellen Schlupfvariablen s/s_k auf die komplexe $\tilde{I}_S$-Ebene abbildet. Nach den Regeln der Funktionentheorie ist die Bildkurve ein Kreis (Heyland- oder Ossanna-Kreis); dies folgt auch aus der Umformung

$$\tilde{I}_S = \tilde{I}_{S0} \left[\frac{1+\sigma}{2\sigma} - \frac{1-\sigma}{2\sigma} \frac{1 - j\frac{s}{s_k}}{1 + j\frac{s}{s_k}}\right] = \tilde{I}_{S0} \left[\frac{1+\sigma}{2\sigma} - \frac{1-\sigma}{2\sigma} e^{-j2 \arctan \frac{s}{s_k}}\right], \tag{29a}$$

wobei $\tilde{I}_{S0} = \tilde{U}_S / j\omega_1 L_S$

der bei $s = 0$, d.h. bei Synchronismus des Rotors mit dem Drehfeld, aufgenommene ideale Leerlaufstrom ist. Da bei $s = 0$ keine Relativgeschwindigkeit zwischen Läufer und Drehfeld auftritt, wird kein Rotorstrom induziert.

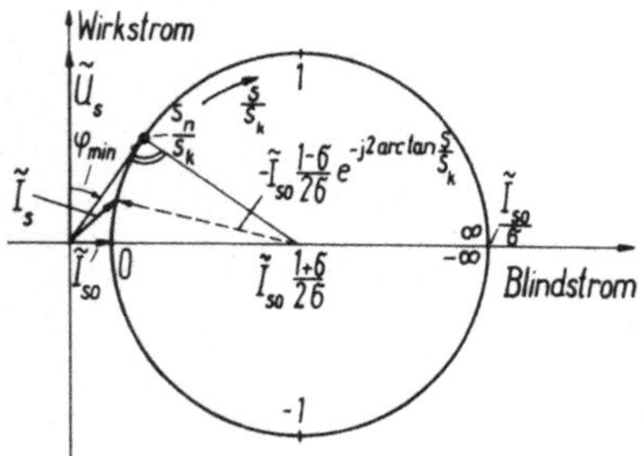

Bild 10.8

Die Ortskurve $\tilde{I}_S(s/s_k)$ ist in Bild 10.8 dargestellt. Dabei wurde der Zeiger $\tilde{U}_S$, um die übliche Lage des Kreises zu erhalten, nach oben aufgetragen, d.h. imaginär angenommen. Der Leerlaufstrom $\tilde{I}_{S0}$ ist (wegen $R_S = 0$) ein reiner Magnetisierungs-Blindstrom. Für $s > 0$ nimmt die Maschine Wirkstrom auf, d.h. sie arbeitet als Motor, für $s < 0$ dient sie als Generator und liefert Wirkleistung ins Netz zurück.

Man erkennt, daß die Maschine in jedem Betriebspunkt induktiven Blindstrom aus dem

Netz bezieht. Dies hat seinen Grund in der Tatsache, daß, im Gegensatz zur Synchronmaschine, kein eigenes Erregerfeld vorhanden ist und die Maschine deshalb vom Netz erregt werden muß.

Die minimale Phasenverschiebung φ_{min} des Stromes tritt auf, wenn der Stromzeiger $\tilde{I}_S$ die Strom-Ortskurve tangential berührt. Aufgrund der geometrischen Beziehungen am Kreis ist der optimale Leistungsfaktor

$$\cos \varphi_n = \frac{1-\sigma}{1+\sigma}\,; \tag{30}$$

dieser Zustand wird als Nennbetrieb definiert. Der zugehörige Nennschlupf folgt aus der Kreisgleichung,

$$\frac{s_n}{s_k} = \sqrt{\sigma}\,. \tag{31}$$

Wie die gesamte normierte Strom-Ortskurve, so ist also auch die Lage des „optimalen" Betriebspunktes durch den Streufaktor σ festgelegt.

Bild 10.9a zeigt den Betrag des Ständerstromes als Funktion des normierten Schlupfes,

$$\frac{I_S}{I_{S0}} = \frac{\sqrt{1+(\frac{1}{\sigma}\frac{s}{s_k})^2}}{\sqrt{1+(\frac{s}{s_k})^2}} \tag{32}$$

Es handelt sich dabei um eine gerade Funktion von s/s_k. Der normale Betriebsbereich umfaßt nur einen kleinen Ausschnitt dieser Kurve. Bei zunehmenden Schlupfwerten, z.B. beim Anlauf mit s = 1, steigt der Strom stark an, so daß die verwendeten Verein-

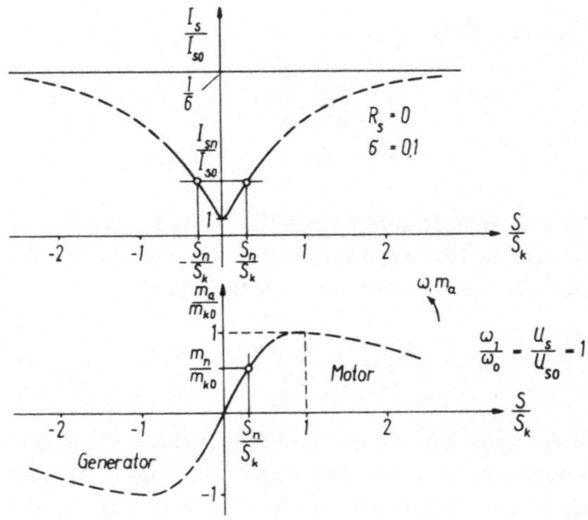

Bild 10.9

fachungen, z.B. Vernachlässigung der Sättigung, nicht mehr gültig sind; die Strom-Ortskurve weicht in diesem Bereich wesentlich von der Kreisform ab.

Der beim Nennschlupf $s/s_k = \sqrt{\sigma}$ auftretende Nennwert des Stromes ist

$$\frac{I_{Sn}}{I_{S0}} = \frac{1}{\sqrt{\sigma}} . \qquad (32a)$$

Der maximale Betrag des Wirkstromes, und, wegen $U_S = \text{const}$, auch der Wirkleistung, ist bei $s = \pm s_k$ erreicht, d.h. in den Scheitelpunkten des Kreises. Im nächsten Abschnitt wird gezeigt, daß dies gleichzeitig die Punkte maximalen Drehmomentes sind.

10.2.2. Stationäres Drehmoment, Wirkungsgrad. Setzt man die Stromvektoren bei stationärem Betrieb mit sinusförmigen symmetrischen Drehspannungen, Gl. (23a, c), in den allgemeinen Ausdruck für das Drehmoment ein, Gl. (17), so folgt mit $\epsilon = \omega t$

$$m_a = \frac{2}{3} L_h \cdot \left(\frac{3\sqrt{2}}{2}\right)^2 \operatorname{Im}(\tilde{I}_S \bar{\tilde{I}}_R) = 3\, L_h \operatorname{Im}(\tilde{I}_S \bar{\tilde{I}}_R) . \qquad (33)$$

Das Drehmoment ist also zeitlich konstant.

Der Ersatzschaltung, Bild 10.7, ist folgender Zusammenhang zu entnehmen

$$\tilde{I}_R = \frac{-j\omega_1 L_h}{\dfrac{R_R}{s} + j\omega_1 L_R} \tilde{I}_S ,$$

so daß Gl. (33) die Form

$$m_a = 3 L_h \operatorname{Im}\left[\frac{js\omega_1 L_h/R_R}{1 - js\omega_1 L_R/R_R}\right] \tilde{I}_S \bar{\tilde{I}}_S = 3 L_h \frac{\dfrac{s}{s_k}}{\sigma(1+\sigma_R)\left[1 + \left(\dfrac{1}{\sigma}\dfrac{s}{s_k}\right)^2\right]} I_S^2$$

annimmt. Mit Gl. (32) wird daraus

$$m_a = \underbrace{3 \frac{1-\sigma}{2\sigma} \frac{U_S^2}{\omega_1^2 L_S}}_{m_k} \frac{2}{\dfrac{s}{s_k} + \dfrac{s_k}{s}} . \qquad (33a)$$

Der vom Schlupf unabhängige Faktor stellt das bei $s = s_k$ auftretende maximale Drehmoment m_k, das sog. Kippmoment dar. Bezieht man die Ständerspannung und die Frequenz auf die zugehörigen Nennwerte U_{S0}, ω_0, so folgt

$$m_k = 3 \frac{1-\sigma}{2\sigma} \frac{U_{S0}^2}{\omega_0^2 L_S} \left(\frac{\omega_0}{\omega_1} \frac{U_S}{U_{S0}}\right)^2 = m_{k0} \left(\frac{\omega_0}{\omega_1} \frac{U_S}{U_{S0}}\right)^2 . \qquad (34)$$

Da die Amplitude des magnetischen Drehfeldes und der Läuferdurchflutung der Ständerspannung U_S proportional sind, hängt das Kippmoment quadratisch von U_S ab; m_{k0} ist das Kippmoment bei der Nennspannung U_{S0} und Nennfrequenz ω_0. Damit gilt

$$m_a = m_{k0} \left(\frac{\omega_0}{\omega_1} \frac{U_S}{U_{S0}}\right)^2 \frac{2}{\dfrac{s}{s_k} + \dfrac{s_k}{s}}. \tag{33b}$$

Bild 10.9b zeigt die Drehmomentkennlinie über dem normierten Schlupf. $0 < s < 1$ bedeutet, daß der Rotor gegenüber dem mit Netzfrequenz ω_1 umlaufenden Drehfeld zurückbleibt. Die dabei im Rotor induzierten Ströme der Frequenz $\omega_2 = \omega_1 - \omega$ haben ein Drehmoment in Bewegungsrichtung zur Folge, das den Schlupf zu verringern sucht; bei Synchronismus, $s = 0$, verschwindet das Antriebsdrehmoment. Ein negativer Schlupf, d.h. $\omega > \omega_1$, kann sich stationär nur einstellen, wenn der Rotor übersynchron angetrieben wird. Die im Rotor induzierten Ströme wirken dann bremsend, d.h. das Drehmoment kehrt sich um und die Maschine liefert als Generator Leistung ins Netz zurück. Stationärer Generatorbetrieb von Asynchronmaschinen wird wegen des induktiven Blindstroms nur bei kleinen Wasserkraftanlagen gelegentlich angewendet, dagegen kommt ein vorübergehender Generatorbetrieb mit Nutzbremsung bei vielen Antrieben vor.

Das Auftreten eines maximalen Drehmomentes läßt sich vereinfacht auf folgende Weise erklären: Die Rotorwicklung stellt doch einen induktiven Stromkreis dar, der, ähnlich

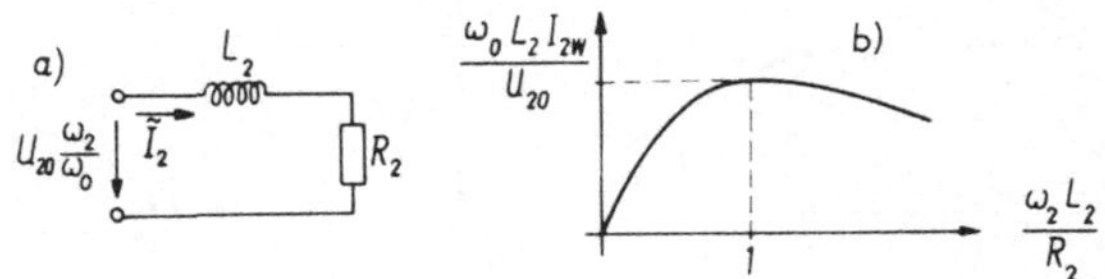

Bild 10.10

wie in Bild 10.10a, von einer Wechselspannung mit veränderlicher Frequenz ω_2 und Amplitude $U_{20}\ \omega_2/\omega_0$ gespeist wird. Der Strom $\tilde{I}_2$ hat damit den Wert

$$\tilde{I}_2 = \frac{U_{20} \dfrac{\omega_2}{\omega_0}}{R_2 + j\omega_2 L_2}.$$

die Wirkkomponente des Stromes ist dann

$$I_{2W} = \mathrm{Re}\,(\tilde{I}_2) = \frac{U_{20} \dfrac{\omega_2}{\omega_0} R_2}{R_2^2 + (\omega_2 L_2)^2} = \frac{U_{20}}{\omega_0 L_2} \frac{1}{\dfrac{R_2}{\omega_2 L_2} + \dfrac{\omega_2 L_2}{R_2}}.$$

I_{2W} hat den in Bild 10.10b gezeichneten Verlauf; das Maximum liegt bei $\omega_{2m} = R_2/L_2$. Ein Vergleich mit Bild 10.9b zeigt, daß dieses Modell offenbar ähnliche Eigenschaften aufweist wie der Läuferkreis des Asynchronmotors.

Die Erscheinung des Kippmomentes ist also eine Folge der mit wachsender Schlupffrequenz zunehmenden Phasenverschiebung des Rotorstromes. Wegen der Rotorbewegung äußert sich die zeitliche Verschiebung in einer räumlichen Verdrehung der Läuferdurchflutung gegenüber dem Ständerdrehfeld und damit in einem trotz steigender Amplitude des Stromes schließlich wieder abnehmenden Drehmoment.

Mit Rücksicht auf die Stabilität des Antriebes und den mit zunehmendem Schlupf schnell ansteigenden Strom ist ein stationärer Betrieb des Motors nur unterhalb des Kippschlupfes sinnvoll (Bild 10.9). Wählt man als Nenn-Betriebspunkt den Punkt maximalen Leistungsfaktors, d.h. $s_n/s_k = \sqrt{\sigma}$, so ist das Verhältnis des Kippmomentes zum Nennmoment

$$\frac{m_{k0}}{m_n} = \frac{1+\sigma}{2\sqrt{\sigma}}\,. \tag{35}$$

Dieser Quotient stellt ein Maß für die Überlastbarkeit des Motors dar.

Dem Ausdruck für das Drehmoment ist zu entnehmen, daß der Rotorwiderstand nicht in das Kippmoment eingeht, sondern sich lediglich auf den Kippschlupf s_k auswirkt.

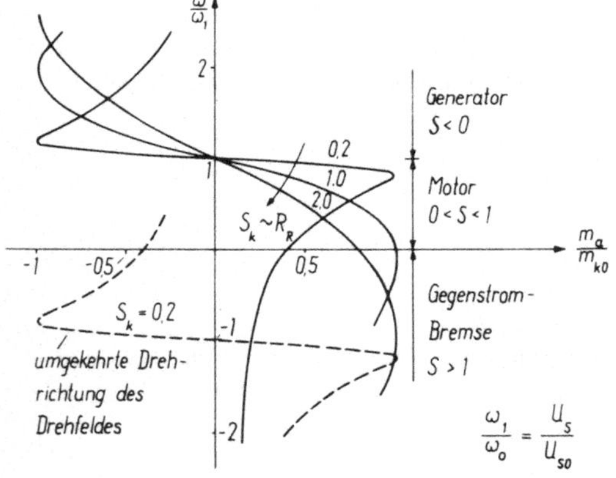

Bild 10.11

Ein Schleifringläufer-Motor, bei dem externe Widerstände in den Läuferkreis eingeschaltet werden können, bietet somit die Möglichkeit, die Drehzahl-Drehmoment-Kennlinien durch Veränderung von s_k zu beeinflussen. Bild 10.11 zeigt das entstehende Kennlinienfeld in der gewohnten Orientierung.

Zusammen mit den gestrichelt angedeuteten Kennlinien bei entgegengesetzt umlaufendem Drehfeld (nach Vertauschung zweier Ständerklemmen) erhält man eine ziemlich vollständige Überdeckung der vier Quadranten der m, n-Ebene, wenn auch die Form der Kennlinien wegen der z.T. starken Neigung ungünstig ist. Eine Reduktion der Ständerspannung, z.B. mit einem Stelltransformator, würde das Kippmoment quadratisch absenken und so das Kennlinienfeld in horizontaler Richtung zusätzlich verdichten.

Der hauptsächliche Einwand gegen eine Drehzahlsteuerung im Dauerbetrieb durch Erhöhung der Läuferwiderstände oder durch Verringerung der Ständerspannung besteht jedoch in dem stark absinkenden Wirkungsgrad. Nur bei Kurzzeitbetrieb, etwa in Verbindung mit Hebezeugantrieben, ist dieser Gesichtspunkt von geringem Gewicht; deshalb sind dort einfache Steuerungen dieser Art auch weit verbreitet.

Der Wirkungsgrad der vereinfachten, symmetrisch gespeisten Asynchronmaschine im stationären Betrieb läßt sich mit einer einfachen Überlegung abschätzen: Da der Ständerwiderstand vernachlässigt wurde, wird die gesamte der Ständerwicklung zugeführte Wirkleistung P_w auf die Läuferseite übertragen, wo sie teils in mechanische Leistung, teils in Verlustwärme umgewandelt wird. In der ruhenden Ersatzschaltung (Bild 10.7) erscheint diese Wirkleistung im Ersatzwiderstand R_R/s.

Somit gilt

$$P_w = 3\, I_R^2\, \frac{R_R}{s}\,.$$

Da der Strom I_R in der Ersatzschaltung den wirklichen Rotorstrom darstellt, der Läuferstromkreis aber nur R_R beträgt, muß die Differenz

$$3\, I_R^2\, R_R\, \left(\frac{1}{s} - 1\right) = 3\, I_R^2\, R_R\, \frac{1-s}{s} = P_m$$

dem in mechanische Leistung umgewandelten Anteil entsprechen (Bild 10.12).

Im Motorbereich, $0 < s < 1$, ist dann der Wirkungsgrad

$$\eta_m = \frac{P_m}{P_w} = 1 - s = \frac{\omega}{\omega_1} < 1\,, \qquad (36)$$

dagegen gilt für Generatorbetrieb, $s < 0$,

$$\eta_g = \left|\frac{P_w}{P_m}\right| = \frac{1}{1-s} = \frac{\omega_1}{\omega} < 1\,. \qquad (37)$$

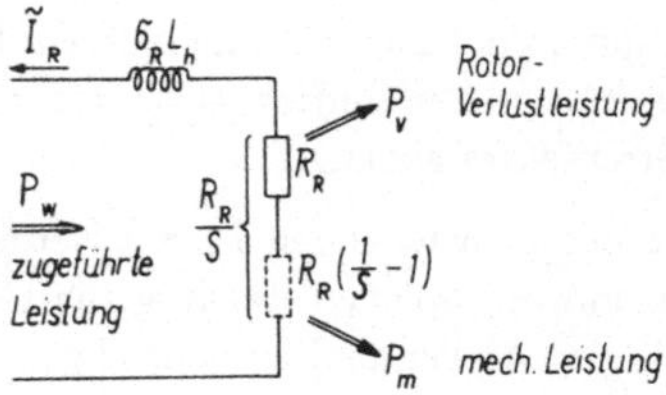

Bild 10.12

Der motorische Wirkungsgrad selbst des weitgehend idealisierten Motors geht also proportional mit der Drehzahl zurück; dies gilt unabhängig davon, ob die Drehzahlabsenkung durch erhöhte Läuferwiderstände oder durch Verringerung der Speisespannung verursacht ist. Beim realen Motor liegt der Wirkungsgrad wegen der übrigen Verluste in jedem Fall unter diesem Grenzwert.

Der Asynchronmotor läßt sich somit in seiner Wirkung mit einer Schlupfkupplung vergleichen, wo eine dem Produkt aus Differenzdrehzahl und übertragenem Moment proportionale Verlustleistung in Form von Wärme entsteht. Macht man bei nur kurzzeitig eingeschalteten Antrieben dennoch von einem solchen Steuerverfahren Gebrauch, weil die Energiekosten gegenüber den Anlagekosten nicht ins Gewicht fallen, so besteht das Problem vor allem in der Abführung der im Motor selbst entstehenden Verlustwärme. Hier ist der Schleifringläufer mit externen Läufer-Widerständen im Vorteil, allerdings unter Inkaufnahme bewegter Kontakte.

Für den in Bild 10.11 eingetragenen Gegenstrom-Bremsbereich, $s > 1$, ist die Definition eines Wirkungsgrades nicht sinnvoll, da dem Rotorkreis sowohl elektrische als auch mechanische Leistung zugeführt wird, die dort beide als Wärme anfallen.

Aus diesen Überlegungen wird deutlich, daß ein verlustarmer Drehstrom-Regelantrieb für einen weiten Drehzahlbereich nur realisiert werden kann, wenn entweder eine Rückgewinnung der Schlupfleistung erfolgt oder die Ständerfrequenz ω_1 so an die gewünschte mechanische Winkelgeschwindigkeit ω angepaßt werden kann, daß die Läuferfrequenz ω_2 auf kleine Werte beschränkt bleibt.

10.2.3. Vergleich mit praktischen Motorkenndaten. Die vereinfachte Theorie des symmetrisch gespeisten Asynchronmotors im stationären Betrieb enthält als wichtige Kenngröße den Wert σ als Maß für die gesamte Streuung der Maschine; Lage und Größe des normierten Kreisdiagrammes werden durch σ vollständig bestimmt. Die Streuung hängt stark von der Form der Nuten ab und nimmt mit der Größe des Luftspaltes zu.

Der Maßstab des Kreisdiagrammes wird durch den Leerlaufstrom I_{S0} festgelegt. Die wesentliche Einflußgröße für den Leerlaufstrom (Magnetisierungsstrom) ist der Luftspalt, der aus mechanischen Gründen bei mehrpoligen Maschinen größer als bei zweipoligen Maschinen gleicher Leistung ausfällt.

Der Maßstab der normierten Schlupf-Drehmomentkennlinie schließlich wird durch den Kippschlupf und das Kippmoment bestimmt; im Interesse eines guten Wirkungsgrades im stationären Betrieb ist s_k möglichst klein zu wählen. Auch das Kippmoment ist vom Streufaktor abhängig.

In der nachstehenden Tabelle werden die mit der vereinfachten Theorie berechneten Kennwerte solchen von ausgeführten Motoren gegenübergestellt. Dabei zeigt sich eine für den Anwender hinreichend genaue Übereinstimmung. Der Vergleich erfolgt für zwei Typen nicht zu kleiner Motoren (> 100 kW), eine zweipolige und eine achtpolige Maschine.

	Theor. Werte für $\sigma = 0{,}05$	Prakt. Werte $n_0 = 3000\ \mathrm{min}^{-1}$	Theor. Werte für $\sigma = 0{,}10$	Prakt. Werte $n_0 = 750\ \mathrm{min}^{-1}$
$\frac{s_n}{s_k}$	$\sqrt{\sigma} = 0{,}22$	0,20	0,32	0,30
$\frac{I_{S0}}{I_{Sn}}$	$\sqrt{\sigma} = 0{,}22$	0,30	0,32	0,40
$\cos \varphi_n$	$\frac{1-\sigma}{1+\sigma} = 0{,}90$	0,90	0,82	0,84
$\frac{m_{k0}}{m_n}$	$\frac{1+\sigma}{2\sqrt{\sigma}} = 2{,}35$	2,30	1,82	2,0

10.2.4. Anlauf des Asynchronmotors. Durch die Festlegung geeigneter Werte im Nennbetriebspunkt für

Wirkungsgrad, Leistungsfaktor, Überlastbarkeit

werden die Anlaufeigenschaften des Motors ungünstig beeinflußt; dies wird anhand von Bild 10.13 deutlich, wo die wesentlichen Betriebsgrößen eines Motors mit $\sigma = 0{,}05$ über dem normierten Schlupf aufgetragen sind. Die Forderungen für ein günstiges Betriebsverhalten im Nenn-Arbeitspunkt lauten doch:

a) Im Interesse eines guten Leistungsfaktors und einer hinreichend großen Überlastbarkeit soll der Nennpunkt bei $s_n/s_k \approx \sqrt{\sigma}$ liegen.

b) Um einen annehmbaren Wirkungsgrad zu erhalten, $\eta_n < 1 - s_n$, muß der Nennschlupf und damit wegen a) auch der Kippschlupf möglichst klein sein. Bei Motoren über 100 kW ist ein Nennschlupf $s_n \approx 0{,}02$ erreichbar; der Kippschlupf liegt damit etwa bei $s_k \approx 0{,}10$.

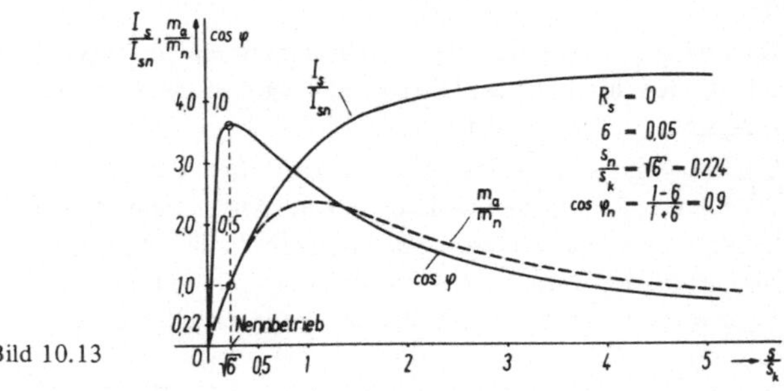

Bild 10.13

Daraus folgt für einen Kurzschlußläufermotor mit konstantem Läuferwiderstand, daß beim Einschalten ($s = 1$) ein normierter Schlupf $s/s_k \approx 10$ vorliegt; im Kreisdiagramm entspricht dies einem Punkt in der Nähe der reellen Achse. Damit ergeben sich als Einschaltwerte:

Anfahrstrom: $$\frac{I_S}{I_{Sn}}(s = 1) \approx \frac{1}{\sqrt{\sigma}} \approx 4{,}5\,,$$

Leistungsfaktor: $$\cos\varphi \approx 0{,}095\,,$$

Drehmoment: $$\frac{m}{m_n} \approx 0{,}70.$$

Man erhält also einen sehr großen Blindstrom und ein niedriges Anlaufmoment. Wenn bei einem Netz mit nennenswerter Innenreaktanz die Spannung als Folge des großen Anfahrblindstromes absinkt, geht der Strom linear, gleichzeitig aber das Anlaufmoment quadratisch mit der Spannung zurück. Dadurch kann der Fall eintreten, daß der Motor unter Last nicht mehr anläuft. Die Schutzeinrichtungen müßten dann unverzüglich abschalten, um Schäden am Motor zu vermeiden. Schwierig werden die Verhältnisse z.B. bei Schiffsnetzen, wo die Leistung der Generatoren die der größten Motoren nicht wesentlich übersteigt.

Als Abhilfe kommen zwei Möglichkeiten in Betracht:

a) Verwendung eines Schleifringläufers anstelle eines Kurzschlußläufers. Der Läuferwiderstand und damit s_k können nun für den Anlauf optimal gewählt und gegebenenfalls während des Hochlaufs stufenweise umgeschaltet werden (Anlasser). Der größte Teil der Verlustwärme während des Anfahrens entsteht außerhalb des Motors, so daß keine zusätzlichen Kühlungsprobleme auftreten.

Nach Erreichen der Betriebsdrehzahl kann man mit einer besonderen Vorrichtung die Bürsten abheben und die Rotorwicklung intern kurzschließen. Wählt man bei einem Motor mit $\sigma = 0{,}05$ für den Anlauf $s_k = 1$, so gelten folgende Kennwerte:

$$\frac{I_S}{I_{Sn}}(s = 1) \approx 3{,}2\,, \quad \cos\varphi \approx 0{,}66\,, \quad \frac{m}{m_n} \approx 2{,}35\,.$$

Dies zeigt die entscheidende Verbesserung gegenüber dem Anlauf als Kurzschlußläufermotor. Bei großen Motoren wird zum Anlassen oft ein Flüssigkeitswiderstand verwendet.

Nachteilig sind natürlich die Ausführung mit einem gewickelten Läufer und die Komplikationen durch die Schleifringe, die Bürsten mit Abhebe- und Kurzschließeinrichtung sowie den Anlaßwiderstand.

b) Eine elegantere Lösung besteht darin, unter Ausnutzung der Stromverdrängung in der Läuferwicklung den wirksamen Rotorwiderstand ohne bewegte Teile mit dem Schlupf zunehmen zu lassen. Dadurch erhöht sich das Anlaufmoment bei gleichzeitiger Reduktion des Anfahrstromes selbsttätig, während im Normalbetrieb die günstigen Eigenschaften des Kurzschlußläufer-Motors erhalten bleiben.

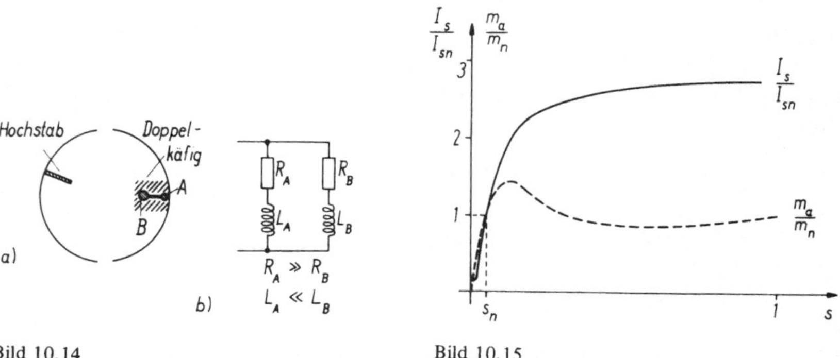

Bild 10.14 Bild 10.15

Es gibt viele verschiedene Konstruktionen, um die Wirbelströme in der Rotorwicklung in diesem Sinne zu verstärken. Bild 10.14a zeigt z.B. eine Ausführung mit zwei Käfigwicklungen. Die Anfahrstäbe (A) mit hohem Widerstand liegen in offenen Nuten dicht unter der Rotoroberfläche; der Streufluß dieser Wicklung ist klein. Zusammen mit dem großen Widerstand ergibt sich also ein großer Kippschlupf s_{kA}. Wegen des kleinen Streuflusses dominiert diese Wicklung bei hohen Läuferfrequenzen, d.h. während des Anfahrens.

Die Betriebswicklung (B) ist dagegen mit wesentlich kleinerem Widerstand ausgeführt, auch ist ihr Streufluß wegen der tiefen Lage im Rotoreisen größer. Diese Wicklung kommt also erst bei niedriger Schlupf-Frequenz zum Tragen. Bild 10.14b zeigt ein qualitatives Ersatzschaltbild der gesamten Läuferwicklung. Wegen $R_A \gg R_B$, $L_A \ll L_B$ ergänzen sich die beiden Teile gerade im erwünschten Sinne. Die resultierende Stromortskurve ist natürlich kein Kreis mehr.

In Bild 10.15 sind typische Kennlinien eines Asynchronmotors mit Stromverdrängungsläufer aufgetragen; ein Vergleich mit Bild 10.13 zeigt deutlich die Verbesserungen hinsichtlich Anfahrstrom und Anfahrmoment.

Eine andere Ausführung einer Stromverdrängungswicklung mit ähnlichen Eigenschaften ist in Bild 10.14a in Form der Hochstab-Wicklung eingetragen.

Bei größeren Motoren wird der Anfahrstrom manchmal auch durch Absenken der Ständerspannung oder Verwendung nur eines Teils der Wicklung, d.h. Erhöhung der Streuziffer, reduziert. Da in beiden Fällen jedoch das Drehmoment noch weiter zurückgeht, eignet sich diese Methode nur für Anfahren ohne Last. Die einfachste Möglichkeit zur Absenkung der Spannung stellt eine $\curlywedge/\Delta$-Umschaltung dar.

10.3. Dynamisches Verhalten bei Speisung mit eingeprägten Spannungen

Nach diesen Überlegungen zum stationären Betrieb wird die in Abschn. 10.1 abgeleitete Theorie nun auf den Fall des nichtstationären Zustandes bei Speisung des Motors durch ein Drehstromnetz mit eingeprägten Spannungen im Prinzip variabler Frequenz und beliebiger Kurvenform angewendet. Die Ergebnisse lassen sich auch auf ein speisendes Netz mit symmetrischem Innenwiderstand erweitern.

Bei sinusförmigen Spannungen konstanter Frequenz und konstantem Lastmoment wird sich nach Abklingen der Einschwingvorgänge ein stationärer Zustand einstellen, in dem alle elektrischen Ständergrößen periodische Schwingungen der Netzfrequenz ω_1 ausführen. Um einen besseren Überblick zu erhalten, ist es vorteilhaft, ein bewegliches Koordinatensystem zu verwenden, in dem solche stationären Schwingungen nicht mehr erscheinen [3].

Man denkt sich zu diesem Zweck ein mit der Ständerkreisfrequenz ω_1 in mathematisch positivem Sinn rotierendes Koordinatensystem und bezieht alle Vorgänge darauf. Die Lage des Koordinatensystems gegenüber der festen Bezugslage sei durch den Winkel $\zeta(t)$ bestimmt. Dabei gilt

$$\omega_1 = \frac{d\zeta}{dt} . \tag{38}$$

Der Vektor $e^{j\zeta(t)}$ dreht sich also gerade mit der Winkelgeschwindigkeit ω_1. Wenn ω_1 konstant ist, gilt $\zeta = \omega_1 t$.

Der Vektor der Ständerspannungen läßt sich nach einer Umformung analog zu Gl. (22), (23) in folgender Weise schreiben

$$\mathbf{u}_S(t) = u_{S1}(t) + u_{S2}(t)\, e^{j\gamma} + u_{S3}(t)\, e^{j2\gamma} = \frac{3\sqrt{2}}{2}\, U_S(t)\, e^{j\zeta(t)} . \tag{39}$$

Die Lage des beweglichen Koordinatensystems wird also durch den Vektor der Ständerspannungen definiert. Der Faktor $3\sqrt{2}/2$ ist zur Normierung eingeführt; bei symmetrischer Speisung mit U_S, ω_1 = const entspricht U_S gerade dem Effektivwert der primären Phasenspannung.

Die Vektoren der Ströme und Spannungen im neuen Koordinatensystem, wie sie sich einem mit ω_1 beweglichen Beobachter darstellen, werden durch einen hochgestellten Index 1 gekennzeichnet.

$$\mathbf{i}_S\, e^{-j\zeta} = {}^1\mathbf{i}_S\,(t)\,; \quad \mathbf{i}_R\, e^{j(\epsilon-\zeta)} = {}^1\mathbf{i}_R\,(t)\,;$$
$$\mathbf{u}_S\,(t)\, e^{-j\zeta} = {}^1\mathbf{u}_S\,(t) = \frac{3\sqrt{2}}{2}\, U_S\,(t) \tag{40}$$

Bei konstanter Ständerfrequenz und im stationären Zustand nehmen diese Größen feste Werte an, da sich dann das Drehfeld synchron mit dem Koordinatensystem bewegt. Zunächst wird die im ruhenden Koordinatensystem gültige Gl. (13) mit $e^{-j\zeta(t)}$ erweitert.

$$R_S\, \mathbf{i}_S\, e^{-j\zeta} + L_S \frac{d\mathbf{i}_S}{dt} e^{-j\zeta} + L_h \frac{d}{dt}(\mathbf{i}_R\, e^{j\epsilon})\, e^{-j\zeta} = \mathbf{u}_S\, e^{-j\zeta}\,.$$

Mit $\quad \dfrac{d\epsilon}{dt} = \omega\,, \quad \dfrac{d\zeta}{dt} = \omega_1$

folgt daraus

$$R_S\, \mathbf{i}_S\, e^{-j\zeta} + L_S \frac{d\mathbf{i}_S}{dt} e^{-j\zeta} + L_h \frac{d\mathbf{i}_R}{dt} e^{j(\epsilon-\zeta)} + j\omega L_h\, \mathbf{i}_R\, e^{j(\epsilon-\zeta)} = \frac{3\sqrt{2}}{2}\, U_S\,(t). \tag{13b}$$

Die in Gl. (13b) vorkommenden Ableitungen erhält man durch folgende Umrechnung

$$\frac{d\,{}^1\mathbf{i}_S}{dt} = \frac{d}{dt}(\mathbf{i}_S\, e^{-j\zeta}) = \frac{d\mathbf{i}_S}{dt} e^{-j\zeta} - j\omega_1\, \mathbf{i}_S\, e^{-j\zeta}\,.$$

Daraus folgt

$$\frac{d\mathbf{i}_S}{dt} e^{-j\zeta} = \frac{d\,{}^1\mathbf{i}_S}{dt} + j\omega_1\, {}^1\mathbf{i}_S\,. \tag{41a}$$

Mit $\omega = d\epsilon/dt$ gilt entsprechend

$$\frac{d\mathbf{i}_R}{dt} e^{j(\epsilon-\zeta)} = \frac{d\,{}^1\mathbf{i}_R}{dt} + j\,(\omega_1 - \omega)\, {}^1\mathbf{i}_R\,. \tag{41b}$$

Einsetzen in Gl. (13b) führt auf

$$R_S\, {}^1\mathbf{i}_S + \frac{d}{dt}(L_S\, {}^1\mathbf{i}_S + L_h\, {}^1\mathbf{i}_R) + j\omega_1\,(L_S\, {}^1\mathbf{i}_S + L_h\, {}^1\mathbf{i}_R) = \frac{3\sqrt{2}}{2}\, U_S\,(t)\,.$$

In Gl. (10) war die Größe $\boldsymbol{\psi}_S\,(t)$ als Vektor des Ständerflusses im ruhenden Koordinatensystem eingeführt worden. Definiert man analog zu Gl. (40) einen Ständerflußvektor

${}^1\psi_S$ (t) in dem mit ω_1 umlaufenden Koordinatensystem, wobei $M = L_h$,

$$\psi_S(t)\, e^{-j\xi} = {}^1\psi_S(t) = L_S\, {}^1i_S(t) + L_h\, {}^1i_R(t)\,, \tag{10a}$$

so vereinfacht sich die Maschengleichung zu

$$R_S\, {}^1i_S(t) + \frac{d\, {}^1\psi_S(t)}{dt} + j\omega_1\, {}^1\psi_S(t) = \frac{3\sqrt{2}}{2}\, U_S(t)\quad . \tag{42}$$

Die in Abschn. 10.1 abgeleitete Spannungsgleichung für die Rotorwicklung, Gl. (15), wird mit Gl. (40), (41) in analoger Weise auf das bewegte Koordinatensystem abgebildet. Das Ergebnis der Umrechnung lautet

$$R_R\, {}^1i_R + \frac{d}{dt}(L_R\, {}^1i_R + L_h\, {}^1i_S) + j(\omega_1 - \omega)(L_R\, {}^1i_R + L_h\, {}^1i_S) = 0\,.$$

Der in Gl. (12) definierte Rotorfluß-Vektor im Rotor-Koordinatensystem hat in dem mit ω_1 umlaufenden Koordinatensystem die Form

$${}^1\psi_R(t) = \psi_R(t)\, e^{j(\epsilon - \xi)} = L_R\, {}^1i_R + L_h\, {}^1i_S\,. \tag{12a}$$

Damit lautet die Maschengleichung für den Rotor im neuen Koordinatensystem

$$R_R\, {}^1i_R(t) + \frac{d\, {}^1\psi_R(t)}{dt} + j(\omega_1 - \omega)\, {}^1\psi_R(t) = 0\,. \tag{43}$$

Das Ergebnis läßt sich noch etwas übersichtlicher gestalten, wenn man in Gl. (42), (43) die Stromvektoren ${}^1i_S$ und ${}^1i_R$ durch die Flußvektoren ${}^1\psi_S$ und ${}^1\psi_R$ ersetzt. Unter Verwendung der in Gl. (18), (27) definierten Streuziffern folgt aus Gl. (10a), (12a) nach einer Umrechnung

$${}^1i_S(t) = \frac{1}{\sigma L_S}\left({}^1\psi_S - \frac{1}{1+\sigma_R}\, {}^1\psi_R\right), \quad {}^1i_R(t) = \frac{1}{\sigma L_R}\left({}^1\psi_R - \frac{1}{1+\sigma_S}\, {}^1\psi_S\right). \tag{44}$$

Setzt man diese Beziehungen in die Maschengleichungen (42), (43) ein, so erhalten diese die endgültige Form,

$$T_S \frac{d\, {}^1\psi_S}{dt} + (1 + j\omega_1 T_S)\, {}^1\psi_S - \frac{1}{1+\sigma_R}\, {}^1\psi_R = \frac{3\sqrt{2}}{2}\, T_S\, U_S(t)\,, \tag{42a}$$

$$T_R \frac{d\, {}^1\psi_R}{dt} + (1 + j(\omega_1 - \omega) T_R)\, {}^1\psi_R - \frac{1}{1+\sigma_S}\, {}^1\psi_S = 0\,. \tag{43a}$$

Dabei sind als Abkürzung die Zeitkonstanten

$$T_S = \frac{\sigma L_S}{R_S}\,, \quad T_R = \frac{\sigma L_R}{R_R} \tag{45}$$

verwendet.

Der in Abschn. 10.1 abgeleitete Ausdruck für das Drehmoment lautete

$$m_a(t) = \frac{2}{3} L_h \ \text{Im}\,[\mathbf{i}_S(t) \cdot \overline{\mathbf{i}_R(t)\, e^{j\epsilon}}] . \tag{17}$$

Das Argument des Klammerausdruckes stellt den Winkel zwischen den Vektoren $\mathbf{i}_S$ und $\mathbf{i}_R\, e^{j\epsilon}$, d.h. zwischen den synchronen Durchflutungswellen von Ständer und Läufer, dar. Da das Drehmoment somit gegenüber einer Drehung des Koordinatensystems invariant ist, kann man auch schreiben

$$m_a(t) = \frac{2}{3} L_h \ \text{Im}\,[{}^1\mathbf{i}_S(t) \cdot \overline{{}^1\mathbf{i}_R}(t)] ,$$

oder mit Gl. (44)

$$m_a(t) = \frac{2}{3} \frac{L_h}{\sigma^2 L_S L_R} \ \text{Im}\,[({}^1\psi_S - \frac{1}{1+\sigma_R}\, {}^1\psi_R)(\overline{{}^1\psi_R} - \frac{1}{1+\sigma_S}\, \overline{{}^1\psi_S})] .$$

Bei der Bildung des Imaginärteils interessieren nur die gemischten Produkte,

$$m_a(t) = \frac{2}{3} \frac{1}{\sigma^2 (1+\sigma_S)(1+\sigma_R) L_h} \ \text{Im}\,[{}^1\psi_S\, \overline{{}^1\psi_R} + \frac{1}{(1+\sigma_S)(1+\sigma_R)}\, \overline{{}^1\psi_S}\, {}^1\psi_R] .$$

Mit Gl. (18), (27) ergeben sich weitere Vereinfachungen, die schließlich auf folgenden Ausdruck führen,

$$m_a(t) = \frac{2}{3} \frac{1-\sigma}{\sigma} \frac{1}{L_h} \ \text{Im}\,[{}^1\psi_S\, \overline{{}^1\psi_R}] . \tag{46}$$

Um auf reelle dimensionslose Größen zu kommen, werden nun die Flußvektoren normiert und in Real- und Imaginärteil zerlegt.

$$\begin{aligned} {}^1\psi_S(t) &= \frac{3\sqrt{2}}{2} \frac{U_{S0}}{\omega_0} [x_S(t) + j\, y_S(t)] , \\ {}^1\psi_R(t) &= \frac{3\sqrt{2}}{2} \frac{U_{S0}}{\omega_0} [x_R(t) + j\, y_R(t)] . \end{aligned} \tag{47}$$

x_S, x_R sind dabei die Komponenten in Richtung der mit $\omega_1(t)$ rotierenden ζ-Koordinatenachse (Längsrichtung), y_S, y_R sind die Flußkomponenten senkrecht zur Koordinatenachse (Querrichtung). U_{S0} ist der Effektivwert der Nenn-Strangspannung, ω_0 die Nennkreisfrequenz.

Mit den Abkürzungen für

Kippschlupf bei Nennfrequenz und $R_S = 0$

$$s_{kR} = \frac{R_R}{\omega_0\, \sigma L_R} = \frac{1}{\omega_0\, T_R} , \tag{28}$$

entsprechende Größe bei Läuferspeisung, $s_{kS} = \frac{R_S}{\omega_0 \, \sigma L_S} = \frac{1}{\omega_0 \, T_S}$, (48)

Kippmoment bei Nennspannung, Nennfrequenz und $R_S = 0$ $m_{k0} = 3 \, \frac{1-\sigma}{2\,\sigma} \, \frac{1}{\omega_0} \, \frac{U_{S0}^2}{\omega_0 \, L_S}$, (34)

mechanische Zeitkonstante, $T_m = \frac{\Theta \omega_0}{m_{k0}}$, (49)

sowie den bezogenen Frequenzen

Ständerfrequenz $\frac{\omega_1}{\omega_0}$

mechanische Winkelgeschwindigkeit, $\frac{\omega}{\omega_0}$

Läuferfrequenz, $\frac{\omega_2}{\omega_0} = \frac{\omega_1 - \omega}{\omega_0}$

erhält man durch Einsetzen von Gl. (47) in die Spannungsgleichungen (42a), (43a) und in die Bewegungsgleichung (19), (46) ein System von 6 nichtlinearen reellen Differentialgleichungen

$$T_S \frac{dx_S}{dt} = - x_S + \frac{1}{s_{kS}} \frac{\omega_1}{\omega_0} y_S + \frac{1}{1+\sigma_R} x_R + \frac{1}{s_{kS}} \frac{U_S(t)}{U_{S0}} ,$$

$$T_S \frac{dy_S}{dt} = - \frac{1}{s_{kS}} \frac{\omega_1}{\omega_0} x_S - y_S + \frac{1}{1+\sigma_R} y_R ,$$

$$T_R \frac{dx_R}{dt} = \frac{1}{1+\sigma_S} x_S - x_R + \frac{1}{s_{kR}} \frac{\omega_2}{\omega_0} y_R ,$$

(50a bis f)

$$T_R \frac{dy_R}{dt} = \frac{1}{1+\sigma_S} y_S - \frac{1}{s_{kR}} \frac{\omega_2}{\omega_0} x_R - y_R ,$$

$$T_m \frac{d\left(\frac{\omega}{\omega_0}\right)}{dt} = 2\,(1+\sigma_S)\,(y_S x_R - x_S y_R) - \frac{m_w}{m_{k0}} (\omega, \epsilon, t) ,$$

$$\frac{\epsilon_0}{\omega_0} \; \frac{d\left(\frac{\epsilon}{\epsilon_0}\right)}{dt} = \frac{\omega}{\omega_0} .$$

Gl. (50 a bis f) lassen sich durch das Blockschaltbild 10.16 graphisch darstellen. Die rückgekoppelten Integratoren sind dabei zu Verzögerungsgliedern zusammengezogen.

Wegen der Rotationssymmetrie der Maschine kommen die Drehwinkel ϵ (t), ζ (t) in Gl. (50 a bis e) nicht mehr vor; ϵ kann sich allenfalls in einem winkelabhängigen Lastmoment auswirken. Der Integrator für ϵ ist in Bild 10.16 weggelassen.

Gl. (50a bis f) beschreiben das dynamische Verhalten des symmetrischen Motors bei Speisung mit beliebigen eingeprägten Ständerspannungen, die gemäß Gl. (39) in vektorieller Form geschrieben werden. Als Sonderfall mit U_S = const, $\omega_1 = d\zeta/dt$ = const ist der nichtstationäre Zustand bei Speisung des Motors mit symmetrischen sinusförmigen Drehspannungen enthalten. In diesem Fall ist U_S der Effektivwert der Ständer-Phasenspannung.

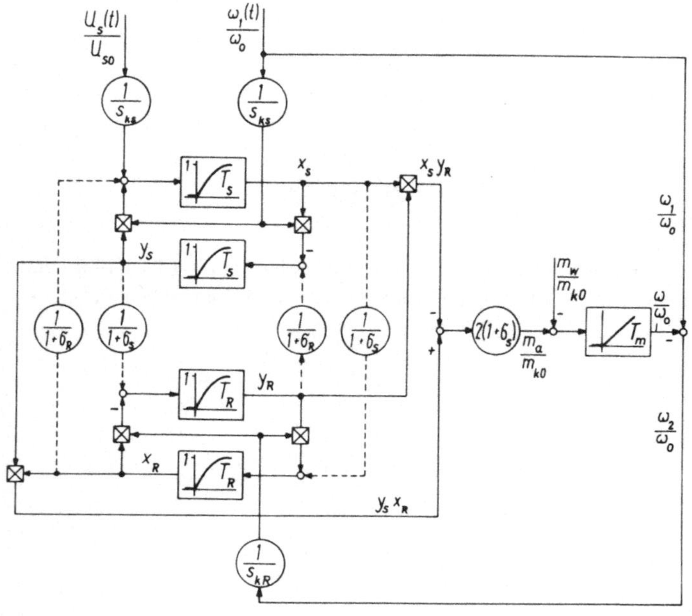

Bild 10.16

Dank der Transformation in das mit Ständerfrequenz umlaufende Koordinatensystem sind dann im stationären Zustand bei konstantem Lastmoment alle vorkommenden Größen konstant. Man erhält diesen Zustand somit durch Nullsetzen der linken Seiten in Gl. (50a bis e); das so entstehende Gleichungssystem beschreibt gerade den in Abschn. 10.2 behandelten Fall.

Im nichtstationären Zustand dagegen sind die Flußkomponenten x, y nicht konstant; es können z.B. mit der Stator- bzw. Rotorwicklung gekoppelte transiente Flußanteile auftreten, die im Raum feststehen bzw. mit der Motordrehzahl ω umlaufen und somit in dem sich mit ω_1 drehenden Koordinatensystem als Wechselkomponenten der Frequenz ω_1 bzw. $\omega_2 = \omega_1 - \omega$ erscheinen. Die Folge sind Drehmomentpulsationen und Drehzahlschwankungen.

Betrachtet man Bild 10.16 zunächst global, so ist die in Bild 10.17 skizzierte vereinfachte Struktur zu erkennen, die an eine Gleichstrommaschine erinnert (Bild 5.8). Schwieriger ist bei der Asynchronmaschine allerdings die Entstehung des Drehmomentes zu durchschauen. Dies liegt einmal an der Tatsache, daß die Rotordurchflutung induziert und nicht von außen galvanisch eingeprägt wird und zum anderen daran, daß der Winkel zwischen Ständer- und Läuferdurchflutung vom Betriebszustand abhängt, während er bei der Gleichstrommaschine durch die Erreger- und Bürstenachse im wesentlichen fixiert ist. Außerdem erschweren die Wechselgrößen den Überblick; diese Schwierigkeit konnte freilich durch die Koordinatentransformation beseitigt werden.

Eine analytische Lösung der nichtlinearen Differentialgleichungen (50) ist nicht möglich, jedoch lassen sich einige Zusammenhänge im Blockschaltbild 10.16 physikalisch anschaulich deuten [69].

Man erkennt zunächst zwei rückgekoppelte Schleifen, je eine für Ständer und Läufer, die Multiplikationsstellen mit ω_1/ω_0 bzw. ω_2/ω_0 enthalten. Vernachlässigt man für einen Augenblick die gestrichelt eingetragenen Querkopplungen, so folgt z.B. aus Gl. (50a, b) nach Elimination von y_S eine homogene Teil-Differentialgleichung

$$T_S^2 \frac{d^2x_S}{dt^2} + 2T_S \frac{dx_S}{dt} + [1 + \frac{1}{s_{kS}^2}(\frac{\omega_1}{\omega_0})^2] = 0$$

mit den Eigenwerten

$$p_{S1,2} = \omega_0 (- s_{kS} \pm j \frac{\omega_1}{\omega_0}) .$$

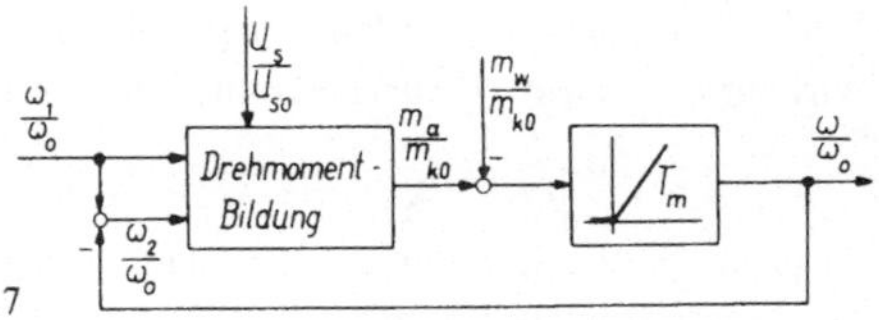

Bild 10.17

Die zugehörigen Teillösungen haben einen periodisch gedämpften Verlauf mit der Frequenz ω_1. Physikalisch entspricht dies der Abbildung einer mit einer Ständerwicklung verketteten, d.h. raumfesten, transienten Flußkomponenten auf das mit ω_1 rotierende Koordinatensystem. Die Dämpfung erfolgt durch die niederohmig abgeschlossene Ständerwicklung und die rotierende Läuferwicklung.

In entsprechender Weise erhält man für die untere Schleife in Bild 10.16 eine Differentialgleichung mit den Eigenwerten

$$p_{R1,2} = \omega_0 (- s_{kR} \pm j \frac{\omega_2}{\omega_0}) ,$$

entsprechend einem gedämpften Schwinger mit der Schlupffrequenz ω_2. Der zugehörige physikalische Vorgang läßt sich offenbar durch transiente läuferfeste Flußwellen erklären, die mit dem Läufer rotieren und deshalb im Ständerfluß-Koordinatensystem mit Schlupffrequenz erscheinen.

Betrachtet man nun den Sonderfall $\omega_1 = \omega_2 = 0$, d.h. Gleichstromspeisung bei festgehaltenem Läufer, und berücksichtigt dafür die in Bild 10.16 gestrichelt eingetragenen Kopplungen, so entstehen zwei neue Rückkoppelschleifen, die jeweils Ständer und

Läufer umfassen. Die Differentialgleichung für x_S (Längsrichtung) lautet nun

$$T_S T_R \frac{d^2 x_S}{dt^2} + (T_S + T_R) \frac{dx_S}{dt} + \sigma x_S = (1 + \sigma_R) \frac{1}{s_{kS}} \frac{U_S}{U_{S0}} .$$

Die beiden Eigenwerte sind negativ reell, entsprechend aperiodischen transienten Vorgängen. Eine entsprechende Gleichung gilt für die andere Rückkoppelschleife, d.h. für die „Querachse" der Maschine. Die Gleichungen sind ähnlich wie die von Zweiwicklungstransformatoren aufgebaut; die gestrichelt gezeichneten Wirkungslinien beschreiben also offenbar die transformatorische Wirkung der Ständer- und Läuferwicklungen aufeinander. Da übrigens bei diesem Gedankenversuch die Wicklungen in der Querrichtung im Gegensatz zu denen in der Längsrichtung ohne äußere Anregung sind, bleibt $y_S = y_R = 0$, so daß auch kein Drehmoment entwickelt wird; dies entspricht dem praktischen Verhalten eines mit Gleichstrom gespeisten Asynchronmotors im Stillstand.

Bei einer Analyse des vollständigen Blockschaltbildes, d.h. mit ω_1, $\omega_2 \neq 0$, und Berücksichtigung der transformatorischen Kopplungen, ist die gegenseitige Beeinflussung der beiden gedämpften Schwinger unmittelbar und über die Drehzahl zu berücksichtigen. Dadurch entsteht ein schwingungsfähiges System mit mehreren Freiheitsgraden, dessen Eigenschaften schwer zu interpretieren sind. Für ω_1 = const und mit der Annahme $\omega_2 \approx$ const, d.h. bei großem Trägheitsmoment, ergeben sich jedoch wesentliche Vereinfachungen, da die Multiplizierstellen mit ω_1, ω_2 wie konstante Koeffizienten wirken. Bei Ständer-Läufer-Symmetrie, d.h. für

$$s_{kS} = s_{kR} = s_k , \quad \sigma_S = \sigma_R = \sigma_0 , \quad T_S = T_R = T_0$$

lautet dann die charakteristische Gleichung der zu den Flußkomponenten x, y gehörigen Differentialgleichungen

$$[(T_0 p + 1)^2 - (1 - \sigma) + \frac{1}{s_k^2} (\frac{\omega_1}{\omega_0})^2] [(T_0 p + 1)^2 - (1 - \sigma) + \frac{1}{s_k^2} (\frac{\omega_2}{\omega_0})^2] +$$

$$+ \frac{1 - \sigma}{s_k^2} \frac{(\omega_1 + \omega_2)^2}{\omega_0^2} = 0 .$$

Die Lösungen dieser Gleichung, d.h. die Eigenwerte des Systems, wurden mit

$$s_k = 0{,}1 , \quad \sigma = 0{,}08 , \quad \frac{\omega_2}{\omega_0} = 0{,}05 = \text{const}$$

für verschiedene Werte von ω_1 numerisch berechnet. Bild 10.18 zeigt das Ergebnis in Form einer Wurzelortskurve mit der Bezifferung ω_1/ω_0; der zugehörige konjugiert komplexe Ast der Kurve ist nicht gezeichnet.

Dem Verlauf der Wurzelortskurve ist zu entnehmen, daß die beiden Schwinger sich bei größerem Frequenzabstand, $\omega_1 \gg \omega_2$, nicht wesentlich stören; dort ergeben sich näherungsweise die vorher berechneten „entkoppelten" Eigenwerte. Dagegen entsteht bei kleinen Werten der Ständerfrequenz, $\omega_1 \approx \omega_2$, eine starke Kopplung, die sich in sehr schlechter Dämpfung und langsam abklingenden Vorgängen äußert. Bild 10.19a zeigt einige Ausgleichsvorgänge für eine Flußkomponente mit gleichen Anfangsbedingungen bei verschiedenen Ständerfrequenzen. Auch die zugehörigen transienten Drehmomente haben je nach Drehzahl einen recht unterschiedlichen Verlauf (Bild 10.19b).

Die Asynchronmaschine hat also bei Betrieb in einem weiten Frequenzbereich, wie er bei Regelantrieben üblich ist, stark veränderliche Eigenschaften. Aus diesem Grunde sind hierfür besondere Regelverfahren notwendig, von denen einige in Abschn. 11 diskutiert werden sollen.

Als qualitative Probe für das mit zahlreichen Vereinfachungen erhaltene mathematische Modell der Asynchronmaschine wurden die Gleichungen (50a bis e) für den Fall eines Leeranlaufs am starren Netz bei Nennspannung und Nennfrequenz mit anschließender Belastung schrittweise numerisch integriert (Bild 10.20); bei dem angenommenen

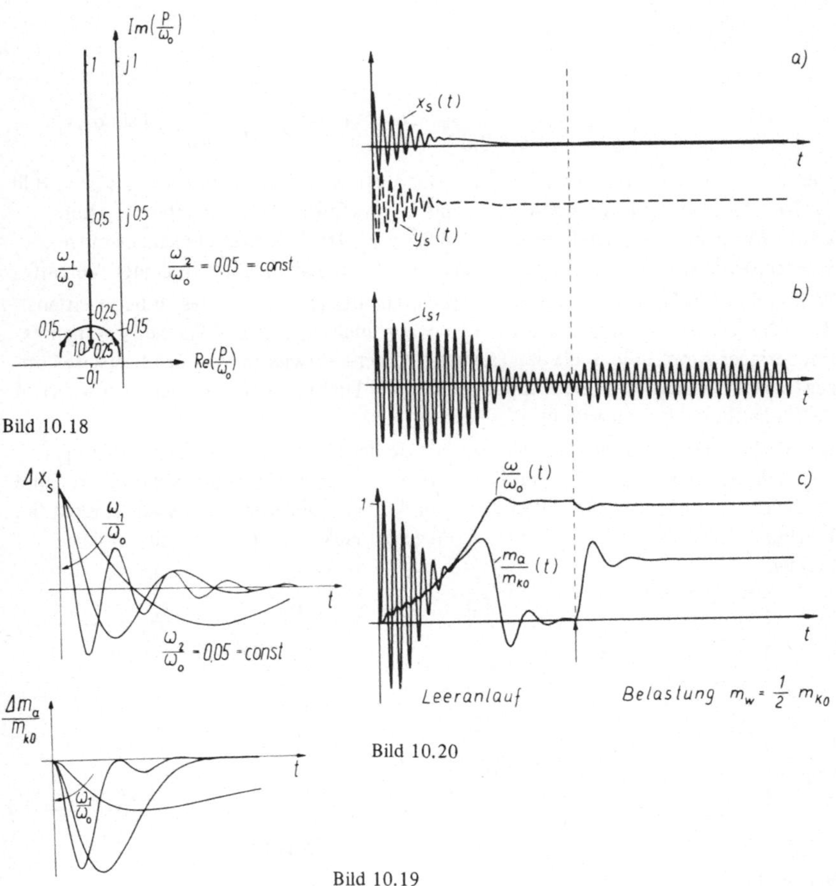

Bild 10.18

Bild 10.20

Bild 10.19

kleinen Trägheitsmoment erfolgt der Anlauf in wenigen Perioden der Netzspannung [104].

Neben den Flüssen in Längs- und Querrichtung interessieren vor allem die Ständerströme. Der Ständerstrom-Vektor entsteht dabei aus den Flüssen durch Rücktransformation mit Hilfe von Gl. (40), (44), (47),

$$\mathbf{i}_S(t) = {}^1\mathbf{i}_S(t)\, e^{j\omega_1 t} = \frac{e^{j\omega_1 t}}{\sigma L_S} \left[{}^1\boldsymbol{\psi}_S(t) - \frac{1}{1+\sigma_R}\, {}^1\boldsymbol{\psi}_R(t) \right]$$

$$= \frac{3\sqrt{2}}{2} \frac{U_{S0}}{\omega_0 \sigma L_S} \left[\left(x_S - \frac{1}{1+\sigma_R} x_R\right) + j\left(y_S - \frac{1}{1+\sigma_R} y_R\right) \right] e^{j\omega_1 t}.$$

Daraus folgt mit Gl. (21) der Strom in der Ständerphase 1

$$i_{S1}(t) = \frac{2}{3} \operatorname{Re}\left[\mathbf{i}_S(t)\right]$$

$$= \sqrt{2}\, \frac{U_{S0}}{\omega_0 \sigma L_S} \left[\left(x_S - \frac{1}{1+\sigma_R} x_R\right) \cos\omega_1 t - \left(y_S - \frac{1}{1+\sigma_R} y_R\right) \sin\omega_1 t \right].$$

Der Verlauf dieses Stromes während des Hochlauf- und Belastungsvorganges ist in Bild 10.20 aufgetragen. Im stationären Zustand, wenn die Flußkomponenten x, y konstante Werte angenommen haben, stellt sich für $i_{S1}(t)$ der erwartete sinusförmige Wechselstrom ein. Die Ströme in den anderen Phasen haben einen ähnlichen Verlauf.

Während des Anlaufes sind starke Wechselanteile des Drehmomentes zu beobachten, die sich auch auf die Drehzahl auswirken, wenn auch, infolge des Trägheitsmomentes, mit geringer Amplitude. Falls das Trägheitsmoment vorwiegend auf der Lastseite konzentriert ist, wird jedoch die Kupplung durch die Drehmomentschwingungen während des Anlaufes stark beansprucht.

Der Verlauf der Drehzahl entspricht im Prinzip der in Abschn. 3.2 bei vollständiger Vernachlässigung der elektrischen Einschwingvorgänge berechneten Anlaufkurve (Bild 3.13). Das zu beobachtende Überschwingen der Drehzahl tritt dort natürlich nicht in Erscheinung, da es sich hierbei um eine Folge der elektrischen Ausgleichsvorgänge handelt.

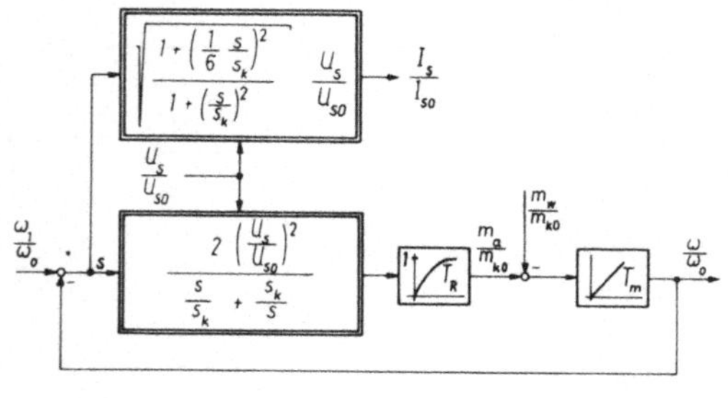

Bild 10.21a

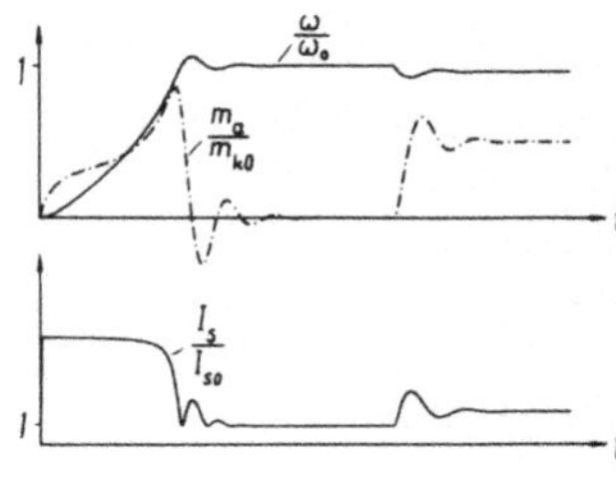

Bild 10.21b

Bild 10.21b

Will man das dynamische Verhalten der Asynchronmaschine angenähert beschreiben, ohne auf das komplizierte und nur mit einer Rechenmaschine auszuwertende vollständige System (Bild 10.16) zurückzugreifen, so ist das in Bild 10.21a heuristisch vereinfachte Strukturbild nützlich. Das Drehmoment wird dabei mit der stationären Kennlinie m_a (s) mit anschließender Verzögerung gebildet, während für den Effektivwert des Ständerstromes die stationäre Schlupfkennlinie I_S (s) verwendet wird. Ein Vergleich des damit berechneten Anlauf- und Belastungsvorganges (Bild 10.21b) mit Bild 10.20 zeigt, daß trotz der starken Vereinfachung die wesentlichen Vorgänge gut wiedergegeben werden. Die dem Drehmoment überlagerten Schwingungen treten in der Ersatzschaltung natürlich nicht zutage, doch wird der Mittelwert im Prinzip richtig abgebildet.

10.4. Stationärer Betrieb bei Speisung mit unsymmetrischen sinusförmigen Drehspannungen

10.4.1. Symmetrische Komponenten. Bei Antrieben mit kurzer Einschaltdauer, z.B. bei Hubwerken, verwendet man manchmal Asynchronmotoren in besonderen Schaltungen, wobei die Motorspannungen zwar sinusförmig, jedoch nicht mehr symmetrisch sind.

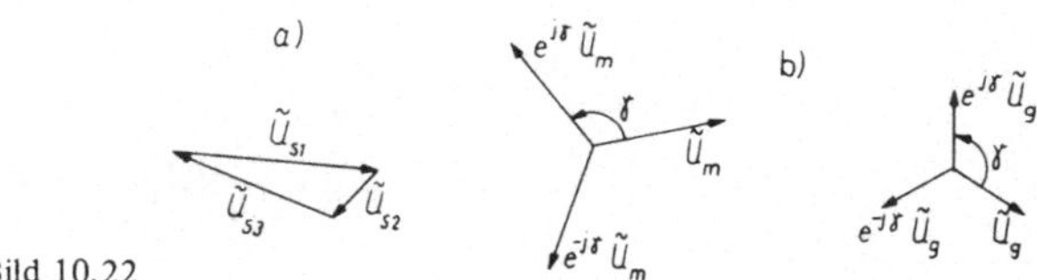

Bild 10.22

Bild 10.22a zeigt als Beispiel das Zeigerdiagramm eines solchen unsymmetrischen Drehspannungssystems. Da sich das Zeigerdiagramm der drei Phasenspannungen schließt, gilt auch hier

$$\tilde{U}_{S1} + \tilde{U}_{S2} + \tilde{U}_{S3} = 0\,,$$

jedoch haben die drei Spannungen unterschiedliche Größe und Phasenlage zueinander. Es ist bekannt, s. z.B. [1], [2], daß sich ein unsymmetrisches Drehspannungssystem $\tilde{U}_{S1}, \tilde{U}_{S2}, \tilde{U}_{S3}$ auf übersichtliche Weise durch symmetrische Komponenten darstellen läßt,

$$\begin{aligned} \tilde{U}_{S1} &= \tilde{U}_m + \tilde{U}_g + \tilde{U}_0\,, \qquad \gamma = \frac{2\pi}{3}\,, \\ \tilde{U}_{S2} &= e^{-j\gamma}\,\tilde{U}_m + e^{j\gamma}\,\tilde{U}_g + \tilde{U}_0\,, \\ \tilde{U}_{S3} &= e^{j\gamma}\,\tilde{U}_m + e^{-j\gamma}\,\tilde{U}_g + \tilde{U}_0\,. \end{aligned} \tag{51}$$

Die Anteile $\tilde{U}_m$ und $\tilde{U}_g$ werden als Mit- bzw. Gegenkomponenten bezeichnet; sie bilden in den drei Phasen gerade wieder symmetrische Drehspannungssysteme unterschiedlicher Phasenfolge (Bild 10.22b); $\tilde{U}_0$ ist die sog. Nullkomponente.

Man erhält $\tilde{U}_m$, $\tilde{U}_g$ und $\tilde{U}_0$ durch Elimination aus Gl. (51),

$$\begin{aligned}\tilde{U}_m &= \frac{1}{3}(\tilde{U}_{S1} + e^{j\gamma}\tilde{U}_{S2} + e^{-j\gamma}\tilde{U}_{S3}),\\ \tilde{U}_g &= \frac{1}{3}(\tilde{U}_{S1} + e^{-j\gamma}\tilde{U}_{S2} + e^{j\gamma}\tilde{U}_{S3}),\\ \tilde{U}_0 &= \frac{1}{3}(\tilde{U}_{S1} + \tilde{U}_{S2} + \tilde{U}_{S3}).\end{aligned} \tag{52}$$

Da sich im vorliegenden Fall die Phasenspannungen zu Null ergänzen, ist $\tilde{U}_0 = 0$. Dies ist bei symmetrisch aufgebauten Motoren stets der Fall, wenn die Ständerwicklung in Dreieck geschaltet ist oder wenn bei einer Sternwicklung der Sternpunkt isoliert ist.

Bei der in Stern geschalteten Wicklung sind nur die verketteten Klemmenspannungen des Motors zugänglich; es ist deshalb vorteilhaft, Mit- und Gegensystem durch die Klemmenspannungen auszudrücken,

$$\begin{aligned}\tilde{U}_m = \frac{1}{3}(\overbrace{\tilde{U}_{S1} - \tilde{U}_{S2}}^{\tilde{U}_{12}} \overbrace{+ e^{-j\gamma}\tilde{U}_{S3} - e^{-j\gamma}\tilde{U}_{S2}}^{e^{-j\gamma}\tilde{U}_{32}} +\\ \overbrace{+ \tilde{U}_{S2} + e^{j\gamma}\tilde{U}_{S2} + e^{-j\gamma}\tilde{U}_{S2}}^{0}) = \frac{1}{3}(\tilde{U}_{12} - e^{-j\gamma}\tilde{U}_{23})\end{aligned} \tag{53a}$$

und entsprechend

$$\tilde{U}_g = \frac{1}{3}(\tilde{U}_{12} - e^{j\gamma}\tilde{U}_{23}). \tag{53b}$$

Da die Summe der verketteten Spannung ja definitionsgemäß immer Null ist, genügen zwei Spannungen zur Bestimmung von $\tilde{U}_m$ und $\tilde{U}_g$. Sofern die verketteten Spannungen $\tilde{U}_{12}$, $\tilde{U}_{23}$, $\tilde{U}_{31}$ ein symmetrisches Drehstromnetz bilden, gilt gerade

$\tilde{U}_m = 1/\sqrt{3}\,\tilde{U}_{12}\,e^{-j30°}$, $\tilde{U}_g = 0$. Wenn $\tilde{U}_{12}$, $\tilde{U}_{23}$ keine eingeprägten Spannungen sind, z.B. bei Speisung des Motors aus einem Netz mit merklicher Innenimpedanz, hängen auch $\tilde{U}_m$ und $\tilde{U}_g$ vom Betriebszustand des Motors ab.

Der symmetrische Asynchronmotor mit unsymmetrischer Speisung ist als Sonderfall in der in Abschn. 10.1 abgeleiteten Theorie enthalten. Die folgenden Überlegungen sind auf den stationären Zustand beschränkt.

Bildet man mit dem Ansatz (51) für die Ständerspannungen den komplexen Spannungsvektor gemäß Gl. (22), so entsteht

$$\mathbf{u}_S(t) = \frac{3\sqrt{2}}{2}\tilde{U}_m\,e^{j\omega_1 t} + \frac{3\sqrt{2}}{2}\bar{\tilde{U}}_g\,e^{-j\omega_1 t}.$$

Im Luftspalt des Motors bilden sich im stationären Zustand demnach zwei mit den Winkelgeschwindigkeiten $\pm \omega_1$ entgegengesetzt umlaufende Drehfelder aus. Da die Spannungsgleichungen, z.B. (24), (25), linear sind, dürfen die zugehörigen Ströme linear überlagert werden; natürlich gilt dies nur, solange keine Sättigung eintritt.

Setzt man die mechanische Drehzahl ω in Richtung des Mitsystems positiv an und vernachlässigt wieder den Ständerwiderstand R_S, so lauten mit Gl. (29) die beiden Anteile des Ständerstromes $\tilde{I}_{S1}$

$$\tilde{I}_{S1m} = y_m \tilde{U}_m = \frac{\tilde{U}_m}{j\omega_1 L_S} \frac{1 + j\dfrac{1}{\sigma}\dfrac{s}{s_k}}{1 + j\dfrac{s}{s_k}}, \quad \tilde{I}_{S1g} = y_g \tilde{U}_g = \frac{\tilde{U}_g}{j\omega_1 L_S} \frac{1 + j\dfrac{1}{\sigma}\dfrac{2-s}{s_k}}{1 + j\dfrac{2-s}{s_k}}. \tag{54}$$

$2 - s$ ist ja gerade der Schlupf des Läufers im Gegen-Drehfeld; y_m und y_g sind die Mit- und Gegen-Admittanzen des symmetrischen Motors. Auch die Ständerströme setzen sich dann aus den Mit- und Gegenkomponenten zusammen

$$\begin{aligned} \tilde{I}_{S1} &= \tilde{I}_{S1m} + \tilde{I}_{S1g}, \\ \tilde{I}_{S2} &= e^{-j\gamma} \tilde{I}_{S1m} + e^{j\gamma} \tilde{I}_{S1g}, \\ \tilde{I}_{S3} &= e^{j\gamma} \tilde{I}_{S1m} + e^{-j\gamma} \tilde{I}_{S1g}. \end{aligned} \tag{55}$$

Falls zwischen Netz- und Motorklemmen Impedanzen eingefügt sind oder das Netz nennenswerte Innenimpedanz aufweist, ist dies bei der Berechnung von $\tilde{U}_m$ und $\tilde{U}_g$ zu berücksichtigen.

Das Drehmoment entsteht durch die Kraftwirkung zwischen Ständerfeld und Läuferstrombelag. Da zwei mit den Winkelgeschwindigkeiten $\pm \omega_1$ gegensinnig umlaufende Drehfeld-Strombelag-Paare vorhanden sind, bilden sich mehrere Drehmoment-Komponenten aus:

a) Drehmoment des Mitsystems,

b) Drehmoment des Gegensystems,

c) Drehmoment des Mit-Drehfeldes und des Gegen-Strombelages und umgekehrt.

Während a) und b) zeitlich konstant sind, ist der Anteil c) ein Wechselmoment mit der Frequenz $2\omega_1$ und dem Mittelwert Null; dieser Anteil trägt im stationären Zustand nichts zum Antriebsmoment bei und wird hier weggelassen.

Man kann die unsymmetrisch gespeiste Maschine dann durch das in Bild 10.23 gezeichnete Ersatzsystem beschreiben, in dem zwei starr gekuppelte gleiche Motoren von

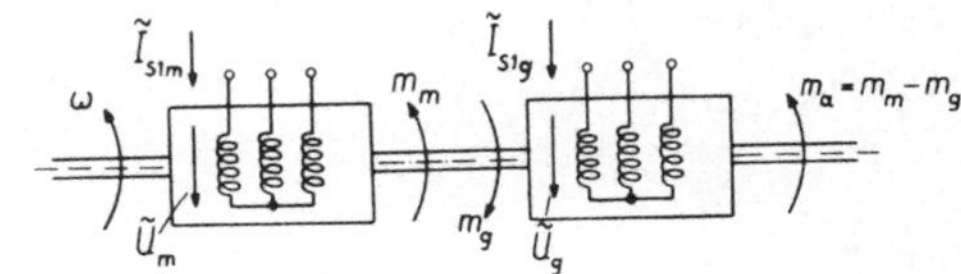

Bild 10.23

symmetrischen Drehspannungen $\tilde{U}_m$ und $\tilde{U}_g$ mit entgegengesetztem Drehsinn gespeist werden. Das resultierende Drehmoment in Mit-Richtung ist somit

$$\frac{m_a}{m_{k0}} = \frac{m_m - m_g}{m_{k0}} = \frac{2}{\frac{s}{s_k} + \frac{s_k}{s}} \left[\frac{U_m}{U_0} \frac{\omega_0}{\omega_1}\right]^2 - \frac{2}{\frac{2-s}{s_k} + \frac{s_k}{2-s}} \left[\frac{U_g}{U_0} \frac{\omega_0}{\omega_1}\right]^2 . \tag{56}$$

Bei verschiedenen Werten des Rotorwiderstandes (s_k) und wegen der möglichen Abhängigkeit der symmetrischen Komponenten U_m, U_g vom Betriebszustand der Maschine ergibt sich eine große Vielfalt von Kennlinien; an drei Beispielen soll dies gezeigt werden.

10.4.2. Einphasen-Asynchronmotor. Wird eine Ständerklemme des symmetrischen Drehstrommotors nicht angeschlossen, so entsteht die in Bild 10.24 gezeichnete einphasige Schaltung. Die durch die Unterbrechung erzwungene Randbedingung lautet

$$\tilde{I}_{S1} = y_m \tilde{U}_m + y_g \tilde{U}_g = 0 ,$$

$$\text{oder} \quad y_m \tilde{U}_m = - y_g \tilde{U}_g . \tag{57}$$

Außerdem gilt mit Gl. (53)

$$\tilde{U}_{ST} = \tilde{U}_{23} = - j\sqrt{3}\,(\tilde{U}_m - \tilde{U}_g) ,$$

$$\text{oder} \quad \tilde{U}_m - \tilde{U}_g = j\,\frac{\tilde{U}_{ST}}{\sqrt{3}} = \tilde{U}_{RM} . \tag{58}$$

$\tilde{U}_{RM}$ ist dabei der Zeiger der nicht angeschlossenen Netz-Phasenspannung. Aus Gl. (57), (58) folgt mit $z = 1/y$

$$\tilde{U}_m = \frac{y_g}{y_m + y_g}\,\tilde{U}_{RM} = \frac{z_m}{z_m + z_g}\,\tilde{U}_{RM} ,$$

$$\tilde{U}_g = - \frac{y_m}{y_m + y_g}\,\tilde{U}_{RM} = - \frac{z_g}{z_m + z_g}\,\tilde{U}_{RM} . \tag{59}$$

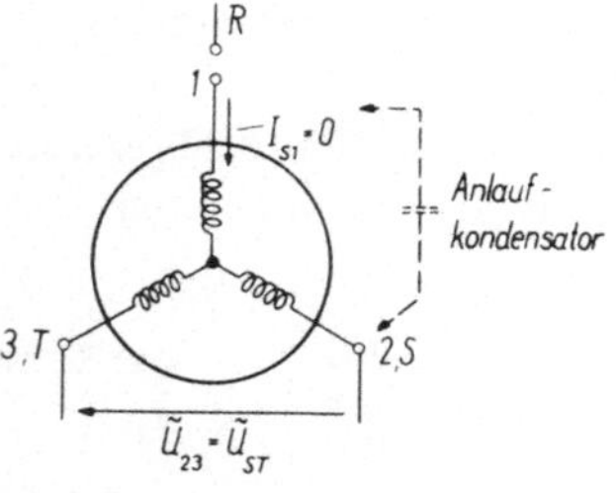

Bild 10.24

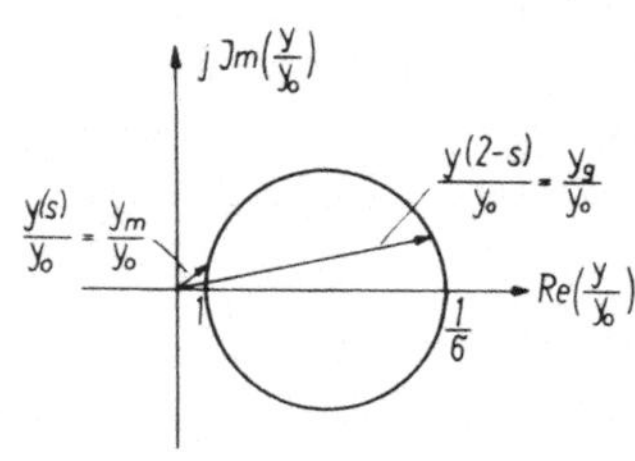

Bild 10.25

Mit- und Gegenkomponente gehen also durch eine Art Spannungsteilung aus der symmetrischen Netzspannung hervor.

Die Mit- und Gegenadmittanzen y_m und y_g lassen sich gemäß Bild 10.25 dem normierten Kreisdiagramm $\tilde{I}_S/\tilde{I}_{S0} = y/y_0$ entnehmen (Bild 10.8). Daraus ist ersichtlich, daß sich für kleine Werte von s_k, d.h. für Kurzschlußläufermotoren, erhebliche Betragsunterschiede zwischen y_m und y_g ausbilden können. Arbeitet der Motor z.B. in der Nähe der Mit-Synchrondrehzahl ($s \approx 0$), dann ist $|y_m| \ll |y_g|$ und damit $\tilde{U}_m \approx \tilde{U}_{RM}$, $\tilde{U}_g \approx 0$. Das Gegenfeld wird dann durch den Läufer fast vollständig unterdrückt, so daß der Motor angenähert mit symmetrischen Spannungen arbeitet, obwohl eine Phase nicht angeschlossen ist. In der Nähe der Gegen-Synchrondrehzahl ($s \approx 2$) sind die Verhältnisse entsprechend vertauscht.

Das Drehmoment des Einphasenmotors erhält man mit Gl. (59) aus Gl. (56),

$$\frac{m_a}{m_{k0}} = \left[\frac{2}{\frac{s}{s_k}+\frac{s_k}{s}}\left|\frac{y_g}{y_m+y_g}\right|^2 - \frac{2}{\frac{2-s}{s_k}+\frac{s_k}{2-s}}\left|\frac{y_m}{y_m+y_g}\right|^2\right]\left[\frac{\omega_0}{\omega_1}\frac{U_{RM}}{U_{S0}}\right]^2 . \qquad (60)$$

Wegen der quadratischen Abhängigkeit des Drehmomentes vom Betrag der Spannung geht der Einfluß der jeweils gegenläufigen Drehmoment-Komponente noch stärker als die Spannung zurück. In Bild 10.26 ist der prinzipielle Verlauf der in Gl. (60) enthaltenen Teilfunktionen aufgetragen; als Beispiel ist in Bild 10.27 die durch Kombination entstehende Drehzahl-Drehmomentkennlinie eines Einphasen-Kurzschlußläufermotors in der üblichen Anordnung gezeichnet.

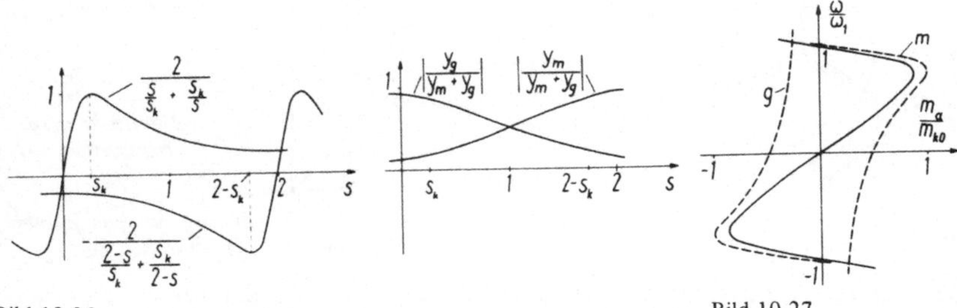

Bild 10.26

Bild 10.27

Die Kurve ist symmetrisch zum Ursprung, da sich dort die Wirkungen der beiden Drehfelder aufheben; der Motor entwickelt im Stillstand also kein Drehmoment und kann deshalb ohne zusätzliche Maßnahmen nicht anlaufen. Wirft man einen kleinen Motor von Hand in einer der Richtungen an, so überwiegt die entsprechende Drehfeld-Komponente, und der Motor beschleunigt bei schwacher Last weiter bis zum Betriebsbereich. Um einen selbständigen Anlauf zu erreichen, führt man die Maschine entweder unsymmetrisch aus (Spaltpolmotor) oder beschaltet sie unsymmetrisch, z.B. durch eine Hilfswicklung mit Anlaufkondensator, wie in Bild 10.24 gestrichelt angedeutet ist. Die Drehrichtung ist damit natürlich festgelegt. Das Anlaufmoment hängt wesentlich von der Größe des Kondensators ab.

Nachteilig ist beim Einphasenbetrieb neben den Anlaufproblemen das pulsierende Restdrehmoment, die schlechtere Ausnutzung und der Wirkungsgrad, der wegen des Gegen-Drehfeldes natürlich stets unter dem des symmetrisch gespeisten Motors liegt. Einphasen-Asynchronmotoren werden deshalb nur für kleine Leistungen bis etwa 1 kW gebaut. Sie finden vorwiegend in Haushaltsgeräten Verwendung.

10.4.3. Einphasige Senk-Bremsschaltung. Bei einfachen Hubwerken im Kurzzeitbetrieb wird gelegentlich die in Bild 10.28 gezeigte elektrische Bremsschaltung [70] verwendet. es handelt sich dabei um einen Schleifringläufer-Motor mit großem Läuferwiderstand. Zwei Ständerklemmen sind kurzgeschlossen; zwischen der dritten Klemme und der Kurzschlußverbindung wird die Maschine einphasig gespeist. Diese Schaltung ist eine von mehreren möglichen Varianten mit ähnlichen Eigenschaften. Mit symmetrischen Komponenten ist eine Analyse der Schaltung besonders einfach.

Mit den Nebenbedingungen $\tilde{U}_{12} = \tilde{U}_{RS}$ und $\tilde{U}_{23} = 0$ folgt aus Gl. (53) sofort

$$\tilde{U}_m = \tilde{U}_g = \frac{1}{3} \tilde{U}_{RS} .$$

Die beiden Drehspannungssysteme sind also gleich groß und unabhängig von der Drehzahl. Die in Bild 10.23 gezeichneten Ersatzmaschinen sind demnach mit gleichen Spannungen entgegengesetzter Phasenfolge gespeist zu denken. Da die Drehzahlabhängigkeit der symmetrischen Spannungskomponenten entfällt, wird die Überlagerung der Drehmomente besonders einfach.

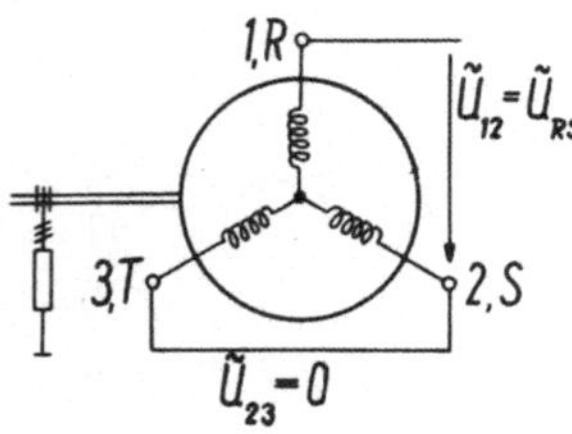

Bild 10.28

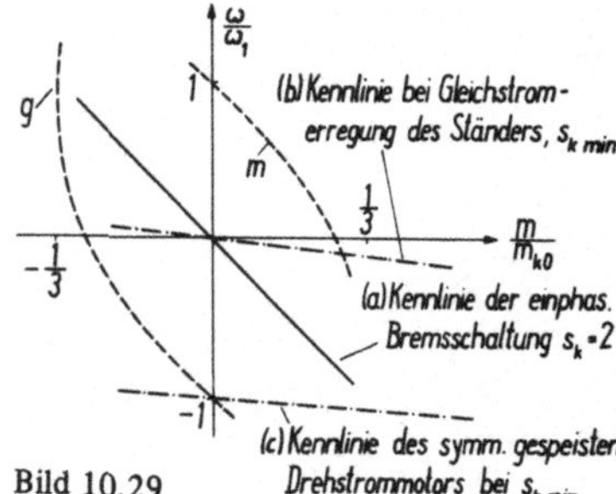

Bild 10.29

Bild 10.29 zeigt die Drehmomentkennlinien für den Fall $s_k = 2$, d.h. bei sehr großem externen Läuferwiderstand. Wegen der um den Faktor $\sqrt{3}$ reduzierten Spannung betragen die Kippmomente nur 1/3 des Wertes im symmetrischen Betrieb. Der Motor wird in dieser Schaltung also mechanisch nicht voll ausgenutzt. Die resultierende Drehzahlkennlinie liegt im 2. und 4. Quadranten; wegen des großen Läuferwiderstandes wirkt der Antrieb somit nur bremsend. Der besondere Vorzug bei Verwendung als elektrische Senkbremse ist, daß die Kennlinie (a) durch den Ursprung der m, n-Ebene geht. Ein unbeabsichtigtes Heben bei leichter Last, wie es bei symmetrischer Speisung möglich wäre, ist dadurch unterbunden.

Ähnliche Bremskennlinien erhält man übrigens mit kleinerem Läuferwiderstand auch bei Gleichstromerregung des Ständers (b). Die Maschine arbeitet dann wie eine Wirbelstrombremse [71].

Außerdem ist in Bild 10.29 die Senkkennlinie des mit umgekehrter Phasenfolge symmetrisch gespeisten Motors bei kurzgeschlossenem Läufer eingetragen (c). Diese Betriebsweise gestattet Nutzbremsung mit Energie-Rückspeisung, allerdings nur bei übersynchroner Senkgeschwindigkeit.

10.4.4. Unsymmetrische Anfahrschaltung. Für manche Anwendungen im Kurzzeitbetrieb kann es vorteilhaft sein, einen symmetrischen Kurzschluß- oder Schleifringläufermotor mit unsymmetrischen Spannungen zu speisen, indem man externe Impedanzen zwischen Netz- und Motorklemmen einfügt, z.B. [34], [72]. Bild 10.30 zeigt eine einfache Schaltung dieser Art. Falls z_1 einen linearen Zweipol darstellt, sind im stationären Zustand alle Spannungen und Ströme sinusförmig; mit den in Abschn. 10.4.1 abgeleiteten Beziehungen für die symmetrischen Komponenten $\tilde{U}_m$ und $\tilde{U}_g$ gelten folgende Maschengleichungen

$$z_1 \tilde{I}_{S1} + \tilde{U}_{12} = \tilde{U}_{RS} = (1 - e^{-j\gamma})\, \tilde{U}_{RM}, \quad \tilde{U}_{23} = \tilde{U}_{ST} = (e^{-j\gamma} - e^{j\gamma})\, \tilde{U}_{RM}.$$

Einsetzen der Gl. (54), (55) führt auf

$$\frac{\tilde{U}_m}{\tilde{U}_{RM}} = \frac{3 + y_g z_1}{3 + (y_m + y_g)\, z_1}, \quad \frac{\tilde{U}_g}{\tilde{U}_{RM}} = -\frac{y_m z_1}{3 + (y_m + y_g)\, z_1}. \tag{61}$$

y_m und y_g sind dabei wieder die Mit- bzw. Gegenadmittanzen des Motors. Die symmetrischen Spannungskomponenten $\tilde{U}_m$ und $\tilde{U}_g$ sind also in komplizierter Weise vom Kippschlupf, von der Drehzahl und von der externen Impedanz z_1 abhängig. Für $z_1 = 0$ und $z_1 \to \infty$ erhält man die Grenzfälle des symmetrisch gespeisten Motors und des in Abschn. 10.4.2 betrachteten Einphasenmotors.

Die Spannung an der Impedanz z_1 ist mit Gl. (61)

$$z_1 \tilde{I}_{S1} = z_1\, (y_m \tilde{U}_m + y_g \tilde{U}_g) = -3\, \tilde{U}_g. \tag{62}$$

Damit läßt sich das Zeigerdiagramm der Ständerspannungen $\tilde{U}_{12}, \tilde{U}_{23}, \tilde{U}_{31}$ für einen beliebigen Betriebszustand des Motors konstruieren.

Die Drehzahl-Drehmomentkennlinien des Motors werden wieder durch Gl. (56) beschrieben. Sie können je nach Wahl der Motorparameter und der externen Impedanz z_1

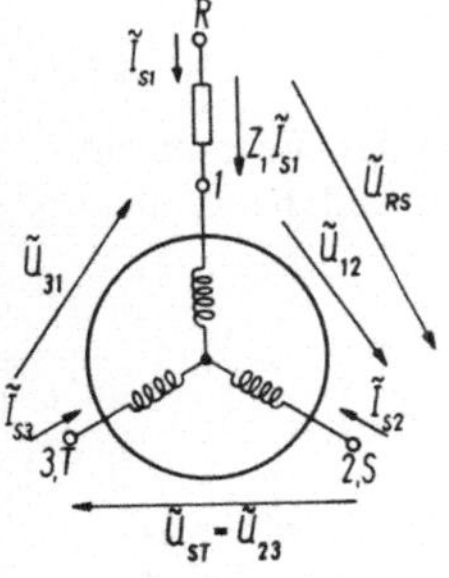

Bild 10.30

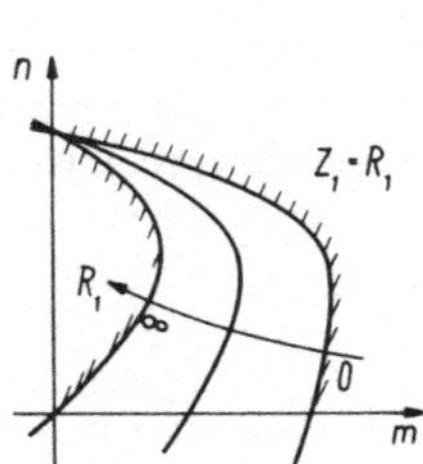

Bild 10.31

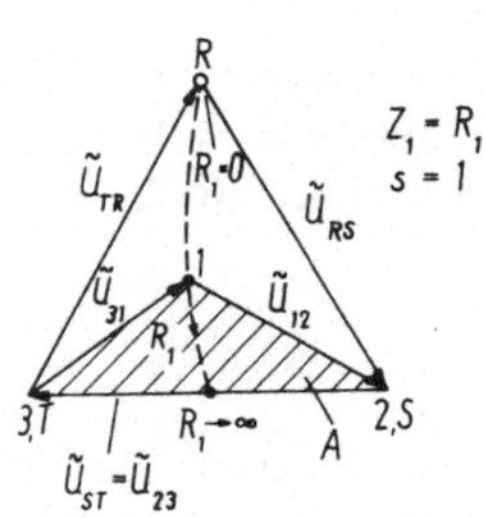

Bild 10.32

recht unterschiedliche Form haben, jedoch liegen sie im wesentlichen in dem durch die beiden Grenzfälle $z_1 = 0$ und $z_1 \to \infty$ eingeschlossenen Bereich; in Bild 10.31 ist dies für den Fall eines kleineren Kurzschlußläufermotors mit veränderlichem Vorwiderstand $z_1 = R_1$ angedeutet. Die Schaltung bietet somit eine einfache Möglichkeit, um das Anlaufmoment zwischen dem vollen Wert und Null zu variieren und damit einen sanften Anlauf zu erzielen. Dies ist z.B. bei Spinnmaschinen von Bedeutung, wo bei schnellem Anlauf die Gefahr eines Fadenbruches besteht [72]. Natürlich ist dieses wie alle ähnlichen Verfahren mit zusätzlichen Verlusten verbunden und deshalb nur kurzzeitig anwendbar[1]).

Die Wirkungsweise der in Bild 10.30 gezeichneten Schaltung wird anhand eines Zeigerdiagrammes der Ständerspannungen im Stillstand des Motors besonders anschaulich. Bei s = 1 gilt doch $y_m(1) = y_g(1) = y(1)$. Damit folgt aus Gl. (61), (62) mit $z_1 = R_1$

$$R_1 \tilde{I}_{S1} = \frac{3\,y(1)\,R_1}{3 + 2\,y(1)\,R_1}\,\tilde{U}_{RM}\,, \quad 0 < R_1 < \infty\,; \tag{63}$$

als Grenzwert ergibt sich wieder der Sonderfall des Einphasenmotors,

$$\lim_{R_1 \to \infty} (R_1 \tilde{I}_{S1}) = \frac{3}{2}\,\tilde{U}_{RM}\,.$$

Gl. (63) stellt eine allgemeine lineare Funktion des reellen Parameters R_1 dar. Sie beschreibt in der komplexen Ebene somit eine Ortskurve, die kreisbogenförmig zwischen den zu $R_1 = 0$ und $R_1 \to \infty$ gehörenden Endpunkten verläuft, Bild 10.32. Bei laufendem Motor verschiebt sich das Zeigerdiagramm wieder in Richtung besserer Symmetrie, d.h. der Anteil $R_1 \tilde{I}_{S1}$ wird kleiner.

Die Fläche A des von den Zeigern der verketteten Spannungen $\tilde{U}_{12}, \tilde{U}_{23}, \tilde{U}_{31}$ aufgespannten Dreiecks läßt sich in der Form

$$A = \frac{1}{2}\,\mathrm{Im}\,(\tilde{U}_{23}\bar{\tilde{U}}_{21})$$

schreiben. Einsetzen von Gl. (53) führt nach einer Zwischenrechnung auf das einfache Ergebnis

$$A = k\,(U_m^2 - U_g^2)\,.$$

Ein Vergleich mit Gl. (56) zeigt, daß die Fläche A somit ein Maß für das Drehmoment des Motors im Stillstand ist [34]. Für $R_1 \to \infty$ ist das Anlaufmoment Null; bei symmetrischem Betrieb ($R_1 = 0$) nimmt es seinen maximalen Wert an.

---

[1]) Bei Verwendung einer steuerbaren Impedanz z_1, z.B. in Form von Transduktordrosseln, läßt sich die Schaltung nach Bild 10.30 zur Drehzahlregelung heranziehen. Auch eine Erweiterung auf Vierquadrant-Betrieb ist möglich (z.B. [94], [95]).

11. Regelung eines Asynchron-Motors

Aus der Darstellung der Betriebseigenschaften des Asynchronmotors geht hervor, daß eine Anwendung als Regelantrieb mit weitem Drehzahlbereich die Verfügbarkeit eines ruhenden Drehstromerzeugers veränderlicher Frequenz mit einer genügenden Leistungsfähigkeit und hohem Wirkungsgrad voraussetzt. Nur auf diese Weise ist es möglich, die Läuferfrequenz bei jeder Drehzahl niedrig zu halten, um so einen annehmbaren Gesamtwirkungsgrad zu erzielen. Unter Verwendung von Thyristoren lassen sich solche Umrichter bauen, wenn auch der gerätetechnische Aufwand vorläufig noch weit über den eines netzgeführten Stromrichters hinausgeht. Jedoch ist für manche Anwendungen die Forderung nach einem Antrieb ohne bewegte Kontakte so dringend, daß der zusätzliche Aufwand für den Umrichter vertretbar ist. Hierzu gehören z.B. Pendelmaschinen mittlerer Leistung (> 100 kW) für Prüfstände mit hohen Drehzahlen, ferner Antriebe in explosionsgefährdeter oder radioaktiver Umgebung. Einfachere Einsatzbedingungen liegen vor, wenn von einem Umrichter viele kleinere Motoren gespeist werden, wie dies z.B. bei Spinnereien der Fall ist; der erhöhte Aufwand für den Umrichter fällt dann weniger stark ins Gewicht.

Die grundsätzliche Anordnung eines Drehstrom-Regelantriebes ist in Bild 11.1 gezeigt. Sie umfaßt neben dem Kurzschlußläufermotor einen ruhenden Umrichter zur Umwandlung der starren Netzfrequenz f_0 in die vom Motor benötigte variable Frequenz f_1

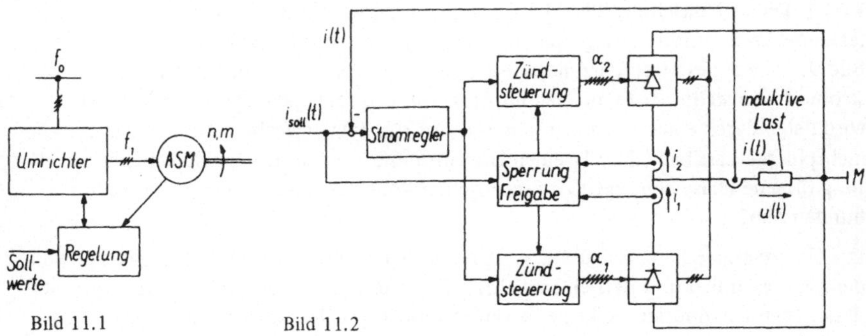

Bild 11.1 Bild 11.2

sowie die zugehörigen Regeleinrichtungen. Umrichter und Regelung verursachen erheblich größere technische Schwierigkeiten als beim stromrichtergespeisten Gleichstrom-Regelantrieb. Beim Umrichter ist dies dadurch bedingt, daß meistens Stromrichter mit Zwangskommutierung erforderlich werden, bei denen die internen Vorgänge wesentlich komplizierter sind als bei netzgeführten Stromrichtern mit natürlicher Kommutierung. Für die Regelung wirkt sich gegenüber dem Gleichstromantrieb erschwerend aus, daß nun Erreger- und Arbeitsdurchflutung des Motors in Form von Wechselströmen veränderlicher Frequenz und Amplitude über die Ständerwicklung geleitet werden müssen und daß der Läuferstrom meßtechnisch nicht erfaßbar ist. Aufgrund dieser Schwierigkeiten hat sich bisher noch keine Normallösung wie beim Gleichstromantrieb durchgesetzt; vielmehr gibt es eine große Zahl konkurrierender Umrichter- und Regelungs-Varianten für verschiedene Anwendungsfälle und Betriebsbedingungen, s. z.B. [73] bis [85]. Es ist zu erwarten, daß sich dank der intensiven Forschungsarbeit im Laufe der Zeit sowohl bei den Umrichtern als auch bei der Regelung einige wenige Grundschaltungen herausbilden werden; im gegenwärtigen Zeitpunkt ist eine solche Konsolidierung allerdings noch nicht erkennbar.

Von den vielen Möglichkeiten werden hier nur zwei Umrichter- und zwei Regelverfahren betrachtet, die sich durch besondere Übersichtlichkeit auszeichnen. Beide sind im Prinzip für einen Betrieb des Motors in den vier Quadranten der Drehzahl-Drehmoment-Ebene geeignet; stetige Übergänge zwischen den Quadranten sind möglich. Falls nur ein eingeschränkter Betrieb, etwa in einem oder in zwei Quadranten gewünscht wird, sind beträchtliche Vereinfachungen, vor allem beim Umrichter, möglich.

11.1. Umrichter zur Speisung eines Drehstrommotors mit veränderlicher Frequenz

Zunächst sollen, losgelöst von der Asynchronmaschine, zwei Typen von Umrichtern erläutert werden, die sich in Verbindung mit einer induktiven Last zur Erzeugung eines Wechselstroms variabler Frequenz eignen.

11.1.1. Direkt-Umrichter. Bild 11.2 zeigt die Prinzipschaltung eines sog. Direktumrichters, eine kreisstromfreie Gegenparallelschaltung mit schneller Stromregelung gemäß Bild 9.7, die es gestattet, eine induktive Last (aktiv oder passiv) mit einem Wechselstrom i (t) einstellbarer Frequenz und Amplitude zu versorgen. Der Laststrom i (t) wird dabei durch einen sinusförmigen Sollwert i_{soll} (t) vorgegeben. Falls es sich um eine mehrphasige Last handelt, z.B. einen Drehstrommotor, wird eine entsprechende Schaltung für jede Phase benötigt. Die Stromrichter können dann einpolig im Punkt M verbunden sein.

Der Hauptvorzug dieser Schaltung ist, daß nur netzgeführte Stromrichter benötigt werden, für deren Bau und Betrieb langjährige Erfahrungen vorliegen; auch sind wegen der natürlichen Kommutierung keine besonderen Beanspruchungen der Thyristoren zu erwarten. Nachteilig ist natürlich der große Aufwand von 6 vollständigen Thyristor-Brükkenschaltungen für einen Drehstromverbraucher sowie die Tatsache, daß der Istwert des Stromes wegen der diskontinuierlichen Wirkungsweise des Stromrichters nur angenähert dem Sollwert folgen kann. Schließlich ist wegen des Zündrasters auch nur eine maximale Frequenz $f_{1\,max}$ des Ausgangsstromes erreichbar, die von der Frequenz f_0 des speisenden Netzes und der Pulszahl des Stromrichters abhängt. Falls die Frequenz f_1 des Stromsollwertes (Nutzfrequenz) sich der Netzfrequenz (Trägerfrequenz) f_0 zu sehr nähert, weicht der Strom i (t) auch bei großer Induktivität des Lastkreises vom gewünschten sinusförmigen Verlauf ab. Die Ursache hierfür ist die grobe Rasterung der Abbildung des sinusförmigen Nutzsignals bei zu geringem Abstand von der Trägerfrequenz. Üblicherweise wird der Bereich

$$0 \leqslant f_1 \leqslant f_{1\,max} \approx \frac{p \cdot f_0}{15}$$

angenommen, wobei p die Pulszahl des Stromrichters ist [9]. Bei Verwendung von Drehstrom-Brückenschaltungen (p = 6) und 50 Hz-Netzfrequenz folgt daraus $f_{1\,max} \approx 20$ Hz. Falls ein höherfrequentes Drehstromnetz zur Verfügung steht, läßt sich der Nutzfrequenzbereich natürlich entsprechend erweitern. Durch Vertauschung der Phasenfolge der Stromsollwerte kann der Drehsinn umgesteuert werden.

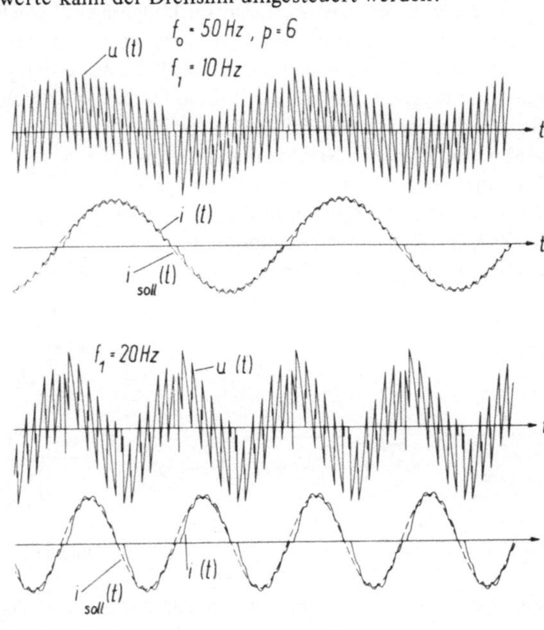

Bild 11.3

In Bild 11.3 sind Ergebnisse der Digitalrechner-Nachbildung einer kreisstromfreien Gegenparallelschaltung mit zwei stromgeregelten Drehstrombrücken dargestellt [103]. Als Last ist dabei ein überwiegend induktiver Verbraucher angenommen. Für die Rechnung wurden zwei verschiedene Nutzfrequenzen, $f_1 = 10$ Hz und $f_1 = 20$ Hz, gewählt, bei denen der Laststrom dem Sollwert noch recht gut folgt. Bei $f_1 = 20$ Hz ist allerdings schon eine merkliche Nacheilung des Istwertes zu erkennen, was sich im stationären Zustand aber durch einen voreilenden Sollwert angenähert kompensieren ließe. Bei der Umschaltung der Stromrichter wurde eine Wartezeit von jeweils 2 ms vorgesehen.

Wegen der induktiven Last steigt die Nutzfrequenz-Komponente der Spannung mit der Frequenz an. Bei größerem Stellhub können somit zusätzliche Verzerrungen infolge zeitweiliger Übersteuerung des Stromrichters eintreten.

Die wegen der starken Spannungsoberschwingungen entstehenden erhöhten Eisenverluste sind bei der Auslegung des Motors zu beachten.

11.1.2. Pulswechselrichter (Unterschwingungs-Wechselrichter). Eine Möglichkeit, den Frequenzbereich des Wechselrichters von der Netzfrequenz f_0 zu lösen, besteht darin, die Umformung $f_0 \rightarrow f_1$ in zwei Schritten auszuführen; man kommt so zu den Umrichtern mit Gleichstrom-Zwischenkreis.

Bild 11.4 zeigt das Grundschema; ein netzgeführter Stromrichter speist den Gleichstrom-Zwischenkreis mit einer konstanten oder veränderlichen Gleichspannung, die anschließend mit einem Wechselrichter in Drehstrom veränderlicher Frequenz und Amplitude umgewandelt wird. Zur Entkopplung des Wechselrichters vom Netzstromrichter enthält der Zwischenkreis meistens Filterelemente, so daß am Wechselrichtereingang die Netz-Oberschwingungen hinreichend gut gedämpft sind. Je nach der gewünschten Betriebsweise des Motors, z.B. Einquadrant- oder Mehrquadrant-Betrieb, muß der Netzstromrichter unterschiedlich ausgebaut werden. Bei manchen Anwendungen bieten Kombinationen von gesteuerten und ungesteuerten Stromrichtern die günstigste Lösung Der Zwischenkreis kann auch mit eingeprägtem Strom betrieben werden.

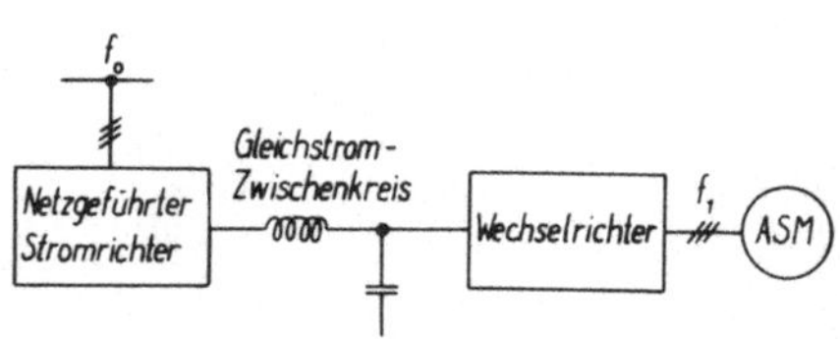

Bild 11.4

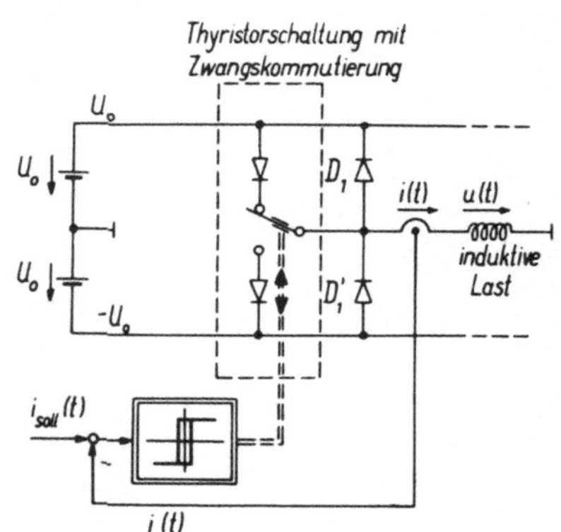

Bild 11.5

Beim Wechselrichterteil gibt es zahlreiche verschiedene Schaltungsvarianten. Wegen des Gleichstromkreises und des Fehlens einer eingeprägten Gegenspannung auf der Motorseite sind aber nur Schaltungen mit Zwangskommutierungen möglich.

Bild 11.5 zeigt das Grundprinzip einer einphasigen Schaltung, die es gestattet, aus einer Gleichspannungsquelle mit Mittelabgriff eine induktive, sonst aber beliebige passive oder aktive Last mit Wechselstrom zu speisen. Der angedeutete Umschalter ermöglicht es, die Last wahlweise an die positive oder negative Spannung U_0 zu legen. Der Strom i (t) kann wegen der Nebenschlußdioden D_1, D_1' in beiden Stellungen des Schalters positive oder negative Werte annehmen, er muß jedoch in der vom Schalter ausgewählten Sammelschiene fließen. Wird nun der Schalter durch einen Stromregler mit genügend hoher Frequenz und mit passend verändertem Tastverhältnis umgeschaltet, so läßt sich damit ein durch den Sollwert i_{soll} vorgegebener Wechselstrom niedriger Frequenz f_1 erzeugen. Man bezeichnet diesen Schaltungstyp deshalb auch als Puls- oder Unterschwingungs-Wechselrichter [75], [85].

In Bild 11.5 ist ein einfacher Zweipunktregler angenommen. Die mittlere Umschaltfrequenz wird deshalb im wesentlichen durch die Spannung U_0, die Induktivität des Lastkreises und die Hysterese des Reglers bestimmt; sie läßt sich somit in weiten Grenzen frei wählen z.B. [22]. Die in Bild 11.5 gezeichnete Anordnung wurde mit einem Rechenprogramm nachgebildet; die Ergebnisse für i_{soll}, i und u sind in Bild 11.6 für verschiedene Frequenzen f_1 dargestellt. Für die Spannung u (t) erhält man eine pulsbreitenmodulierte Rechteckspannung veränderlicher Frequenz, während sich der Stromverlauf aus Stücken von Exponentialfunktionen zusammensetzt, die den Sollwertverlauf innerhalb des Regler-Toleranzbandes begleiten.

Die als Unterschwingung in u (t) erkennbare Wechselkomponente (f_1) der Spannung steigt bei vorgegebener Stromamplitude wegen der induktiven Last mit der Frequenz an. Dadurch ergeben sich in Bild c) und d) bereits merkliche Übersteuerungseffekte mit zunehmenden Verzerrungen des Stromes. Anstelle des Zweipunktreglers, der eine variable Umschaltfrequenz zur Folge hat, bevorzugt man häufig Taktgeber mit fester Frequenz.

Wie durch die gestrichelten Fortsetzungen der beiden Sammelschienen in Bild 11.5 angedeutet ist, können alle Phasen eines Drehstromverbrauchers aus dem gleichen Zwischenkreis versorgt werden. Bei symmetrischer Stromvorgabe,

$$\sum_{0}^{3} i_{\nu\,soll}(t) = 0,$$

erübrigt sich der Anschluß des Sternpunktes, so daß die Unterteilung der Spannungsquelle entfällt. Wenn mehrere Verbraucher an einen einzigen Gleichstrom-Zwischen-

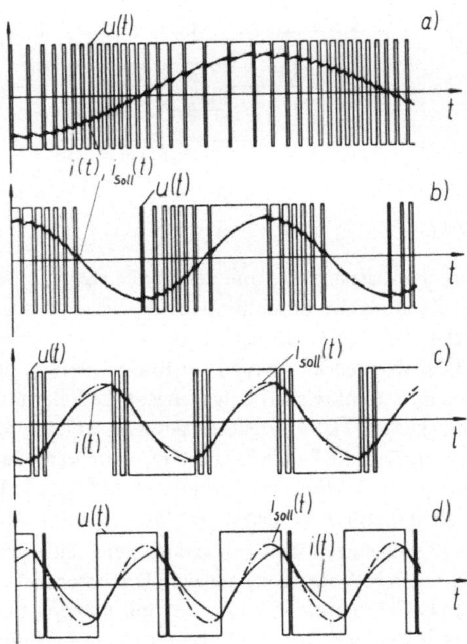

Bild 11.6

kreis angeschlossen sind, wird man im allgemeinen feste Taktraster verwenden, um Schwebungen zu vermeiden.

Ein gewichtiger Nachteil des Pulswechselrichters ist die relativ hohe Umschaltfrequenz; sie erfordert Thyristoren mit kleiner Freiwerdezeit und verursacht hohe Kommutierungsverluste. Auch führen die starken Spannungsoberschwingungen zu erhöhten Verlusten auf der Lastseite.

Bild 11.7 zeigt die vereinfachte Schaltung eines dreiphasigen Pulswechselrichters, der aus einem gemeinsamen Gleichstromzwischenkreis gespeist wird. Der in Bild 11.5 angedeutete mechanische Umschalter ist nun in jeder Phase durch zwei Hauptthyristoren (S_1, S_1') mit den zugehörigen Löschthyristoren (S_2, S_2'), einem Kommutierungskondensator C_k und zwei kleinen Kommutierungsinduktivitäten L_k, L_k' ersetzt. Eine Kommutierung geht damit etwa auf folgende Weise vor sich: Angenommen der Thyristor S_1

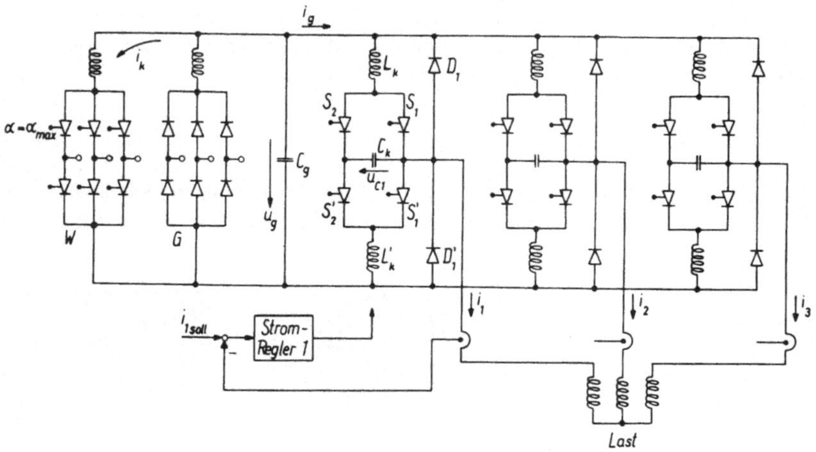

Bild 11.7

führe den Laststrom i_1 und der Kondensator C_k sei aufgeladen, $u_{C1} > 0$, dann führt eine Zündung des Löschthyristors S_2 wegen des Kurzschlußkreises S_1, C_k, S_2 zum Erlöschen von S_1; der Entladestrom fließt dann auf dem Wege S_2, C_k, D_1, L_k weiter, so daß der Kondensator wegen der Kommutierungsdrossel L_k und der Gleichrichterwirkung im Stromkreis auf entgegengesetzte Polarität umgeladen wird, $u_{C1} < 0$. Anschließend sind alle vier Thyristoren gesperrt, und der Motorstrom i_1 fließt, je nach Vorzeichen, über die Diode D_1 oder D_1'. Nun kann der Hauptthyristor S_1' wieder gezündet werden und das Spiel wiederholt sich mit S_1', S_2'. Die Zünd- und Löschzeitpunkte der Hauptthyristoren werden dabei durch den Stromregler bestimmt.

Der Zwischenkreis kann mit konstanter Gleichspannung betrieben werden; somit genügt für seine Versorgung aus dem Drehstromnetz die Parallelschaltung eines ungesteuerten Gleichrichters (G) und eines mit maximalem Zündwinkel betriebenen netzgeführten Wechselrichters (W). Damit ist ein Leistungsfluß in beiden Richtungen, d.h.

vom Drehstromnetz zum Verbraucher und umgekehrt, möglich. Die stromrichterseitigen Spannungen des Netztransformators können dabei so gewählt werden, daß ein kleiner Kreisstrom i_k von G nach W fließt. Dadurch ist sichergestellt, daß der Wechselrichter W ständig im Eingriff ist. Die bei der Überlagerung der Ströme in den drei Phasen möglicherweise entstehenden Stromspitzen werden durch einen Glättungskondensator C_g aufgenommen.

Um die Schaltfrequenz der Thyristoren und damit die Kommutierungsverluste zu vermindern, läßt sich der Pulswechselrichter auch so modifizieren, daß jeder Thyristor in jeder Periode der Ausgangsfrequenz f_1 nur einmal gezündet wird. Die Zündhäufigkeit wird dadurch wesentlich herabgesetzt, s. z.B. [78], [82]. Ein solches Steuerverfahren hat jedoch den Nachteil, daß der Ausgangsstrom auch nicht mehr angenähert Sinusform aufweist. Bei Verwendung einer Stromregelung im Gleichstromzwischenkreis kann der Stromvektor in der Ständerwicklung des Motors nur noch sechs quasistationäre Winkellagen bei vorgegebener Amplitude einnehmen; das Umspringen des Ständer-Durchflutungsvektors führt bei niedrigen Drehzahlen zu einem unruhigen Lauf des Motors.

11.2. Drehzahlregelung eines Asynchronmotors mit eingeprägtem sinusförmigen Ständerstrom und Schlupfbegrenzung

Die in Abschn. 11.1 erläuterten Stromrichterschaltungen sind als Stellglieder für die Speisung von Asynchronmotoren mit Wechselstrom variabler Frequenz geeignet.

Die Grundgleichungen der symmetrischen Asynchronmaschine für beliebigen zeitlichen Verlauf der Spannungen und Ströme wurden bereits in Abschn. 10.1 abgeleitet:

$$R_S \mathbf{i}_S(t) + L_S \frac{d\mathbf{i}_S}{dt} + L_h \frac{d}{dt}(\mathbf{i}_R\, e^{j\epsilon}) = \mathbf{u}_S(t)\,, \tag{1}$$

$$R_R \mathbf{i}_R(t) + L_R \frac{d\mathbf{i}_R}{dt} + L_h \frac{d}{dt}(\mathbf{i}_S\, e^{-j\epsilon}) = 0\,, \tag{2}$$

$$\mathbf{i}_S + \mathbf{i}_R\, e^{j\epsilon} = \mathbf{i}_m(t)\,, \tag{3}$$

$$m_a(t) = \frac{2}{3} L_h \operatorname{Im}(\mathbf{i}_S \overline{\mathbf{i}_R\, e^{j\epsilon}}) = \frac{2}{3} L_h \operatorname{Im}(\mathbf{i}_S \bar{\mathbf{i}}_m)\,, \tag{4}$$

$$\Theta \frac{d\omega}{dt} = m_a - m_w\,, \quad \frac{d\epsilon}{dt} = \omega\,. \tag{5, 6}$$

$\mathbf{i}_m(t)$ ist dabei der Vektor des Magnetisierungsstromes, $\omega(t)$ die Winkelgeschwindigkeit und $\epsilon(t)$ der mechanische Drehwinkel des Läufers.

Die Gleichungen sind nichtlinear; außerdem ergibt sich eine stark vermaschte Struktur (Bild 10.16). Wie schon erwähnt, hat sich bisher noch kein Universal-Regelverfahren durchgesetzt, das in der Lage ist, alle Wünsche zu erfüllen. Das Problem wird jedoch sehr vereinfacht, wenn man zu einer Speisung der Asynchronmaschine mit eingeprägten Ständerströmen anstelle der üblicherweise verwendeten eingeprägten Spannungen übergeht. Dies hat ja zur Folge, daß die Maschengleichung (1) das Regelverhalten des Motors nicht mehr beeinflußt und nur noch bei der Auslegung des Wechselrichters berücksichtigt zu werden braucht. Damit entfällt auch der Einfluß des Ständerwiderstandes, der bei niedriger Frequenz gegenüber den induktiven Komponenten stärker hervortritt. Mit den in Abschn. 11.1 beschriebenen Umrichtern mit Stromregelung lassen sich die eingeprägten Ständerströme auf einfache Weise verwirklichen.

Im folgenden wird zunächst ein Regelverfahren beschrieben, das zwar noch Mängel aufweist, aber wegen der Analogie zur Gleichstrommaschine interessant ist [73], [81], [82].

Ein wichtiger Grundsatz bei der Steuerung einer fremderregten Gleichstrommaschine war doch die Trennung in Ankerspannungs- und Feldschwächbereich:

Um einen möglichst kleinen Ankerstrom und maximale Überlastbarkeit zu erhalten, war es vorteilhaft, den Erregerfluß auf dem jeweils zulässigen Maximalwert zu halten; im Ankerspannungsbereich ist dieser Wert durch die Sättigung bestimmt, während im Feldschwächbereich die zulässige Ankerspannung eine obere Grenze für den Fluß bildet. Es liegt nahe, beim Asynchronmotor ein ähnliches Prinzip zu versuchen, wenn sich Schwankungen des Magnetisierungsstromvektors $\mathbf{i}_m$ nach Betrag und Winkelgeschwindigkeit im nichtstationären Zustand auch nicht ganz vermeiden lassen werden.

Nach Elimination des unbekannten Rotorstromes $\mathbf{i}_R$ aus Gl. (2), (3) folgt unter Berücksichtigung von Gl. (6) und mit der Abkürzung $L_h/R_R = T$ eine Differentialgleichung zwischen $\mathbf{i}_S$ und $\mathbf{i}_m$,

$$\begin{aligned}(1+\sigma_R)\,T\,\frac{d\mathbf{i}_m}{dt} + [1 - j\omega\,(1+\sigma_R)\,T]\,\mathbf{i}_m \\ = \sigma_R T\,\frac{d\mathbf{i}_S}{dt} + (1 - j\omega\sigma_R T)\,\mathbf{i}_S\,.\end{aligned} \tag{7}$$

Bei Speisung durch symmetrischen sinusförmigen Drehstrom mit dem Effektivwert I_S und der Frequenz ω_1 gilt im stationären Zustand (Abschn. 10.2),

$$\mathbf{i}_S(t) = \frac{3\sqrt{2}}{2}\,\tilde{I}_S\,e^{j\omega_1 t}, \quad \tilde{I}_S = \text{const}$$

und entsprechend

$$\mathbf{i}_m(t) = \frac{3\sqrt{2}}{2}\,\tilde{I}_m\,e^{j\omega_1 t}, \quad \tilde{I}_m = \text{const.}$$

Damit folgt aus Gl. (7)

$$\frac{\tilde{I}_S}{\tilde{I}_m} = \frac{1 + j\,(\omega_1 - \omega)(1+\sigma_R)\,T}{1 + j\,(\omega_1 - \omega)\,\sigma_R T}\,.$$

Im stationären Zustand und bei Speisung mit sinusförmigem Drehstrom besteht demnach zwischen $\tilde{I}_S$ und $\tilde{I}_m$ ein fester Zusammenhang, der nur von der Läuferfrequenz $\omega_1 - \omega = \omega_2$ abhängt.

Mit dem in Abschn. 10.2 eingeführten Nenn-Kippschlupf

$$s_k = \frac{R_R}{\omega_0 \, \sigma \, L_R}$$

gilt

$$\frac{\tilde{I}_S}{\tilde{I}_m} = \frac{1 + j \dfrac{1}{\sigma s_k} \dfrac{\omega_2}{\omega_0}}{1 + j \dfrac{1}{\sigma s_k} \dfrac{\sigma_R}{1 + \sigma_R} \dfrac{\omega_2}{\omega_0}} \,. \tag{8}$$

mit dem Betragsquadrat

$$\left(\frac{I_S}{I_m}\right)^2 = \frac{1 + \left(\dfrac{1}{\sigma s_k}\right)^2 \left(\dfrac{\omega_2}{\omega_0}\right)^2}{1 + \left(\dfrac{1}{\sigma s_k} \dfrac{\sigma_R}{1 + \sigma_R}\right)^2 \left(\dfrac{\omega_2}{\omega_0}\right)^2} \,. \tag{8a}$$

Die durch Gl. (8a) beschriebene Funktion kennzeichnet den Zusammenhang zwischen den symmetrischen Ständerströmen und dem Magnetisierungsstrom im stationären Zustand; die Funktion ist, abgesehen von den Maschinenparametern, nur von der normierten Schlupffrequenz ω_2/ω_0 abhängig.

Mit Hilfe eines entsprechenden Funktionsgebers $I_S(\omega_2)$ ist es somit möglich, den Sollwert der Ständerströme I_S aufgrund der jeweils vorliegenden Läuferfrequenz so vorzugeben, daß der Magnetisierungsstrom-Zeiger $\tilde{I}_m$ betragsmäßig dem Nennwert, d.h. angenähert dem Leerlaufstrom I_{S0} bei Nennspannung U_{S0} und Nennfrequenz ω_0, entspricht. Das Drehmoment des mit eingeprägten sinusförmigen Ständerströmen der Frequenz ω_1 gespeisten Motors folgt dann mit $\tilde{I}_m/I_{S0} \approx I_{S0}/\tilde{I}_m$ aus Gl. (4)

$$m_a \approx 3 \, L_h I_{S0}^2 \; \mathrm{Im} \frac{\tilde{I}_S}{\tilde{I}_m} \,.$$

Da $\tilde{I}_S/\tilde{I}_m$ durch Gl. (8) bestimmt wird, ist das Drehmoment nur noch von der Läuferfrequenz abhängig. Für verschiedene Werte der Ständerfrequenz $\omega_1 = \text{const}$ erhält man

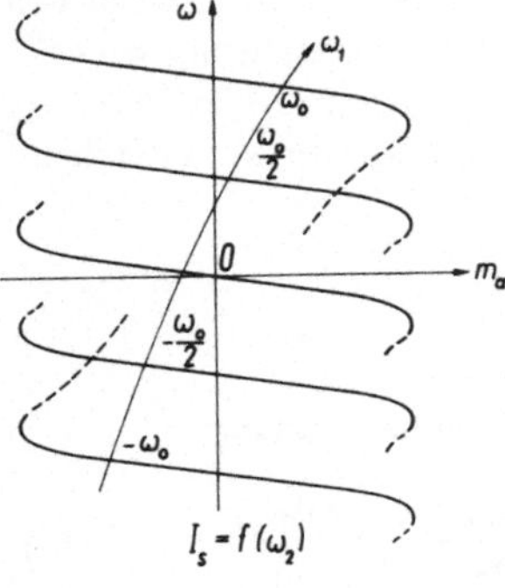

Bild 11.8

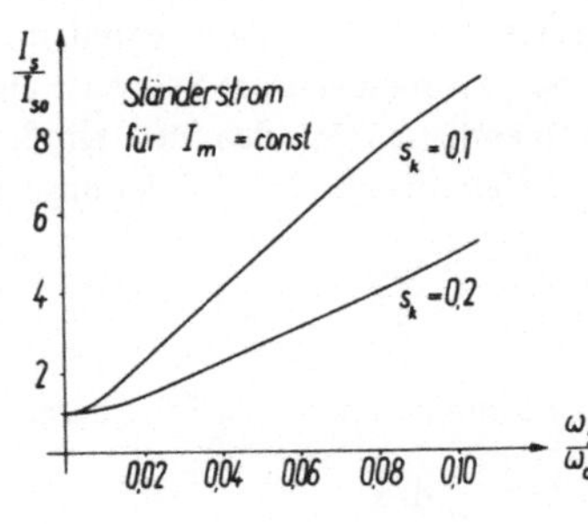

Bild 11.9

somit die in Bild 11.8 skizzierten Kennlinien. Sie gehen durch Parallelverschiebung längs der ω-Achse auseinander hervor und gelten in allen Quadranten; durch eine Begrenzung muß dafür gesorgt werden, daß die gestrichelt eingetragenen Äste nicht erreicht werden. Damit ist eine vollständige Analogie zur Gleichstrommaschine hergestellt.

Allerdings ist zu bedenken, daß die konstante Magnetisierungsdurchflutung nur auf einer Steuerung beruht; es sind also beträchtliche Abweichungen möglich. Eine Schwierigkeit besteht z.B. darin, daß Gl. (8a) über den Kippschlupf s_k auch vom Läuferwiderstand R_R abhängt, der sich bei hochausgenutzten Kurzschlußläufermotoren während des Betriebes auf den doppelten Wert erhöhen kann [91]. Da eine genaue Temperaturkompensation des Funktionsgebers im allgemeinen nicht möglich ist, resultiert daraus ein falscher Vorgabewert für den Ständerstrom; in Bild 11.9 ist die Kurve I_S/I_{S0} (ω_2/ω_0) für zwei verschiedene Werte des Läuferwiderstandes skizziert.

Eine weitere Teilaufgabe der Regelung besteht in der Umwandlung des vom Funktionsgeber gelieferten Strombetrages I_S (ω_2) in drei sinusförmige Ständerstrom-Sollwerte $i_{S1,\,soll}(t)$, $i_{S2,\,soll}(t)$, $i_{S3,\,soll}(t)$ veränderlicher Frequenz. Es handelt sich hierbei um einen Modulationsvorgang, der auf verschiedene Weise verwirklicht werden kann.

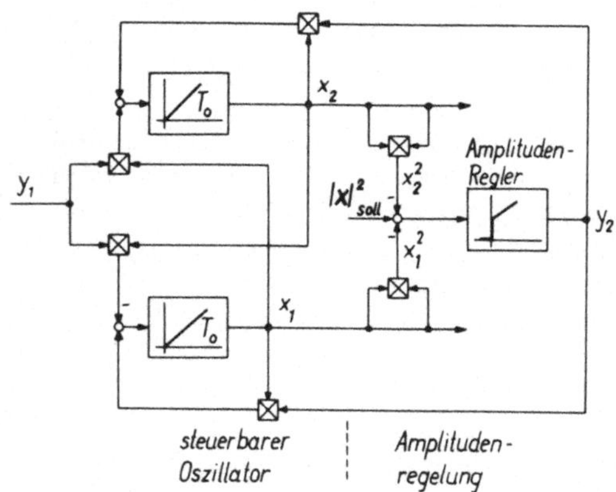

Bild 11.10

Bild 11.10 zeigt als Beispiel das Blockschaltbild eines amplitudengeregelten Zweiphasen-Oszillators (z.B. [81]) mit veränderlicher Frequenz, der sich für die Erzeugung der gewünschten Ständerstrom-Sollwerte eignet. Eine ähnliche Struktur ist auch in Bild 10.16 enthalten. Mit den Steuergrößen y_1, y_2 und den Ausgangsgrößen x_1, x_2 lauten die Differentialgleichungen des ungeregelten Oszillators

$$T_0 \frac{dx_1}{dt} = -y_1 x_2 + y_2 x_1 \;, \; T_0 \frac{dx_2}{dt} = y_1 x_1 + y_2 x_2 \;.$$

Nach Elimination von x_2 folgt daraus die nichtlineare Differentialgleichung

$$T_0^2 \frac{d^2 x_1}{dt^2} - 2\, y_2 T_0 \frac{dx_1}{dt} + (y_1^2 + y_2^2) x_1 = -x_2 T_0 \frac{dy_1}{dt} + x_1 T_0 \frac{dy_2}{dt} \;. \tag{9}$$

Mit konstanten Steuergrößen, y_1, y_2 = const, entsteht eine lineare, homogene Differentialgleichung 2. Ordnung, deren charakteristische Gleichung,

$$T_0^2 p^2 - 2 y_2 T_0 p + y_1^2 + y_2^2 = 0 ,$$

die beiden Lösungen

$$p_{1,2} = \omega_0 (y_2 \pm j y_1) , \quad \omega_0 = \frac{1}{T_0} , \tag{10}$$

aufweist. Die beiden Steuergrößen y_1, y_2 bewirken somit eine entkoppelte, orthogonale Verschiebung der Eigenwerte in der p-Ebene. Für $y_1 = \text{const} \neq 0$, $y_2 = 0$ entsteht eine ungedämpfte Schwingung mit der einstellbaren Frequenz $\omega_1 = y_1 \omega_0$. Bei Vorzeichenwechsel von y_1 kehrt sich die Phasenfolge um. In entsprechender Weise ergibt sich für $y_2 < 0$ eine gedämpfte und für $y_2 > 0$ eine aufklingende Schwingung.
Da es im stationären Betrieb notwendig ist, die Schwingungsamplitude $|\mathbf{x}| = \sqrt{x_1^2 + x_2^2}$ auf einen vorgegebenen Sollwert einzustellen, ist eine Amplitudenregelung erforderlich, die in Bild 11.10 ebenfalls eingetragen ist; bei Vorgabe von $|\mathbf{x}|^2_{soll}$ als Sollwert kann die Bildung der Wurzel entfallen; y_2 ist die Stellgröße für die Amplitude. Der Regelkreis ist zwar nichtlinear, doch ist die nichtlineare Funktion unkritisch, so daß ein PI-Regler ausreicht.

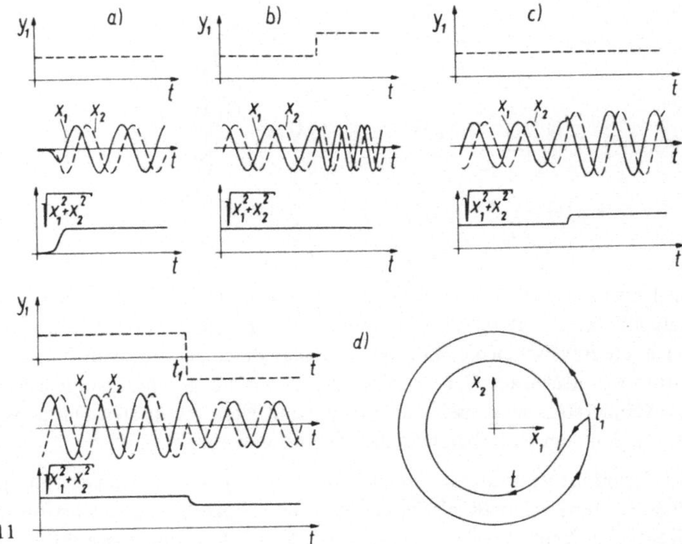

Bild 11.11

In Bild 11.11 sind einige gerechnete Einschwingvorgänge der in Bild 11.10 gezeichneten Schaltung dargestellt. Dabei sind sowohl zeitliche Verläufe x_1 (t), x_2 (t), $|\mathbf{x}(t)|$ als auch Zustandskurven x_2 (x_1) aufgetragen. Sie zeigen, daß der Oszillator auf Änderungen von y_1 und $|\mathbf{x}|^2_{soll}$ rasch und doch gut gedämpft reagiert. Bei einer sprungförmigen Änderung von y_1 entsteht keinerlei Einschwingvorgang, da der Oszillator einfach mit den gerade vorliegenden Anfangsbedingungen und der neuen Frequenz weiterschwingt. Der Ausgangsvektor $\mathbf{x} = x_1(t) + jx_2(t)$ ist eine stetige Funktion, dessen Komponenten sich gut als Strom-Führungsgrößen eignen; die Stromregelkreise werden dadurch in die Lage versetzt, die Motorströme mit geringen dynamischen Fehlern nachzuführen.

Da die Motoren üblicherweise dreiphasige Wicklungen haben, ist aus dem Zweiphasensystem x_1, x_2 ein gleichwertiges Dreiphasensystem w_1, w_2, w_3 zu bilden. Mit der Normierung $\hat{x}_i = \hat{w}_i$ lautet die Äquivalenzbedingung

$$\mathbf{x}(t) = x_1 + jx_2 = \frac{2}{3}(w_1 + e^{j\gamma} w_2 + e^{-j\gamma} w_3), \quad \gamma = \frac{2\pi}{3}. \tag{11a}$$

Die Eindeutigkeit der Abbildung auf das Dreiphasensystem wird durch die Nebenbedingung

$$w_1 + w_2 + w_3 = 0 \tag{11b}$$

erreicht; dadurch ist gleichzeitig sichergestellt, daß die Ständerstrom-Sollwerte keine Nullkomponente enthalten.

Aus Gl. (11) erhält man die normierten Sollwerte für die Ständerstrom-Regelung

$$w_1(t) = x_1(t) \qquad \equiv \frac{i_{S1}(t)_{soll}}{I_{S0}},$$

$$w_2(t) = \frac{1}{2}[-x_1(t) + \sqrt{3}\, x_2(t)] \equiv \frac{i_{S2}(t)_{soll}}{I_{S0}},$$

$$w_3(t) = \frac{1}{2}[-x_1(t) - \sqrt{3}\, x_2(t)] \equiv \frac{i_{S3}(t)_{soll}}{I_{S0}}.$$

Sie lassen sich auf einfache Weise als Linearkombinationen aus den Zweiphasen-Komponenten $x_1(t)$, $x_2(t)$ bilden (Phasenspaltung). Damit entsteht das in Bild 11.12 gezeichnete Regelschema einer Asynchronmaschine. Der Motor wird dabei aus geeigneten Stromrichterschaltungen (z.B. Abschn. 11.1) mit angenähert sinusförmigen eingeprägten Ständerströmen gespeist; die hierzu benötigten normierten Führungsgrößen w_1, w_2, w_3 werden dem steuerbaren Oszillator entnommen.

Die Stellgröße $y_1 = \omega_1/\omega_0$, die den Wert der Ständerfrequenz bestimmt, wird durch einen Läuferfrequenz-Regler vorgegeben, dem, analog zum Gleichstromantrieb, der eigentliche Drehzahlregler überlagert ist. Der Läuferfrequenz-Regelkreis dient einmal dazu, den nichtlinearen Teil der Regelstrecke (Sollwertoszillator, Stromrichter, Motor) zu untergliedern; zum anderen läßt sich damit eine einfache Begrenzung der Läuferfrequenz erreichen, z.B. auf den linearen Teil der $m_a(\omega_2)$-Kennlinie oder auf Werte unterhalb der Kippgrenze [73]. Der Läuferfrequenz-Regelkreis ist somit ein Ersatz für einen Drehmoment-Regelkreis. Der aus $y_1 = \omega_1/\omega_0$ und einem Drehzahlsignal ω/ω_0 gebildete Meßwert der Läuferfrequenz ω_2/ω_0 dient als Istwert für den inneren Regelkreis und als Eingangsgröße des Funktionsgebers für den Betrag der Ständerstrom-Sollwerte. Bei diesem Regelverfahren wird die Ständerfrequenz $\omega_1 = y_1 \omega_0$ also aus der jeweiligen Drehzahl (ω) und dem erforderlichen Drehmoment bestimmt, jedenfalls solange keine Begrenzung eintritt.

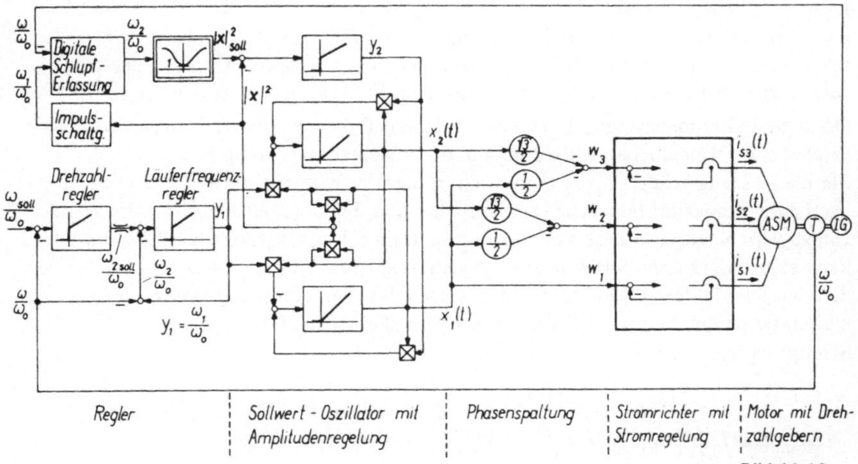

Bild 11.12

Bei größeren Motoren mit geringem Kippschlupf ($s_k < 0{,}1$) ist der Meßwert für die Läuferfrequenz als Differenz zweier nahezu gleich großer Signale zu bilden, $\omega_2 = \omega_1 - \omega \ll \omega_1$; geringe Abbildungsfehler wirken sich dann stark auf die Genauigkeit von ω_2 und damit die Stromamplitude aus. Es kann deshalb vorteilhaft sein, den Frequenzvergleich digital, d.h. zählend, auszuführen, wie dies in Bild 11.12 angedeutet ist. Bild 11.13 zeigt die Struktur einer für diesen Zweck geeigneten Rechenschaltung [86]; die Eingangsgrößen sind dabei Impulsreihen, nämlich die dem Sollwertoszillator entnommene Ständerfrequenz ω_1 und die mit einem Impulsgeber gewonnene drehzahlproportionale Frequenz ω. Bei Bedarf können die Impulsreihen vor der Verarbeitung vervielfacht werden, um die zeitliche Auflösung zu verbessern [87]. In Bild 11.12 ist z.B. das digitale Signal für ω_1 den Größen x_1^2, x_2^2 des Amplitudenregelkreises entnommen, so daß bereits eine Frequenz-Vervierfachung erreicht wird.

Die Impulsreihen mit den Frequenzen ω_1 und ω sowie eine rückgeführte Frequenz ω_R werden nach Bild 11.13 im Differenzgatter unter Berücksichtigung der angegebenen

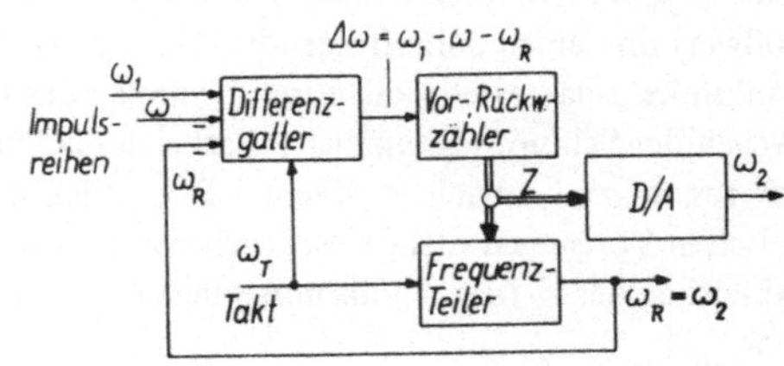

Bild 11.13

Vorzeichen Impuls für Impuls ausgewertet, so daß eine Differenz-Impulsreihe $\Delta\omega = \omega_1 - \omega - \omega_R$ entsteht, die einem Vor-Rückwärtszähler zugeführt wird. Dessen Zählerstand z steuert einen elektronischen Frequenzteiler, der die rückgeführte Impulsfolge der Frequenz $\omega_R = \omega_T z/z_{max}$ erzeugt. Im stationären Zustand ist dieser Regelkreis abgeglichen, d.h. es gilt $\Delta\omega \approx 0$ oder $\omega_R \approx \omega_1 - \omega = \omega_2$. Der Stand z des Vor-Rückwärtszählers ist damit der Läuferfrequenz ω_2 genau proportional. Mit einem Digital-Analogwandler läßt sich der Zählerstand in einen Analogwert abbilden. Es kann auch vorteilhaft sein, den D/A-Wandler mit dem Funktionsgeber zu vereinigen [88].

Der digitale Frequenzvergleich hat den Vorzug, daß die bei einem analogen Frequenzvergleich unvermeidlichen Abbildungs- und Driftfehler vollständig eliminiert werden. Für die Ausgangsgröße $z \sim \omega_2$ ergibt sich infolge der Wirkung des Meßkreises ein je nach Zählerkapazität feinstufig veränderlicher und digital geglätteter Funktionsverlauf. Um zu vermeiden, daß diese Verzögerung auch im Schlupfregelkreis wirksam wird, kann es günstiger sein, dort eine analoge Differenzbildung für $\omega_2 = \omega_1 - \omega$ zu verwenden und Driftfehler in Kauf zu nehmen; wegen des übergeordneten Drehzahlregelkreises wirken sie sich nicht auf die Drehzahl, sondern allenfalls auf die Genauigkeit der Schlupfbegrenzung aus.

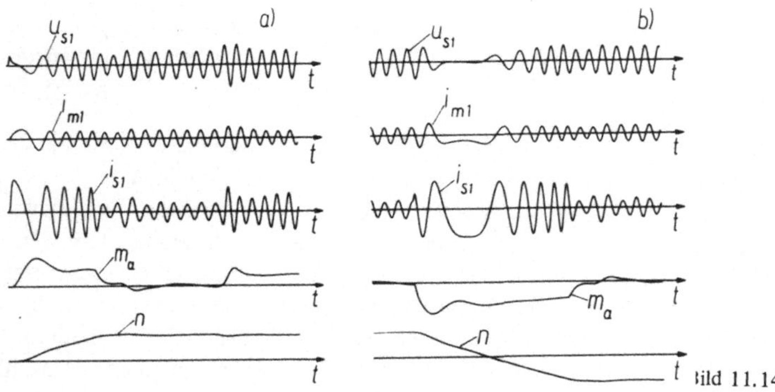

Bild 11.14

In Bild 11.14 sind einige Einschwingvorgänge dargestellt, die mit einer digitalen Nachbildung der in Bild 11.12 gezeichneten Anordnung gefunden wurden. Die Stromregelkreise, unter Einschluß der Stromrichter, wurden dabei der Einfachheit halber durch lineare Verzögerungsglieder, die Asynchronmaschine dagegen durch Dgl. (1) bis (6) nachgebildet [104].

Bild 11.14a zeigt einen Anlauf des Motors bei sprungförmig vorgegebenem Drehzahlsollwert und einen darauffolgenden Belastungsvorgang. In Bild 11.14b ist eine Drehzahlumkehr dargestellt, die durch Umpolen des Drehzahlsollwertes ausgelöst wurde. Wegen der Schlupfbegrenzung ändert sich die Drehzahl etwa linear mit der Zeit. Es ist interessant zu beobachten, daß der Betrag des Magnetisierungsstromes auch bei dynamischen Vorgängen nicht wesentlich von seinem Sollwert abweicht, obwohl bei der Ableitung des $I_S(\omega_2)$-Funktionsgebers ein stationärer Zustand vorausgesetzt worden war.

11.3. Drehzahlregelung eines Asynchronmotors unter Verwendung von Feldkoordinaten

Aufbauend auf [80], [81] hat Blaschke [83], [84], [110] ein Verfahren zur Regelung von Asynchronmotoren vorgeschlagen, das sich durch besondere Systematik auszeichnet. Während es sich vorher um eine indirekte Steuerung des Magnetisierungsstromvektors handelte, werden nun die Ständerstrom-Sollwerte aufgrund einer Flußmessung ermittelt. Das Verfahren liefert auch im nichtstationären Zustand richtige Ergebnisse; der störende Einfluß des temperaturabhängigen Läuferwiderstandes entfällt. Diese Vorteile werden allerdings durch zusätzliche Meßgeber erkauft, deren Einbau mit praktischen Schwierigkeiten verbunden sein kann. Auch hier ist es zweckmäßig, mit eingeprägten Ständerströmen zu arbeiten. Der Einfachheit halber wird als Stromversorgung wieder eine Umrichterschaltung mit Stromregelung angenommen (Abschn. 11.1).

Aus der früher abgeleiteten Beziehung

$$m_a(t) = \frac{2}{3} L_h \operatorname{Im}(\mathbf{i}_S \overline{\mathbf{i}_m}) \tag{4}$$

geht hervor, daß das Drehmoment dem Vektorprodukt aus $\mathbf{i}_S$ und $\mathbf{i}_m$ entspricht, d.h. dem Produkt der Beträge und dem Sinus des Zwischenwinkels proportional ist. Um eine Entkopplung der Regelstrecke zu erreichen, liegt deshalb der Gedanke nahe, $\mathbf{i}_S$ in eine Längs- und Querkomponente bezüglich des Magnetisierungsstromvektors $\mathbf{i}_m$ zu zerlegen, d.h. Feldkoordinaten einzuführen. Mit der Längskomponente des Ständerstromvektors läßt sich dann der Erregerfluß, mit der Querkomponente das Drehmoment steuern, ähnlich wie bei der Gleichstrommaschine. Besonders einfache Beziehungen entstehen, wenn als Bezugsgröße nicht der dem Nutzfluß, sondern der dem Läuferfluß entsprechende Magnetisierungsstromvektor.

$$\mathbf{i}_{mR}(t) = \mathbf{i}_m + \sigma_R \mathbf{i}_R e^{j\epsilon} = (1 + \sigma_R)\,\mathbf{i}_m - \sigma_R \mathbf{i}_S, \tag{12}$$

verwendet wird.

Einsetzen in die durch Elimination des Rotorstromes $\mathbf{i}_R$ gewonnene Gl. (7) führt mit $L_R/R_R = (1 + \sigma_R)\,T = T'_R$ auf

$$T'_R \frac{d\mathbf{i}_{mR}}{dt} + (1 - j\omega T'_R)\,\mathbf{i}_{mR} = \mathbf{i}_S(t). \tag{13}$$

$\mathbf{i}_S(t)$ und $\mathbf{i}_{mR}$ sind dabei im feststehenden Ständer-Koordinatensystem definiert; der zeitliche Verlauf der Ständerströme ist beliebig.

Bei Ansatz in Polarkoordinaten,

$$\mathbf{i}_{mR}(t) = |\mathbf{i}_{mR}(t)|\, e^{j\rho(t)}, \quad \mathbf{i}_S(t) = |\mathbf{i}_S(t)|\, e^{j\zeta(t)} \tag{14}$$

sind

$$\omega_{mR}(t) = \frac{d\rho}{dt}, \quad \omega_1(t) = \frac{d\zeta}{dt} \tag{15}$$

die momentanen Winkelgeschwindigkeiten des Magnetisierungsstrom- bzw. Ständerstrom-Vektors. Durch Ableitung von Gl. (14a) erhält man

$$\frac{d\mathbf{i}_{mR}}{dt} = \left[\frac{d\,|\mathbf{i}_{mR}|}{dt} + j\omega_{mR}\,|\mathbf{i}_{mR}|\right] e^{j\rho\,(t)}. \tag{16}$$

Einsetzen von Gl. (14), (16) in Gl. (13) und Erweiterung mit $e^{-j\rho\,(t)}$ führt nach einer Zwischenrechnung auf

$$T'_R \frac{d\,|\mathbf{i}_{mR}|}{dt} + [1 + j\,(\omega_{mR} - \omega)\,T'_R]\,|\mathbf{i}_{mR}| = \mathbf{i}_S\, e^{-j\rho}. \tag{17}$$

Der hierin auftretende Ausdruck

$$\mathbf{i}_S\, e^{-j\rho} = |\mathbf{i}_S|\, e^{j\,(\zeta - \rho)} = |\mathbf{i}_S|\, e^{j\delta\,(t)}, \quad \delta = \zeta - \rho,$$

entspricht dem Ständerstrom-Vektor in einem mit dem Magnetisierungsstrom-Vektor (Läuferfluß-Vektor) umlaufenden Koordinaten-System (Feld-Koordinaten); in Bild 11.15 ist dies graphisch dargestellt.

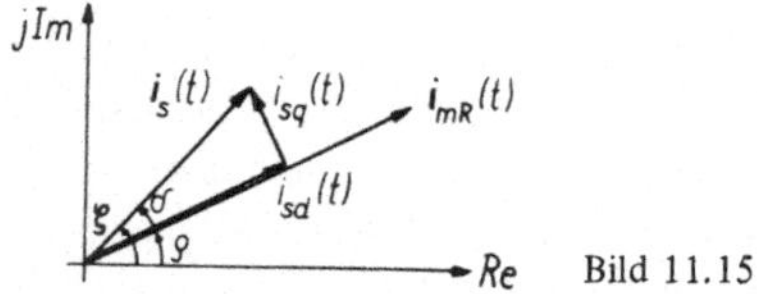

Bild 11.15

Eine Zerlegung von Gl. (17) in Real- und Imaginärteil ergibt mit $|\mathbf{i}_{mR}| = i_{mR}$

$$T'_R \frac{di_{mR}}{dt} + i_{mR} = |\mathbf{i}_S| \cos\delta = i_{Sd}\,(t) \tag{18a}$$

$$(\omega_{mR} - \omega)\,T'_R\, i_{mR} = |\mathbf{i}_S| \sin\delta = i_{Sq}\,(t). \tag{18b}$$

i_{Sd} und i_{Sq} sind die Längs- und Querkomponenten des Ständerstrom-Vektors im Feld-Koordinatensystem. Durch die Komponentenzerlegung ergeben sich somit zwei reelle Differentialgleichungen, die das Spannungsgleichgewicht im Rotorkreis in der Längs- und Querrichtung zum Flußvektor beschreiben.

Gl. (18b) läßt sich unter Verwendung von Gl. (15b) auch als Differentialgleichung für den Drehwinkel ρ (t) des Magnetisierungsstromvektors $\mathbf{i}_{mR}$ (t) schreiben,

$$T'_R \frac{d\rho}{dt} = \frac{i_{Sq}}{i_{mR}} + \omega\, T'_R. \tag{19}$$

Das Drehmoment (Gl. 4) wird ebenfalls in einfacher Weise durch die Stromkomponenten ausgedrückt,

$$m_a\,(t) = \frac{2}{3} L_h\, \mathrm{Im}\,(\mathbf{i}_S \overline{\mathbf{i}_m}) = \frac{2}{3} \frac{L_h}{1 + \sigma_R}\, i_{mR}\, i_{Sq}. \tag{20}$$

Gl. (18) bis (20) sind nun mit den in Abschn. 10.3 eingeführten Bezugsgrößen zu normieren:
ω_0 Nennkreisfrequenz; U_{S0} Nenn-Ständerspannung je Phase; m_{k0} Kippmoment bei Speisung mit U_{S0}; I_{S0} Leerlaufstrom bei Speisung mit U_{S0}, ω_0; $I_{m0} = (3/2)\, I_{S0}$ auf zweiphasige Ständerwicklung umgerechneter Leerlaufstrom (Effektivwerte).
Daraus folgt

$$T'_R \frac{d}{dt}\left(\frac{i_{mR}}{I_{m0}}\right) + \frac{i_{mR}}{I_{m0}} = \frac{i_{Sd}}{I_{m0}}(t), \tag{21a}$$

$$\frac{1}{\omega_0}\frac{d\rho}{dt} = \frac{\omega_{mR}}{\omega_0} = \frac{1}{\omega_0 T'_R}\,\frac{\dfrac{i_{Sq}}{I_{m0}}(t)}{\dfrac{i_{mR}}{I_{m0}}(t)} + \frac{\omega}{\omega_0}, \tag{21b}$$

$$\frac{m_a}{m_{k0}} = \sigma\,\frac{i_{mR}}{I_{m0}}\cdot\frac{i_{Sq}}{I_{m0}}. \tag{21c}$$

Gl. (5), (6) für den mechanischen Vorgang erhalten die Form

$$T_m \frac{d\dfrac{\omega}{\omega_0}}{dt} = \frac{m_a}{m_{k0}} - \frac{m_w}{m_{k0}}, \quad T_m = \frac{\Theta\omega_0}{m_{k0}}, \tag{5}$$

$$\frac{1}{\omega_0}\frac{d\epsilon}{dt} = \frac{\omega}{\omega_0}. \tag{6}$$

In Bild 11.16 ist das zugehörige Strukturbild der Asynchronmaschine in Feldkoordinaten gezeichnet. Ausgehend von den drei als eingeprägt angenommenen Ständerströmen $i_{S1}(t)$, $i_{S2}(t)$, $i_{S3}(t)$ wird dabei zunächst ein äquivalentes zweiphasiges Ständerstromsystem gebildet,

$$\mathbf{i}_S(t) = i_{S1} + e^{j\gamma} i_{S2} + e^{-j\gamma} i_{S3} = i_{Sa}(t) + j\, i_{Sb}(t), \quad \gamma = \frac{2\pi}{3}.$$

Mit der Zusatzbedingung für isolierten Sternpunkt der Ständerwicklung

$$i_{S1} + i_{S2} + i_{S3} = 0,$$

folgt $$i_{Sa}(t) = \frac{3}{2}\, i_{S1}(t),$$

$$i_{Sb}(t) = \frac{\sqrt{3}}{2}\,[i_{S2}(t) - i_{S3}(t)].$$

i_{Sa}, i_{Sb} sind im stationären Zustand sinusförmige Wechselströme.

Nach Normierung mit dem jeweils zugehörigen Leerlaufstrom gilt

$$\frac{i_{Sa}}{I_{m0}}(t) = \frac{i_{S1}(t)}{I_{S0}}, \quad \frac{i_{Sb}}{I_{m0}}(t) = \frac{1}{\sqrt{3}}\left(\frac{i_{S2}}{I_{S0}} - \frac{i_{S3}}{I_{S0}}\right). \tag{22}$$

I_{S0} ist dabei der dreiphasige Nenn-Leerlaufstrom der Maschine.

Die Transformation der Ständerströme in das feldorientierte Koordinatensystem erfolgt gemäß

$$\frac{\mathbf{i}_S(t)}{I_{m0}} e^{-j\rho(t)} = \left(\frac{i_{Sa}}{I_{m0}} + j\frac{i_{Sb}}{I_{m0}}\right)(\cos\rho - j\sin\rho)$$

$$= \frac{i_{Sa}}{I_{m0}}(t)\cos\rho(t) + \frac{i_{Sb}}{I_{m0}}\sin\rho + j\left[\frac{i_{Sb}}{I_{m0}}\cos\rho - \frac{i_{Sa}}{I_{m0}}\sin\rho\right] \tag{23}$$

$$= \frac{i_{Sd}}{I_{m0}}(t) + j\frac{i_{Sq}}{I_{m0}}(t).$$

Diese „Demodulation" der Wechselgrößen i_{S1}, i_{S2}, i_{S3} in die – im stationären Fall konstanten – feldorientierten Größen i_{Sd}, i_{Sq} wird durch den Winkel $\rho(t)$ gesteuert, d.h. sie erfolgt aufgrund der tatsächlichen Lage des Feldvektors $\mathbf{i}_{mR}(t)$.

Die entstehenden feldorientierten Stromkomponenten i_{Sd}, i_{Sq} stellen die Anregungsgrößen der Differentialgleichungen (21) dar. Gl. (21b) enthält eine Quotientenbildung, die in Bild 11.16 durch Multiplikation im Rückführzweig eines Integrators nachgebildet ist.

Die Verwendung der umlaufenden Feldkoordinaten ermöglicht einen besonders guten

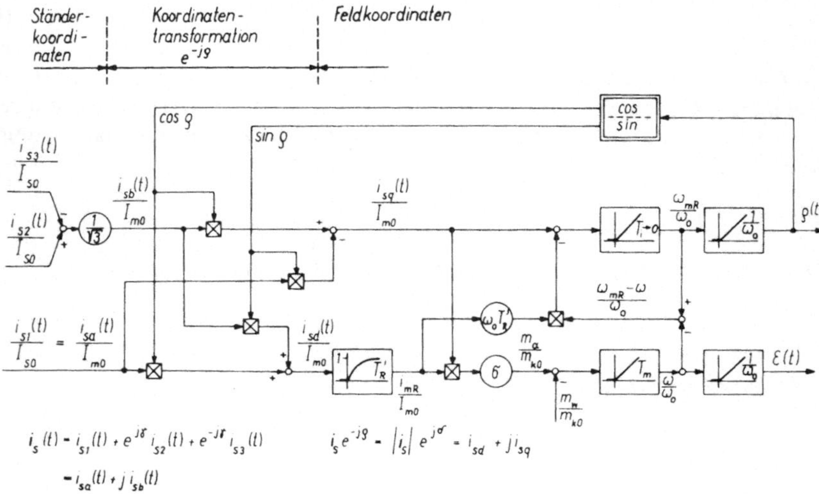

Bild 11.16

Einblick in die Wirkungsweise des frequenzgesteuerten Asynchronmotors. Man erkennt zum Beispiel, daß das Hauptfeld nur mit einer größeren Verzögerung $(1 + \sigma_R) T = T'_R$ über die Längskomponente des Ständerstromes beeinflußt werden kann, während sich das Drehmoment, ähnlich wie beim ankergesteuerten Gleichstrommotor, mit Hilfe der Querkomponente des Stromes schnell verändern läßt. Die der Ankerzeitkonstanten beim Gleichstrommotor entsprechende Streuzeitkonstante tritt wegen der Annahme eingeprägter Ständerströme nicht in Erscheinung.

Das Ziel der Regelung muß es also sein, die Längskomponente i_{Sd} des Ständerstromes auf einem durch die Sättigung oder die verfügbare Ständerspannung begrenzten Wert zu halten und mit der Querkomponente i_{Sq} das Drehmoment zu steuern.

Das Hauptproblem besteht darin, die beiden maschineninternen Rechengrößen i_{Sd}, i_{Sq} aufgrund indirekter Messungen oder durch Rechnung zu gewinnen. Dies ist nicht ohne weiteres möglich, da die vom Magnetisierungsstromvektor definierte „Längsachse" nicht feststeht wie bei der Gleichstrommaschine und auch nicht mit dem Läufer verbunden ist wie bei der Synchronmaschine, sondern sich als Resultierende der Ständer- und Läuferdurchflutung einstellt. Der Läuferstrom ist bei einem Kurzschlußläufermotor aber nicht ohne Schwierigkeiten erfaßbar.

Unter Verwendung von Gl. (13) wäre es zwar möglich, in einem „Modell" den Magnetisierungsstromvektor nach Betrag und Winkel aus Meßwerten der Ständerströme und der Drehzahl zu bilden, doch ist dann wieder der störende Einfluß des veränderlichen Läuferwiderstandes zu beachten. Da eine Kompensation des Modelles mit der Läufertemperatur nicht ohne Schwierigkeiten möglich ist, erscheint es besser, auf das Modell zu verzichten und statt dessen zu versuchen, Betrag und Winkel der Flußwelle unmittelbar zu messen. Dies kann z.B. mit Hallsonden geschehen, die an verschiedenen Stellen im Luftspalt der Maschine angebracht werden. Der sichere Einbau der Sonden stellt allerdings schwierige konstruktive Probleme [90].

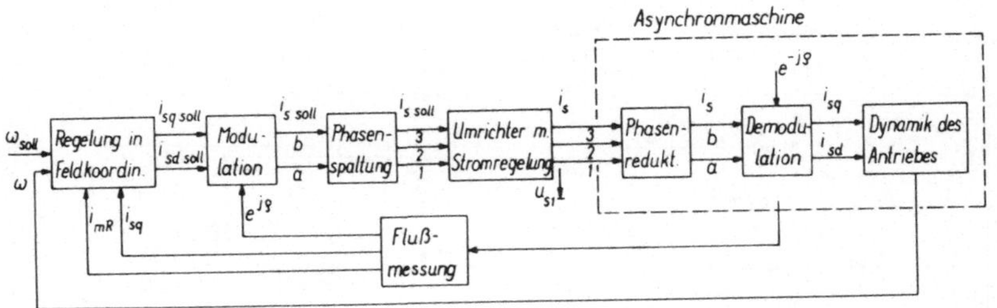

Bild 11.17

Das von Blaschke vorgeschlagene und in Bild 11.17 im Prinzip skizzierte Regelprinzip besteht darin, zunächst die für einen bestimmten Betriebszustand (m_a, ω) erforderlichen feldorientierten Stromkomponenten $i_{d\ soll}$ und $i_{q\ soll}$ zu bestimmen und aus diesen Größen durch Modulation mit dem Winkel ρ (t) des Magnetisierungsstromvektors (Transformation in das Ständer-Koordinatensystem) die Ständerstrom-Sollwerte $i_{S1\ soll}$ usw. zu gewinnen. Die Berechnung geschieht wieder in zwei Schritten; zunächst wird ein zweiphasiges und daraus durch Phasenspaltung das eigentliche dreiphasige Sollwertsystem gebildet, das die Führungsgrößen für den Umrichter darstellt.

Der eigentliche Grundgedanke folgt aus der Symmetrie der in Bild 11.17 gezeichneten Struktur. Falls nämlich die Verzögerung des geregelten Umrichters vernachlässigt werden kann – die Verstärkung ist wegen der Stromregelung etwa gleich Eins – heben sich die Operationspaare Phasenspaltung und Phasenreduktion bzw. Modulation und Demodulation gerade auf und der zwischen $(i_{Sd}, i_{Sq})_{soll}$ und $(i_{Sd}, i_{Sq})_{ist}$ liegende Teil in Ständerkoordinaten kann unbeachtet bleiben. Die Regelung der verbleibenden Strecke ist dann äußerst einfach; insbesondere entfallen die durch die Wechselgrößen verursachten Schwierigkeiten. Die restliche Strecke umfaßt ja nur noch Größen, die im stationären Zustand des Antriebes konstant sind. Es handelt sich bei der Regelung in Feldkoordinaten somit um ein Entkopplungsprinzip wie es auch bei linearen Mehrgrößenregelungen verwendet wird, das es gestattet, die vermaschte Struktur der Asynchronmaschine zu entwirren.

Da die Verzögerung des stromgeregelten Umrichters auch bei Wahl einer hohen internen Schaltfrequenz und Verwendung eines Vorhaltes im Sollwertkanal nicht völlig vernachlässigt werden kann, gelten diese Überlegungen in der Praxis nur angenähert. Die durch die frequenzabhängige Phasendrehung und den Verstärkungsabfall des geregelten Umrichters entstehenden Kopplungen in Längs- und Querrichtung lassen sich in ihren Auswirkungen aber durch zusätzliche Regelkreise für den Längs- und Querstrom hinreichend unterdrücken. Bild 11.18 zeigt als Beispiel eine gesamte Regelschaltung [104], [105]; der linke Teil der Anordnung entspricht dabei dem in Bild 11.17 enthaltenen Block „Regelung in Feldkoordinaten". Der nichtlineare Funktionsgeber bewirkt eine gesteuerte Feldschwächung.

Die Messung des Magnetisierungsstrom-Vektors kann, wie schon erwähnt, durch Hall-

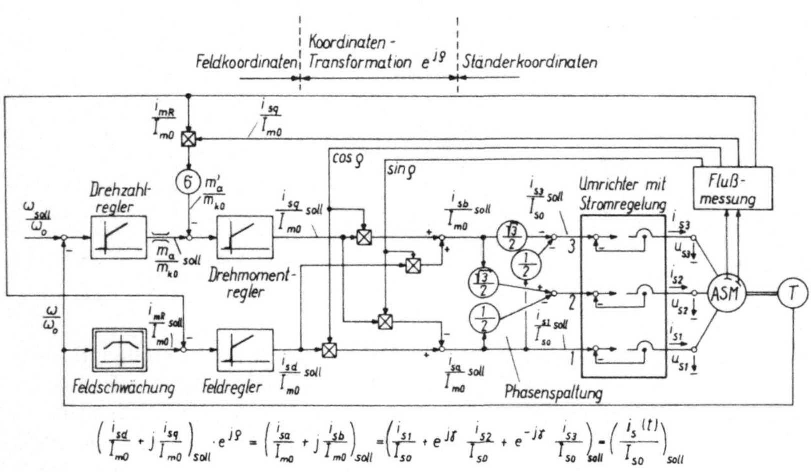

Bild 11.18

sonden erfolgen, die an mehreren Stellen im Luftspalt des Motors angebracht sind. Durch Überlagerung einer Ständerstrom-Komponente läßt sich gemäß Gl. (12) ein Signal für den als Bezugsgröße verwendeten Läuferfluß-Vektor ($\mathbf{i}_{mR}$) gewinnen. Zur Aussiebung der Nutungs- und Stromrichter-Oberschwingungen sind dabei besondere Grundwellenfilter erforderlich.

Das beschriebene Entkopplungsverfahren hat folgende wesentliche Vorzüge:

a) Es besteht ein unmittelbarer Zugriff zum Betrag des Magnetisierungsstromes (Nutzfluß) und zum Drehmoment.

b) Da die Modulation der Strom-Sollwerte beim Übergang vom feld- zum ständerbezogenen Koordinatensystem auf einer Messung des Magnetisierungsstrom-Vektors beruht, ist ein Kippen des Motors nicht mehr möglich; der Asynchronmotor verhält sich dann wie eine Gleichstrommaschine mit Kompensationswicklung, d.h. ohne Ankerrückwirkung.

c) Die Entkopplung gilt, im Gegensatz zu dem in Abschn. 11.2 betrachteten Verfahren, auch im nichtstationären Zustand und bei einer Änderung des Läuferwiderstandes.

Nachteilig ist neben der Notwendigkeit einer Feldmessung der beträchtliche Aufwand an Steuerelektronik.

In Bild 11.19 ist die vereinfachte Ersatz-Struktur des Regelsystems dargestellt, wie sie z.B. für die Auslegung der Regler von Bedeutung ist. Dabei wurde der Umrichter mit Stromregelung durch Verzögerungsglieder für die Längs- und Querkomponenten der Ständerströme angedeutet. Die zugehörige Ersatzzeitkonstante T_e ist als sehr klein anzunehmen, $T_e \ll T'_R$, da sonst die beiden gegenläufigen Koordinatentransformationen auch nicht angenähert vereinigt und weggelassen werden dürfen.

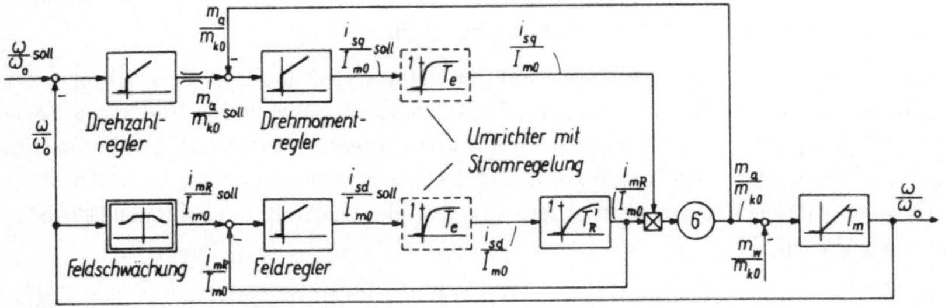

Bild 11.19

Für die praktische Dimensionierung des Umrichters ist vor allem der geforderte Frequenz- und Spannungsbereich von Bedeutung. Die in Bild 11.18 eingetragenen Ständerspannungen lassen sich aus Gl. (1), (3) berechnen,

$$\mathbf{u}_S(t) = R_S\, \mathbf{i}_S(t) + \sigma_S L_h \frac{d\mathbf{i}_S}{dt} + L_h \frac{d\mathbf{i}_m}{dt} \;;$$

bei Einführung des in Gl. (12) definierten Magnetisierungsstrom-Vektors $\mathbf{i}_{mR}$ folgt nach einer Zwischenrechnung

$$\mathbf{u}_S(t) = R_S\,\mathbf{i}_S + \sigma L_S \frac{d\mathbf{i}_S}{dt} + \frac{1}{1+\sigma_R} L_h \frac{d\mathbf{i}_{mR}}{dt}\,. \tag{24}$$

Die Ableitungen der Ströme sind z.B. mit den in Gl. (14) eingeführten Polarkoordinaten zu berechnen.

Im stationären Zustand, d.h. bei konstanter Drehzahl, gilt $\omega_{mR} = \omega_1$; außerdem sind die Beträge $|\mathbf{i}_{mR}|$, $|\mathbf{i}_S|$ konstant. Damit vereinfacht sich der Ausdruck zu

$$\mathbf{u}_S(t)_{stat} = (R_S + j\omega_1 \sigma L_S)\,\mathbf{i}_S + \frac{1}{1+\sigma_R} j\omega_1 L_h\,\mathbf{i}_{mR}\,. \tag{25}$$

Die Ständerspannung hat dann einen sinusförmigen Verlauf und eine mit der Frequenz zunehmende Amplitude.

Wenn bei der Frequenz ω_{10} der lineare Aussteuerbereich des Umrichters voll ausgenutzt ist, kann die Forderung $|\mathbf{i}_{mR}| = \text{const}$ bei einer weiteren Drehzahlerhöhung nicht mehr erfüllt werden. In diesem, in Anlehnung an die Gleichstrommaschine, als Feldschwächbereich bezeichneten Betriebszustand ist $|\mathbf{u}_S| = |\mathbf{u}_S|_{max}$. Vernachlässigt man in Gl. (25) den von $\mathbf{i}_S$ abhängigen Anteil der rechten Seite, so gilt angenähert

$$|\mathbf{i}_{mR}| = i_{mR} \approx (1+\sigma_R)\frac{|\mathbf{u}_S|_{max}}{\omega_{10} L_h} \cdot \frac{\omega_{10}}{\omega_1} = i_{mR0}\frac{\omega_{10}}{\omega_1}\,. \tag{26}$$

Der Betrag des Magnetisierungsstromes (Nutzfluß) muß also mit steigender Drehzahl zurückgenommen werden. Wegen der begrenzten Querkomponente des Ständerstromes geht damit natürlich auch die Belastbarkeit der Maschine zurück, ähnlich wie dies bei der Gleichstrommaschine der Fall war (Abschn. 7.3).

Um eine Übersteuerung des Umrichters mit den daraus resultierenden Verzerrungen der Ständerströme zu vermeiden, wird die Feldschwächung, wie in den Bildern 11.18 und 11.19 gezeigt, durch einen nichtlinearen Funktionsgeber eingeleitet. Da dieser nur bei hohen Frequenzen zum Tragen kommt und keine besondere Genauigkeit erforderlich ist, kann anstelle der Ständerfrequenz ω_1 auch die Drehzahl ω als Eingangsgröße verwendet werden.

Die in Bild 11.18 gezeichnete Regelschaltung in Feldkoordinaten wurde mit dem Digitalrechner nachgebildet [104], [105], wobei die Asynchronmaschine durch die genauen Gleichungen (1) bis (6), der geregelte Stromrichter der Einfachheit halber durch lineare Verzögerungsglieder mit der Ersatzzeitkonstanten T_e,

$$T_e \frac{di_{S\nu}}{dt} + i_{S\nu} = i_{S\nu\,soll}; \qquad \nu = 1, 2, 3,$$

beschrieben wurden. Da sämtliche Parameter leicht variiert werden können, haben derartige Rechnerstudien als Vorstufe einer experimentellen Entwicklungsarbeit bei komplizierten Systemen große Bedeutung erlangt. Als Beispiel ist in Bild 11.20 ein gerechneter Anfahr-, Belastungs- und Reversiervorgang dargestellt, wobei die verwendeten Maschinenparameter denen in Bild 11.14 entsprechen. Die Einschwingvorgänge sind gut gedämpft, der Magnetisierungsstrom i_m hat den gewünschten konstanten Betrag. Wegen der Begrenzung des Drehzahlreglers ist während des Reversiervorganges das Drehmoment konstant.

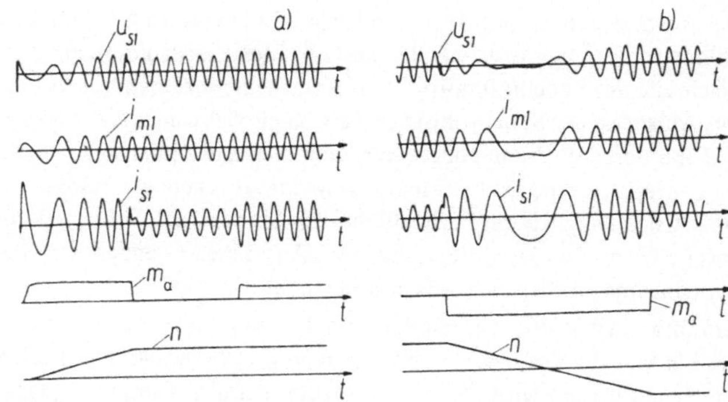

Bild 11.20

Wie auch praktische Untersuchungen [84] gezeigt haben, ermöglicht die Einführung von Feldkoordinaten bei der Asynchronmaschine eine wirksame und gleichzeitig übersichtliche Regelung dieser schwierigen Regelstrecke.

12. Regelung einer Drehstrommaschine mit eingeschränktem Drehzahl-Stellbereich

Bei Antrieben, deren Last eine starke Drehzahlabhängigkeit aufweist, etwa Kreiselpumpen, genügt für die gewünschte Steuerung oft ein beschränkter Drehzahlstellbereich in der Umgebung der Nenndrehzahl. Das gleiche gilt für rotierende Umformer zur Wirklastpufferung (Abschn. 7.4); da die kinetische Energie der rotierenden Massen quadratisch mit der Drehzahl zurückgeht, ist es nicht zweckmäßig, die Drehzahl um mehr als z.B. 20% der Nenndrehzahl abzusenken. Eine ähnliche Situation besteht auch bei Umformern zur Versorgung eines Netzes schwankender Frequenz, z.B. eines Bahnnetzes, aus einem frequenzstarren Netz. Für Anwendungen dieser Art ist der im Ständer netzgespeiste Asynchronmotor mit Steuerung im Rotorkreis besonders gut geeignet, da dann die elektronisch zu steuernde Leistung durch die gewünschte Drehzahländerung Δn bestimmt wird und relativ klein gehalten werden kann. Bei genügend großen Maschinen handelt es sich dabei aber dennoch um sehr große Leistungsbeträge, so daß eine verlustarme Steuerung von Bedeutung ist. In den vergangenen Jahrzehnten hat man nach diesem Prinzip verschiedene sog. Drehstrom-Regelantriebe mit Hintermaschinen entwickelt [1]; durch die Fortschritte der Leistungselektronik sind auch hier neue Lösungen möglich geworden, von denen eine besonders interessante Variante im folgenden Abschnitt betrachtet werden soll. Die in Abschn. 10 abgeleitete vereinfachte Theorie der Asynchronmaschine läßt sich dabei mit geringen Modifikationen übernehmen.

12.1. Ständergespeiste Drehstrommaschine mit feldabhängiger Stromregelung im Läuferkreis

Wird die ständerseitig mit eingeprägten sinusförmigen Drehspannungen gespeiste Asynchronmaschine im Rotorkreis mit Gleichstrom erregt, so nimmt die Maschine bekanntlich Synchronverhalten an; ein gleichförmiges Drehmoment bildet sich nur aus, wenn der Rotor synchron mit dem Ständerdrehfeld umläuft. Die Maschine kann dann zur Blindstromerzeugung verwendet werden. Gleichzeitig kommen allerdings auch die Nachteile des Synchronmotors zum Vorschein; dazu gehören vor allem die Probleme des Anlaufes, der Synchronisierung sowie die Schwingungsfähigkeit und das ausgeprägte Kippmoment. Daran ändert sich auch nichts, wenn anstelle der Gleichstromerregung im Läuferkreis eine Drehstromerregung mit vorgegebener Schlupffrequenz tritt; es ändert sich lediglich die Drehzahl, bei der Ständer- und Läufer-Drehfeld wieder in synchrone Wechselwirkung treten können. Aus diesen Gründen wird der doppelt gespeiste Synchronmotor hier nicht näher untersucht.

Grundsätzlich anders werden die Verhältnisse jedoch, wenn die Drehstromdurchflutung des Läufers von der Lage des Netzspannungsvektors und dem Drehwinkel des Motors abhängig gemacht wird. Der Motor verliert nämlich dann die Synchron-Eigenschaften vollständig; er kann im Prinzip bei jeder Drehzahl mit beliebigem Drehmoment und Netz-Blindstrom arbeiten, eine Schwingneigung besteht nicht mehr [107].

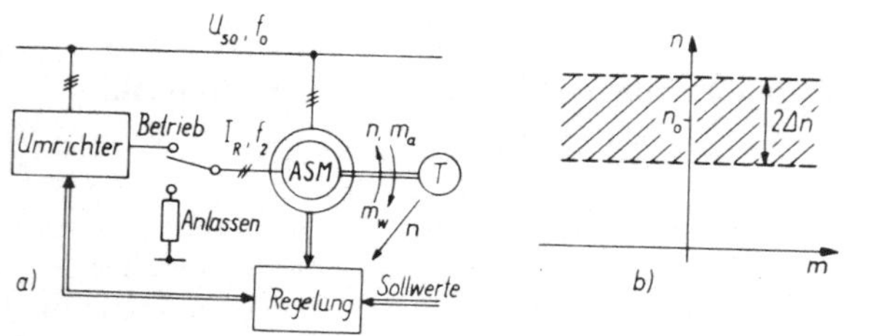

Bild 12.1

Die grundsätzliche Anordnung ist in Bild 12.1a dargestellt; sie zeigt einen Drehstrommotor, der im Ständer mit der eingeprägten Netzspannung U_{S0} der Nennfrequenz ω_0 und im Läuferkreis mit eingeprägtem sinusförmigen Drehstrom variabler Frequenz gespeist wird. Als Stromquelle im Läuferkreis kann z.B. ein Direktumrichter oder ein Puls-Wechselrichter mit Stromregelung verwendet werden (Abschn. 11.1); da die Frequenz und die Spannung im Läuferkreis durch den gewünschten Schlupfbereich beschränkt sind, liegen für den Entwurf und die Baugröße des Umrichters erleichterte Bedingungen vor.

Die Vorgabe der Läuferströme erfolgt durch ein von der Rotorstellung relativ zum Netzvektor abgeleitetes Signal; außerdem können z.B. eine Drehzahl- und eine Blindstromregelung mit vorgebbaren Begrenzungswerten vorgesehen werden [107], [108]. Mit einer Anordnung dieser Art läßt sich das in Bild 12.1b schraffiert gezeichnete Gebiet oberhalb und unterhalb der Synchrondrehzahl n_0 erreichen; die maximale Drehzahländerung $2\Delta n$ bestimmt den Frequenzhub und die Leistung des Umrichters.

Um die Kosten des Umrichters zu senken, kann es vorteilhaft sein, im Rotor anstelle eines Drei- ein Zweiphasensystem mit zwei senkrecht aufeinander stehenden Wicklungsachsen zu verwenden. An der Wirkungsweise ändert sich dadurch nichts.

Mit den gleichen Voraussetzungen, wie sie Abschn. 10 und 11 zugrunde lagen, lassen sich die zuletzt in Abschn. 11.2 zusammengestellten Gl. (1) bis (6) des symmetrischen Drehstrommotors unverändert übernehmen; sie sind lediglich an die nun gültigen Randbedingungen anzupassen. Die wesentliche Änderung besteht darin, daß in Gl. (2) auf der rechten Seite eine vom Umrichter gelieferte Drehspannung $\mathbf{u}_R$ (t) einzuführen ist. Da aber im folgenden angenommen werden soll, daß der Umrichter mit einer schnellwirkenden Stromregelung in allen Phasen ausgerüstet ist, liegt es wieder nahe, der Einfachheit halber eingeprägte Läuferströme anzusetzen, die durch einen Läuferstromvektor $\mathbf{i}_R$ (t) beschrieben werden; Gl. (2) kann damit für die folgenden Betrachtungen entfallen. Dadurch läßt sich eine wesentliche Vereinfachung der dynamischen Struktur des Antriebes erreichen.

Die interessierenden Gleichungen lauten somit:

$$R_S \mathbf{i}_S + L_S \frac{d\mathbf{i}_S}{dt} + L_h \frac{d}{dt} (\mathbf{i}_R e^{j\epsilon}) = \mathbf{u}_S (t) , \tag{1}$$

$$\mathbf{i}_m = \mathbf{i}_S + \mathbf{i}_R e^{j\epsilon} , \tag{2}$$

$$m_a (t) = \frac{2}{3} L_h \operatorname{Im} (\mathbf{i}_S \overline{\mathbf{i}_R e^{j\epsilon}}) . \tag{3}$$

Außerdem gelten unverändert die Differentialgleichungen für die mechanischen Vorgänge,

$$\Theta \frac{d\omega}{dt} = m_a - m_w , \quad \frac{d\epsilon}{dt} = \omega . \tag{4, 5}$$

Wegen der vollständigen Analogie zu dem im Ständer mit eingeprägten Strömen gespeisten Motor (Abschn. 11.3) liegt es nahe, einen erweiterten Magnetisierungsstrom $\mathbf{i}_{mS}$ für das resultierende Ständerfeld zu definieren,

$$\mathbf{i}_{mS} = \mathbf{i}_m + \sigma_S \mathbf{i}_S = (1 + \sigma_S) \mathbf{i}_S + \mathbf{i}_R e^{j\epsilon} . \tag{6}$$

Einführung in Gl. (1) ergibt eine vereinfachte Beziehung,

$$\frac{L_S}{R_S} \frac{d\mathbf{i}_{mS}}{dt} + \mathbf{i}_{mS} = (1 + \sigma_S) \frac{\mathbf{u}_S (t)}{R_S} + \mathbf{i}_R e^{j\epsilon} , \tag{7}$$

in der die Ableitung des Rotorstromes nicht mehr explizit erscheint.

Mit dem Ansatz für ein symmetrisches sinusförmiges Drehspannungssystem im Ständer (Abschn. 10.2.1),

$$\mathbf{u}_S (t) = \frac{3\sqrt{2}}{2} U_{S0} e^{j\omega_0 t} , \tag{8}$$

und den Definitionen für die Stromvektoren

$$\mathbf{i}_{mS}(t) = i_{mS}(t)\, e^{j\mu(t)}, \quad \frac{d\mu}{dt} = \omega_{mS}, \qquad\qquad (9)$$
$$\mathbf{i}_R(t)\, e^{j\epsilon(t)} = i_R(t)\, e^{j(\xi+\epsilon)}, \quad \frac{d\xi}{dt} = \omega_2, \quad \frac{d\epsilon}{dt} = \omega,$$

läßt sich Gl. (7) in zwei skalare Differentialgleichungen zerlegen; mit $L_S/R_S = T'_S$ gilt

$$T'_S \frac{di_{mS}}{dt} + i_{mS} = (1+\sigma_S)\frac{3\sqrt{2}}{2}\frac{U_{S0}}{R_S}\cos(\omega_0 t - \mu) + i_R(t)\cos\lambda, \qquad (10a)$$

$$T'_S \frac{d\mu}{dt} = \frac{1}{i_{mS}}\left[(1+\sigma_S)\frac{3\sqrt{2}}{2}\frac{U_{S0}}{R_S}\sin(\omega_0 t - \mu) - i_R(t)\sin\lambda\right]. \qquad (10b)$$

Außerdem folgt aus Gl. (3)

$$m_a(t) = \frac{1}{1+\sigma_S}\,\frac{2}{3}\, L_h\, i_{mS}(t)\, i_R(t)\sin\lambda. \qquad (11)$$

Dabei wurde der „Last-Winkel“

$$\lambda = \mu - (\xi + \epsilon) \qquad (12)$$

als Differenzwinkel zwischen dem „Ständer-Magnetisierungsvektor“ $\mathbf{i}_{mS}$ und der räumlichen Lage der Rotordurchflutung $\mathbf{i}_R\, e^{j\epsilon}$ eingeführt. Die Relation der verschiedenen Winkel ist in Bild 12.2 erläutert.

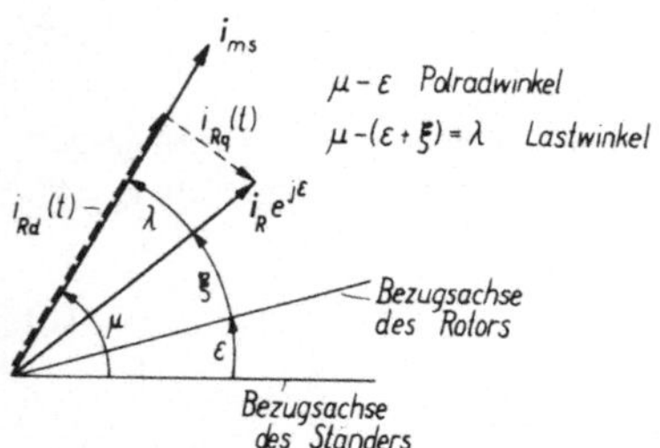

Bild 12.2

Die beiden Größen

$$i_R(t)\cos\lambda = i_{Rd}(t), \quad i_R(t)\sin\lambda = i_{Rq}(t) \qquad (13)$$

stellen die feldorientierte Längs- bzw. Querkomponente des Rotorstromvektors dar. Sie dienen als Steuergrößen des entkoppelten Systems.

Für die weitere Verarbeitung ist es zweckmäßig, die bei synchronem Leerlauf auftretenden Bezugsgrößen zu verwenden. Mit $\mathbf{i}_R = 0$ gilt die in Abschn. 11.3 verwendete Definition

$$\sqrt{2}\, I_{m0} = \frac{3\sqrt{2}}{2} \frac{U_{S0}}{\sqrt{R_S^2 + (\omega_o L_S)^2}} ,$$

wobei I_{m0} der Effektivwert des auf zweiphasige Ständerwicklung umgerechneten Leerlaufstromes ist. Außerdem ist im synchronen Leerlauf

$$\omega_0 t - \mu = \varphi_0 = \text{const.}$$

Einsetzen von I_{m0} in Gl. (10a, b), (11) führt nach einer Zwischenrechnung auf

$$T'_S \frac{d}{dt} \left(\frac{i_{mS}}{I_{m0}}\right) + \frac{i_{mS}}{I_{m0}} = (1 + \sigma_S) \sqrt{1 + (\omega_0 T'_S)^2}\, \sqrt{2} \cos(\omega_0 t - \mu) + \frac{i_{Rd}}{I_{m0}} (t) , \tag{14}$$

$$\frac{1}{\omega_0} \frac{d\mu}{dt} = \frac{1}{\omega_0 T'_S \frac{i_{mS}}{I_{m0}}} \left[(1 + \sigma_S) \sqrt{1 + (\omega_0 T'_S)^2}\, \sqrt{2} \sin(\omega_0 t - \mu) - \frac{i_{Rq}}{I_{m0}} (t) \right] , \tag{15}$$

$$\frac{m_a}{m_{k0}} (t) = \sigma \frac{1 + \sigma_R}{1 + \sigma_S} \frac{i_{mS}}{I_{m0}} \frac{i_{Rq}}{I_{m0}} . \tag{16}$$

m_{k0} ist dabei wieder das Kippmoment bei Speisung mit der Ständer-Nennspannung U_{S0} der Nennfrequenz ω_0 und für $R_S = 0$. Aus Gl. (4) folgt nach entsprechender Normierung

$$T_m \frac{d \frac{\omega}{\omega_0}}{dt} = \frac{m_a}{m_{k0}} - \frac{m_w}{m_{k0}} , \quad T_m = \frac{\Theta \omega_0}{m_{k0}} . \tag{17}$$

Gl. (14), (15) beschreiben die elektromagnetischen Vorgänge der Maschine in Feldkoordinaten. Die tatsächlichen Rotorströme lassen sich daraus durch einfache Transformation auf die Rotorkoordinaten gewinnen. Mit den Definitionsgleichungen (9) gilt doch

$$(\mathbf{i}_R\, e^{j\epsilon})\, e^{-j\mu} = i_R\, e^{j(\xi + \epsilon - \mu)} = i_{Rd} - j i_{Rq} ,$$

oder $$\mathbf{i}_R (t) = i_R (t)\, e^{j\xi(t)} = i_R \cos \xi + j i_R \sin \xi = (i_{Rd} - j i_{Rq})\, e^{j(\mu - \epsilon)} . \tag{18}$$

Im stationären Zustand entspricht Gl. (18) einem symmetrischen Drehstromsystem der Läuferfrequenz ω_2. Bei Verwendung einer zweiphasigen Läuferwicklung sind somit die beiden Komponenten

$$i_{Ra} (t) = i_R (t) \cos \xi (t) , \quad i_{Rb} (t) = i_R (t) \sin \xi (t) \tag{19}$$

die Strangströme der Rotorwicklung.

Die durch Gl. (14) bis (19) beschriebenen Zusammenhänge sind in Bild 12.3 graphisch dargestellt. Die Struktur ist analog zu der in Bild 11.16; der Übergang von den Rotor-Wechselströmen i_{Ra}, i_{Rb} durch Demodulation zu den feldorientierten Komponenten ist deutlich zu erkennen. Der Polradwinkel $\mu - \epsilon$ stellt dabei die Lage des Magnetisierungsstromvektors $\mathbf{i}_{mS}$ bezüglich der Rotoroberfläche dar.

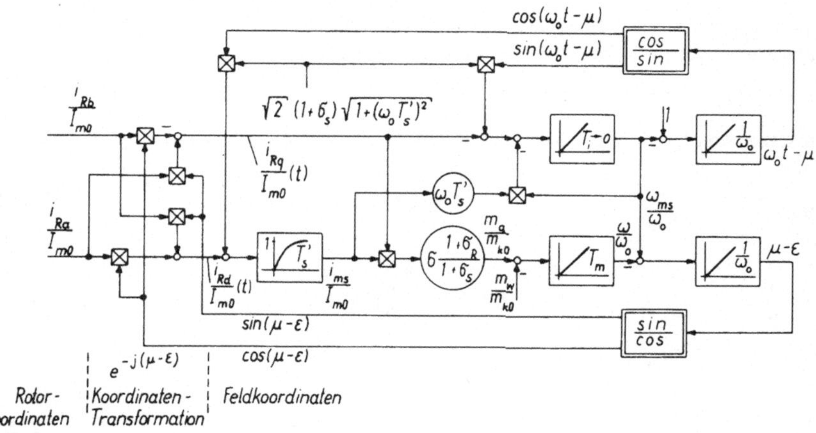

Bild 12.3

Neu hinzugekommen ist die eingeprägte Ständerspannung, die in Bild 12.3 in Form einer zusätzlichen vom Winkel $(\omega_0 t - \mu)$ abhängigen Anregung erscheint; $\omega_0 t - \mu$ ist die Voreilung des Netzspannungsvektors gegenüber dem Magnetisierungsstromvektor $\mathbf{i}_{mS}$. Da dieser aber wegen der niederohmig abgeschlossenen Ständerwicklung im wesentlichen von der Netzspannung bestimmt wird, ist der Winkel $\omega_0 t - \mu$ nur geringen Schwankungen unterworfen; der stationäre Wert liegt bei $\varphi_0 = \arccos 1/\sqrt{1 + (\omega_0 T_S')^2} \approx \pi/2$. Ebenso wie beim ständergespeisten Motor läßt sich der Betrag i_{mS} des Magnetisierungsstromes nur über eine größere Verzögerung verändern; dagegen wird der drehmomentbildende Querstrom vom Umrichter unmittelbar vorgegeben. Die in Gl. (15) auftretende Division ist in Bild 12.3 wieder durch eine Multiplikation im Rückkoppelzweig eines Integrators ersetzt.

Hinweise auf die betrieblichen Eigenschaften und die Möglichkeiten der Regelung eines solchen Antriebes erhält man am einfachsten durch Betrachtung eines angenommenen stationären Zustandes bei konstanter Drehzahl ω. Der Magnetisierungsstromvektor läuft dann synchron mit dem Netzvektor um, $\omega_{mS} = \omega_0$; außerdem gilt wegen der gleichförmigen Rotordrehung $\epsilon = \omega t$. Entsprechend dem Ansatz für den Netzspannungsvektor, Gl. (8), gilt für den Ständerstrom

$$\mathbf{i}_S(t) = \frac{3\sqrt{2}}{2} \tilde{I}_S e^{j\omega_0 t}, \quad \tilde{I}_S = I_S e^{j\varphi_S}. \tag{20}$$

Der Rotorstromvektor hat im stationären Zustand ebenfalls konstanten Betrag und Drehgeschwindigkeit. Mit $\omega_2 = \omega_0 - \omega$ gilt

$$\mathbf{i}_R(t) = \sqrt{2}\, \tilde{I}_R e^{j\omega_2 t}, \quad \tilde{I}_R = I_R e^{j\varphi_R}. \tag{21}$$

I_R ist dabei der Effektivwert des Stromes in der zweiphasig angenommenen Rotorwicklung. Der besseren Übersichtlichkeit halber wird im folgenden mit einem äquivalenten Dreiphasensystem gerechnet, $\tilde{I}'_R = 2/3\,\tilde{I}_R$, so daß

$$i_R(t) = \frac{3}{2}\sqrt{2}\,\tilde{I}'_R\,e^{j\omega_2 t} \tag{21a}$$

gilt. In Ständerkoordinaten bewegt sich dieser stationäre Stromvektor ebenfalls mit der Winkelgeschwindigkeit ω_0,

$$i_R(t)\,e^{j\epsilon(t)} = \frac{3}{2}\sqrt{2}\,\tilde{I}'_R\,e^{j(\omega_2+\omega)t} = \frac{3}{2}\sqrt{2}\,\tilde{I}'_R\,e^{j\omega_0 t}\,. \tag{22}$$

Einsetzen der Beziehungen (8), (20), (22) in Gl. (1), (2), (6) liefert die stationären Zeigergrößen

$$R_S\tilde{I}_S + j\omega_0 L_h\,[(1+\sigma_S)\tilde{I}_S + \tilde{I}'_R] = U_{S0}\,, \quad \tilde{I}_{mS} = (1+\sigma_S)\tilde{I}_S + \tilde{I}'_R\,. \qquad (23), (24)$$

Zu Gl. (23) gehört die in Bild 12.4 gezeichnete einfache Ersatzschaltung. Mit der bei größeren Maschinen sehr genauen Näherung $R_S \ll \omega_0 L_h$ folgt aus Gl. (23)

$$\tilde{I}_{mS} \approx \frac{U_{S0}}{j\omega_0 L_h} = (1+\sigma_S)\tilde{I}_{S0} = \text{const.}$$

Damit nimmt Gl. (24) eine besonders übersichtliche Form an,

$$\tilde{I}_S \approx \frac{U_{S0}}{j\omega_0 L_S}\left(1 - \frac{\tilde{I}'_R}{\tilde{I}_{mS}}\right) = \tilde{I}_{S0}\left[1 - \frac{I'_R}{I_{mS}}\,e^{j(\xi+\epsilon-\mu)}\right].$$

Das Argument $\mu - \xi - \epsilon$ entspricht gerade dem stationären Wert des in Bild 12.2 eingeführten Lastwinkels λ, so daß als Ergebnis schließlich der Ausdruck

$$\tilde{I}_S \approx \tilde{I}_{S0}\left[1 - \frac{I'_{Rd}}{I_{mS}} + j\,\frac{I'_{Rq}}{I_{mS}}\right] \tag{25}$$

entsteht. Er läßt erkennen, daß sich die Längs- und Querkomponenten des Rotorstromes

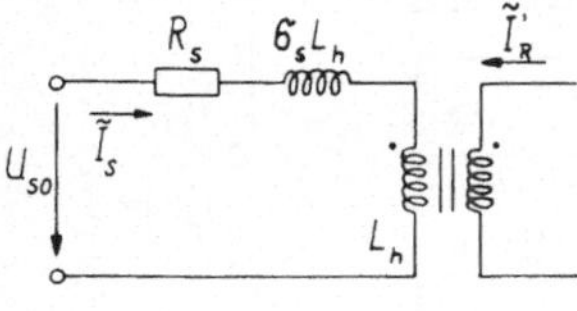

Bild 12.4

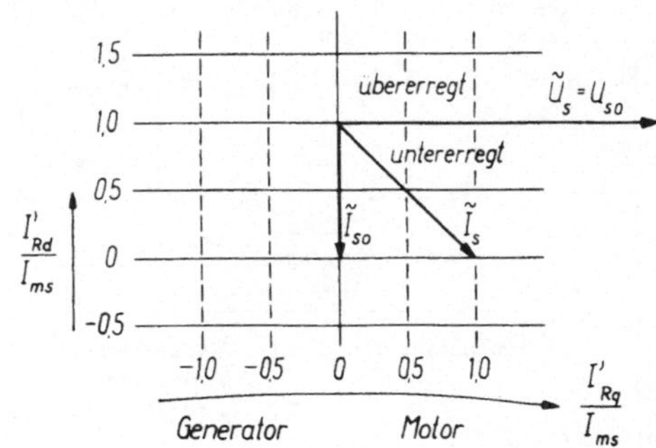

Bild 12.5

ausgezeichnet als Stellgrößen eignen, da sie eine entkoppelte Steuerung des von der Maschine aufgenommenen Netz-Blindstromes und -Wirkstromes gestatten. Dieser Zusammenhang ist in Bild 12.5 anhand der Ortskurven für I'_{Rd}, I'_{Rq} = const gezeigt. Von besonderem Interesse ist dabei die Tatsache, daß dieses Betriebsverhalten in dem gesamten vom Umrichter hinsichtlich Frequenz, Spannung und Strom überdeckbaren Arbeitsbereich gültig ist, da der Umrichter stets phasenrichtig gesteuert wird. Je nach dem Betriebspunkt fließt Wirkleistung vom Rotorkreis der Maschine über den Umrichter zum Drehstromnetz oder umgekehrt. Bei der Festlegung des Betriebsbereiches ist aber natürlich auch die Steuerblindleistung auf der Netzseite des Umrichters zu beachten. Dies gilt insbesondere auch für die Frage, ob der Motor übererregt, d.h. mit kapazitivem Leistungsfaktor, betrieben werden soll [108]. Der Anlauf des Motors erfolgt zweckmäßigerweise bei abgeschaltetem Umrichter über Läuferwiderstände; sobald sich der Motor im Betriebs-Drehzahlbereich befindet, kann auf den Umrichter übergeschaltet werden.

Die orthogonalen Steuerkennlinien in Bild 12.5 liefern nun auch einen klaren Hinweis, wie die Regelung der Maschine zweckmäßig zu gestalten ist (Bild 12.6). Der Drehzahlregler kann z.B. einen Wirkstromregler führen, der das Drehmoment über die Querkomponente des Rotorstromes steuert, während die Längskomponente des Rotorstromes von einem Blindstromregler verändert wird; dabei sind Begrenzungen vorzusehen, um eine Übersteuerung des Umrichters zu vermeiden. Aus den von den Reglern vorgegebenen Sollkomponenten des Rotorstromes werden anschließend durch Modulation mit dem Polradwinkel $\mu - \epsilon$ die eigentlichen Stromsollwerte für den Umrichter gebildet. Der Grundgedanke der feldorientierten Regelung ist also der gleiche wie in Abschn. 11.3: Sofern die Verzögerung der stromgeregelten Umrichter vernachlässigt werden kann, heben sich Modulation und Demodulation gerade auf, und die Wirk- und Blindstromregler greifen unmittelbar auf die feldorientierten Stromkomponenten durch.

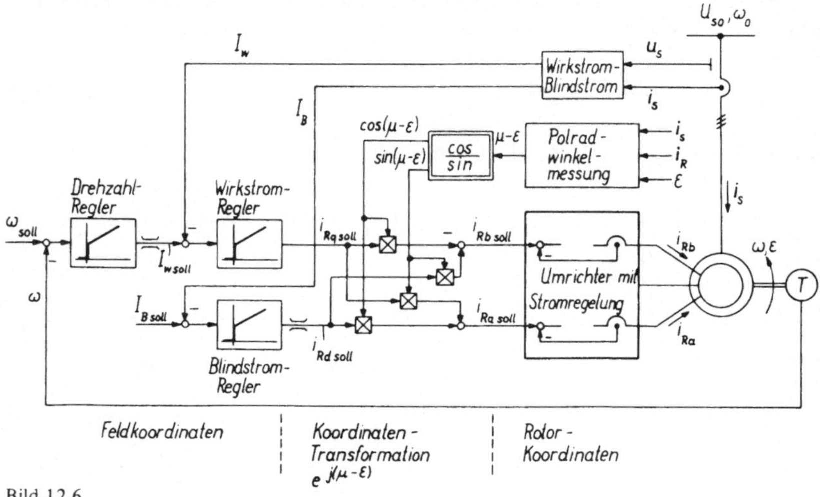

Bild 12.6

Selbstverständlich können nach Bedarf weitere Regelungen überlagert werden.

Die Messung des für die Modulation benötigten Polradwinkels $\mu - \epsilon$ kann auf verschiedene Weise geschehen. Eine Möglichkeit besteht in der Verwendung eines mechanischen Bezugsgebers für den Netzvektor und in einem unmittelbaren Vergleich mit dem Drehwinkel des Motors [107]; in Bild 12.6 ist eine elektronische Meßschaltung angedeutet, die es gestattet, $\mu - \epsilon$ aus dem Drehwinkel ϵ und den (nun zugänglichen) Ständer- und Läuferströmen zu gewinnen [108].

Insgesamt ist auch bei dieser Antriebsart der Aufwand an elektronischen Geräten für Umrichter und Regelung beträchtlich, so daß eine Anwendung nur bei großen Leistungen interessant ist.

12.2. Drehstrommotor mit ungesteuertem Gleichrichter im Rotorkreis

Der im vorigen Abschnitt betrachtete Drehstrom-Antrieb mit einem Umrichter im Läuferkreis eignet sich gemäß Bild 12.1b zum Betrieb im über- und untersynchronen Bereich. Der Umrichter arbeitet dabei mit unterschiedlichem Leistungsfluß; im übersynchronen Bereich kehrt sich außerdem die Phasenfolge im Läuferkreis um. Diesem hohen Maß an Flexibilität entspricht ein ziemlich großer Aufwand für den Umrichter. Er läßt sich verringern, wenn die Aufgabenstellung gestattet, den Betriebsbereich des Antriebs einzuschränken. Eine Möglichkeit der Vereinfachung besteht z.B. darin, die Läuferspannung mit einem ungesteuerten Gleichrichter in eine proportionale Gleichspannung umzuwandeln, um die dem Motor auf diese Weise entnommene Schlupfleistung P_S in Form von Gleichstrom nutzbringend zu verwenden (Bild 12.7a). Sie kann z.B. mit einem netzgeführten Wechselrichter ins Netz zurückgespeist (Scherbius-Prinzip) oder mit einem Gleichstrommotor in zusätzliche mechanische Leistung umgewandelt

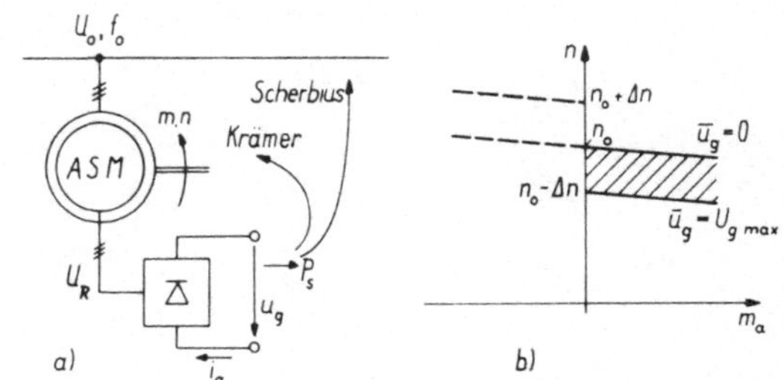

Bild 12.7

werden (Krämer-Prinzip). Natürlich ist die Verwertung der Schlupfleistung nur bei großen Leistungen interessant, etwa bei Umformerantrieben zum Ausgleich von starken Belastungsstößen (Abschn. 7.4) oder beim Antrieb von Kesselspeisepumpen, deren Leistungen ebenfalls im MW-Bereich liegen können. Schaltungen dieser Art wurden früher ausschließlich mit rotierenden Maschinen verwirklicht (z.B. [1]); man bezeichnete sie als Drehstrom-Regelantriebe mit Drehstrom- bzw. Gleichstrom-Hintermaschinen.

Da die Rotorspannung U_R und damit die anfallende Leistung mit dem Schlupf ansteigen, sind die in Abschn. 12.1 genannten Gesichtspunkte zur Wahl des Drehzahlstellbereichs auch hier gültig. Die Verwendung eines ungesteuerten Gleichrichters mit einem stets zur Gleichstromseite hin gerichteten Leistungsfluß hat aber nun außerdem zur Folge, daß der Antrieb ähnlich wie bei einem Asynchronmotor mit Läuferwiderstand im untersynchronen Bereich nur motorisch und im übersynchronen Bereich nur generatorisch arbeiten kann. Vom Läuferkreis aus betrachtet wirkt der ungesteuerte Gleichrichter ja wie eine Kombination von Widerständen, deren Augenblickswerte zwar von Strom und Spannung auf der Gleichstromseite abhängen, jedoch stets positiv sind. Damit ergibt sich der in Bild 12.7b gezeichnete mögliche Betriebsbereich des Antriebes; im allgemeinen ist nur der motorische Bereich ($m_a > 0$) von Interesse. Als Stellgröße dient dabei die Gegenspannung auf der Gleichstromseite des Gleichrichters; eine Erhöhung der Gegenspannung bewirkt ja eine Absenkung der Drehzahl, da eine größere Rotorspannung U_R erforderlich ist, um einen Strom im Gleichstromkreis und damit auch im Läufer des Motors zu erzeugen. Ohne Strom im Läuferkreis aber kann bei einem rotationssymmetrischem Rotor kein Drehmoment entstehen. Auch solche Antriebe werden, u.a. zum Schutz der Gleichrichter im Läuferkreis, stets mit Regelungen versehen.

Eine Schwierigkeit bei der theoretischen Behandlung wird dadurch verursacht, daß der ungesteuerte Gleichrichter Spannungs- und Strom-Oberschwingungen im Läuferkreis des Motors hervorruft; die folgenden Überlegungen gelten deshalb nur angenähert unter Berücksichtigung der Grundschwingung im Läuferkreis.

12.2.1. Untersynchrone Stromrichterkaskade. In Bild 12.8 ist die Grundschaltung einer sog. untersynchronen Stromrichterkaskade gezeigt, bei der die Schlupfleistung über einen netzgeführten Wechselrichter ins Drehstromnetz zurückgespeist wird. Der Transformator dient dabei zur Anpassung des Wechselrichters an die im normalen Betrieb

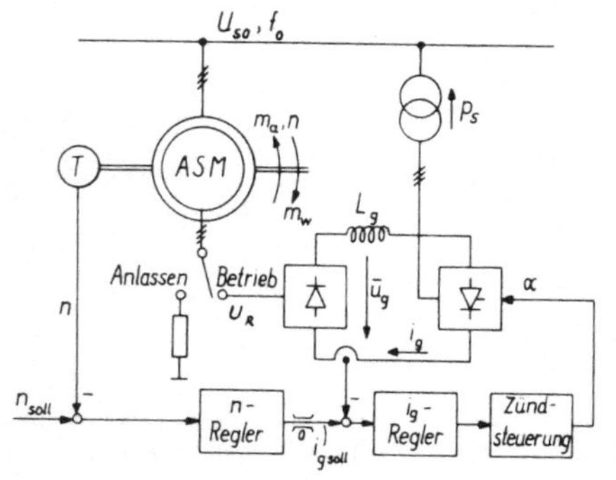

Bild 12.8

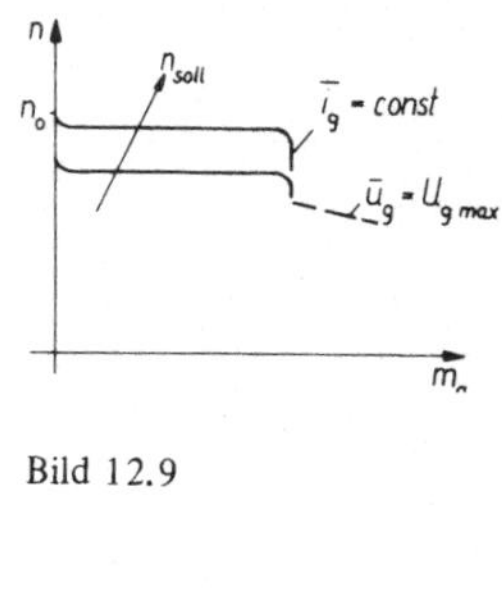

Bild 12.9

niedrige Läuferspannung, die Drossel im Gleichstromkreis ist erforderlich, um einen kontinuierlichen Stromfluß im Wechselrichter zu erzielen; der Anlauf erfolgt über Läuferwiderstände. Üblicherweise wird eine zweischleifige Kaskadenregelung für Strom und Drehzahl verwendet [49], [109], um den Strom und damit das Drehmoment begrenzen zu können; bei Bedarf lassen sich jedoch noch weitere Regelfunktionen hinzufügen. Bei einem Schwungradbetrieb mit pulsierender Last kann z.B. eine überlagerte

Regelung auf konstante Netzleistung bei innerhalb des Betriebsbereiches gleitender Drehzahl vorteilhaft sein.

Die stationären Motorkennlinien der in Bild 12.8 gezeichneten Schaltung sind für n_{soll} = const in Bild 12.9 dargestellt. Solange der Läuferstrom unter dem Begrenzungswert liegt, wird die Drehzahl konstant gehalten; bei stärkerer Belastung folgt ein Kennlinienast mit konstantem Läuferstrom und fallender Drehzahl, bis die maximale Spannung des Wechselrichters erreicht ist. Ein Betrieb längs der gestrichelten Kennlinie ist zu vermeiden, da hier die Gefahr einer Wechselrichterkippung besteht.

Bild 12.10 zeigt ein vereinfachtes dynamisches Strukturbild der gemäß Bild 12.8 geregelten untersynchronen Stromrichterkaskade; die Bezugswerte U_{R0}, m_0, i_{g0} usw. sind

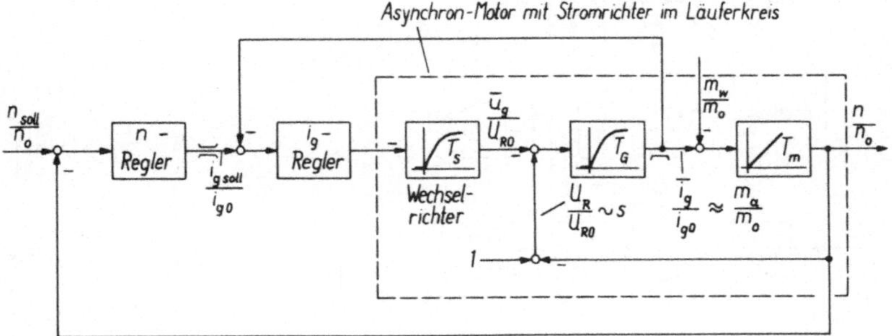

Bild 12.10

dabei passend gewählt. Der Wechselrichter mit der wirksamen Gleichspannung $\bar{u}_g$ ist wieder durch eine Restverzögerung T_S angedeutet. $\bar{u}_g$ wird auf der Gleichstromseite des Gleichrichters der induzierten Rotorspannung entgegengeschaltet; die Differenzspannung treibt den Strom durch den wegen der Stromrichter im Detail sehr komplizierten Rotorstromkreis; als Verzögerung wirkt dabei vor allem die Glättungsdrossel L_g. Der Gleichstrom $\bar{i}_g$ ist angenähert dem Drehmoment m_a proportional. Die Differenz von Antriebs- und Widerstandsmoment stellt wieder das Beschleunigungsmoment dar. Die Struktur des Antriebs weist also eine weitgehende Analogie zur Gleichstrommaschine auf; somit sind auch ähnliche Einschwingvorgänge zu erwarten.

12.2.2. Krämer-Kaskade. Die zweite Variante eines Drehstrom-Regelantriebes mit Wiedergewinnung der Schlupfleistung ist in Bild 12.11 gezeichnet. Zum Unterschied von der vorher betrachteten Lösung wird nun die Gegenspannung für den Gleichrichter durch eine mit dem Drehstrommotor gekuppelte fremderregte Gleichstrommaschine erzeugt. Die Schlupfleistung wird also in mechanische Leistung an der Antriebswelle umgewandelt. Wegen der Gleichstrommaschine ist auch diese Lösung nur bei kleinem Drehzahlstellbereich vorteilhaft. Stellgröße für die Drehzahl ist die Erregerspannung u_e bzw. der Erregerfluß Φ_e des Gleichstrommotors; im übrigen ist die Regelung wie in Bild 12.8 aufgebaut.

Bild 12.12 zeigt das vereinfachte dynamische Strukturbild dieses Antriebes. Das Antriebsmoment m_a setzt sich nun aus zwei Komponenten zusammen, dem Anteil des Drehstrommotors (m_{a1}) und dem des Gleichstrommotors (m_{a2}). Der Faktor $k < 1$ hängt vom Drehzahlstellbereich, d.h. von der Auslegung des Antriebs, ab; er entspricht dem Verhältnis der Drehmomente bei voller Erregung des Gleichstrommotors, $\Phi_e = \Phi_{e0}$, d.h. im wesentlichen dem Leistungsverhältnis der Maschinen.

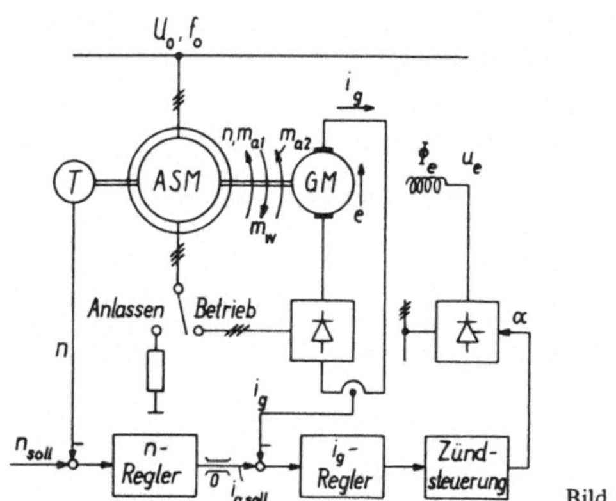

Bild 12.11

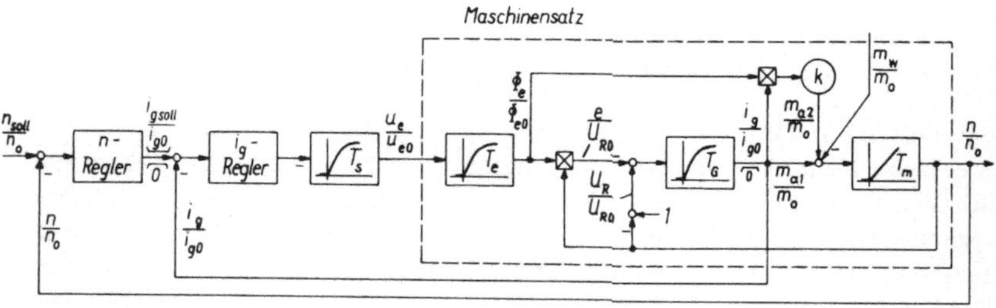

Bild 12.12

Das stationäre Betriebsverhalten des ungeregelten Antriebs für Φ_e = const geht näherungsweise aus folgenden Beziehungen hervor:

Mit geeigneten Bezugsgrößen gilt für den Drehstrommotor

$$\frac{m_{a1}}{m_0} = \frac{i_g}{i_{g0}} = 1 - \frac{n}{n_0} - \frac{n}{n_0}\frac{\Phi_e}{\Phi_{e0}}$$

und für den Gleichstrommotor

$$\frac{m_{a2}}{m_0} = k\frac{\Phi_e}{\Phi_{e0}}\frac{i_g}{i_{g0}} = k\frac{\Phi_e}{\Phi_{e0}}\left[1 - \frac{n}{n_0} - \frac{n}{n_0}\frac{\Phi_e}{\Phi_{e0}}\right].$$

Mit $m_a = m_{a1} + m_{a2}$ folgt daraus die Kennlinie für den gesamten Antrieb

$$\frac{n}{n_0} = \frac{1}{1 + \Phi_e/\Phi_{e0}} \left[1 - \frac{m_a/m_0}{1 + k\,\Phi_e/\Phi_{e0}}\right].$$

Man erhält für $0 < \Phi_e/\Phi_{e0} \leqslant 1$ somit eine Schar von Geraden in dem in Bild 12.7b angegebenen Betriebsbereich. Wegen der Unterstützung durch den Gleichstrommotor werden die Kennlinien mit zunehmendem Erregerfluß Φ_e, d.h. bei abnehmender Drehzahl, flacher. Für $\Phi_e = 0$ ergibt sich angenähert der Sonderfall des allein arbeitenden Drehstrommotors mit niederohmig abgeschlossener Läuferwicklung. Die stationären Regelkennlinien des Antriebs gleichen vollständig denen in Bild 12.9. Dagegen sind die dynamischen Vorgänge wegen des Eingriffes über die Feldwicklung des Gleichstrommotors langsamer als bei der untersynchronen Stromrichterkaskade; bei den für solche Antriebe geeigneten Anwendungen fällt dies meistens nicht ins Gewicht.

Die bei der Krämerschaltung notwendige Gleichstrommaschine ist als schwerwiegender Nachteil dieser Lösung zu werten. Man bevorzugt deshalb meistens die untersynchrone Stromrichterkaskade, die zwar Schleifringe, nicht aber einen Kommutator erfordert.

13. Synchronmaschine mit polradabhängiger Stromregelung im Ständerkreis

Synchronmotoren wurden als Regelantriebe bisher nicht betrachtet, da sie bei Speisung aus einem Drehstromnetz konstanter Frequenz an eine feste Drehzahl gebunden sind. Sie kommen für spezielle Antriebe in Betracht, wo gerade diese Eigenschaft gefordert wird oder wo der mit solchen Maschinen erreichbare kapazitive Blindstrom von Bedeutung ist. Synchronmotoren sind deshalb – abgesehen von Uhrenantrieben – vor allem bei Großmaschinen interessant, z.B. zum Antrieb von Kompressoren in der chemischen Industrie. Eine weitere Anwendung ist in Speicherkraftwerken gegeben, wo die Synchrongeneratoren in Zeiten geringen Energiebedarfs als Synchronmotoren arbeiten, um Wasser in hochgelegene Speicherbecken zu pumpen. Hier ist man in der Wahl der Antriebsmaschine natürlich nicht frei, doch ist die Synchronmaschine für diesen Zweck sehr gut geeignet.

Problematisch ist bei großen Synchronmaschinen neben der Schwingungsfähigkeit vor allem der Anlauf; man verwendet sowohl asynchrones Anfahren mit Dämpferwicklung und über einen Widerstand abgeschlossener Feldwicklung, als auch besondere Anwurfmotoren. Manchmal werden Synchronmaschinen mit ruhenden Umrichtern variabler Frequenz hochgefahren. Die zuletzt genannte Anordnung läßt sich zu einem Regelantrieb mit besonders interessanten Eigenschaften erweitern.

Historisch gesehen handelt es sich bei diesem „Stromrichtermotor“ um den ersten Versuch, die Stromwendung in eine ruhende Schaltung außerhalb der Maschine zu verlagern [113], [114], [115]; freilich waren die vor den Thyristoren verfügbaren Stromrichterventile für solche Zwecke kaum geeignet. Der stromrichtergespeiste Synchronmotor mit Gleichstromerregung hat als Regelantrieb noch keine besondere Bedeutung erlangt, doch ist eine verstärkte künftige Anwendung wahrscheinlich [117] bis [122], [139], da dieser Antrieb besonders einfache Umrichterschaltungen ermöglicht. Mit einer induktiven Erregereinrichtung und rotierenden Gleichrichtern kann auf Schleifringe, bei Wahl eines Reluktanzrotors oder eines permanent erregten Rotors darüber hinaus auch auf eine Läuferwicklung verzichtet werden, so daß die Maschine auch für hohe Drehzahlen geeignet ist.

Im vorliegenden Zusammenhang soll nur das Grundprinzip dieses Antriebes unter Verwendung des in Abschn. 10 entwickelten Maschinenmodells betrachtet werden. Wegen der bei Synchronmotoren oft bevorzugten Bauart mit ausgeprägten Polen ist dieses „Vollpolmodell“ allerdings nur bedingt aussagekräftig. Auch fehlen im Modell Dämpferwicklungen, wie sie bei Synchronmotoren üblicher Konstruktion erforderlich sind; da Anlauf und Schwingungsdämpfung bei Speisung des Motors aus einem Stromrichter durch geeignete Steuerung des Stromrichters erfolgen können, stört das Fehlen von Dämpferwicklungen bei den anschließenden Überlegungen nicht. Im übrigen wäre eine Erweiterung des Modells ohne besondere Schwierigkeiten möglich.

Um dem Stromrichtermotor die günstigen Betriebseigenschaften einer Gleichstrommaschine zu verleihen und die Schwingneigung sowie die Möglichkeit eines Kippens auszuschließen, ist es notwendig, die Ständerströme durch die Winkellage des gleichstromerregten Polrades zu steuern, ähnlich wie dies ja auch beim Kommutator der Gleichstrommaschine geschieht.

Im folgenden wird der Einfachheit halber angenommen, daß alle in Abschn. 10.1 zugrunde gelegten Annahmen gültig bleiben, vor allem die Kreissymmetrie von Ständer und Läufer; damit können von dort Gl. (13), (15), (19), (20) unverändert übernommen werden. Die Ständerströme sollen zunächst durch stromgeregelte Umrichter vom Typ des Direktumrichters oder Unterschwingungsumrichters (Abschn. 11.1) als eingeprägte und im stationären Zustand sinusförmige Wechselströme vorgegeben werden; die Maschengleichung (13) ist dann ohne Einfluß auf das dynamische Verhalten des Antriebes.

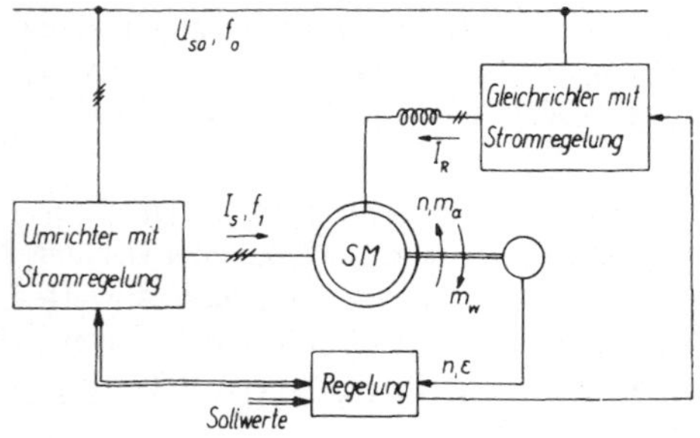

Bild 13.1

Ähnlich wie in Abschn. 12.1 wird angenommen, daß in der Läuferwicklung ein eingeprägter Strom fließt, der durch eine Regelung vorgegeben wird; allerdings handelt es sich dabei nun um einen konstanten Gleichstrom I_R. Die im Rotorkreis induzierten höherfrequenten Wechselspannungen können durch eine Glättungsinduktivität aufgenommen werden. Somit entfällt auch der Einfluß der Maschengleichung (15), Abschn. 10.1, auf die dynamische Eigenschaften des Antriebes. Bild 13.1 zeigt das Grundprinzip der Schaltung.

Der dem Motor über Schleifringe zugeführte eingeprägte Erregergleichstrom hat einen bezüglich des Rotors konstanten Läuferstromvektor $\mathbf{i}_R(t)$ zur Folge, der reell gesetzt werden kann; nimmt man der Einfachheit halber eine um den Faktor $3\sqrt{2}/2$ erhöhte Läuferwindungszahl an, so gilt

$$\mathbf{i}_R(t) = \frac{3\sqrt{2}}{2} I_R = \text{const.} \tag{1}$$

Mit Gl. (19), Abschn. 10.1, folgt dann das Antriebsmoment

$$m_a(t) = \sqrt{2}\, L_h \;\text{Im}\,[\mathbf{i}_S(t)\, I_R\, e^{-j\epsilon}] = \sqrt{2}\, L_h I_R \;\text{Im}\,[\mathbf{i}_S(t)\, e^{-j\epsilon}]\,. \tag{2}$$

$\mathbf{i}_S(t)\,e^{-j\epsilon}$ entspricht dem Ständerstromvektor in einem mit dem Rotor beweglichen Koordinatensystem. Um das Drehmoment zu beeinflussen, genügt es also, die Querkomponente des Ständerstromvektors im umlaufenden Koordinatensystem passend zu steuern. Da die Winkelstellung des Polrades und damit des Läuferstromvektors ohne Schwierigkeiten meßbar ist, vereinfachen sich die dynamische Struktur und die Steuerung des mit eingeprägten Strömen gespeisten Synchronmotors gegenüber einem Asynchronmotor ganz wesentlich.

Um das Betriebsverhalten des Stromrichtermotors besser zu verstehen, soll zunächst wieder der stationäre Zustand betrachtet werden.

Mit $m_a = m_w = \text{const}$, $\omega = \omega_1 = \text{const}$, $\epsilon = \omega_1 t$ folgt analog zu Abschn. 10.2

$$\begin{aligned} \mathbf{i}_R(t)\, e^{j\epsilon} &= \frac{3\sqrt{2}}{2} I_R\, e^{j\omega_1 t}\,, \\ \mathbf{i}_S(t) &= \frac{3\sqrt{2}}{2} \tilde{I}_S\, e^{j\omega_1 t}\,, \quad \tilde{I}_S = I_{Sd} + jI_{Sq}\,, \end{aligned} \tag{3}$$

$\tilde{I}_S$ ist dabei der Zeiger des sinusförmigen Ständerstromes $i_{S1}(t)$, I_{Sd} und I_{Sq} sind die Längs- bzw. Querkomponenten bezüglich des Rotors. Damit lautet der Ausdruck für das Drehmoment

$$m_a = 3\, L_h I_R I_{Sq}\,. \tag{4}$$

Der Zeiger der im stationären Zustand auftretenden Ständerstrangspannung $\tilde{U}_S$ folgt durch Einsetzen von Gl. (3) in die Maschengleichung (13), Abschn. 10.1,

$$\tilde{U}_S = (R_S + j\omega_1 L_S)\,\tilde{I}_S + j\omega_1 L_h I_R = (R_S + j\omega_1 L_S)\,\tilde{I}_S + \tilde{U}_p\,, \tag{5}$$

wobei $\tilde{U}_p = j\omega_1 L_h I_R$ den Zeiger der sog. Polradspannung verkörpert; Gl. (5) ist in Bild 13.2 durch zwei einphasige Ersatzschaltungen dargestellt; sie entsprechen denen einer normalen Vollpol-Synchronmaschine, mit dem Unterschied, daß nun der Ständerstrom $\tilde{I}_S$ und nicht die Ständerspannung $\tilde{U}_S$ als eingeprägte Größe vorgegeben ist. Die dem Ständer zugeführte Leistung lautet in komplexer Schreibweise

$$\tilde{P} = P_w + jP_b = 3\, \bar{\tilde{U}}_S \tilde{I}_S$$

$$= \underbrace{3\, R_S I_S^2}_{P_{v1}} + \underbrace{3\, \omega_1 L_h I_R I_{Sq}}_{P_m} - j3\, \omega_1 L_h \left[(1 + \sigma_S)\, I_S^2 + I_R I_{Sd} \right] . \tag{6}$$

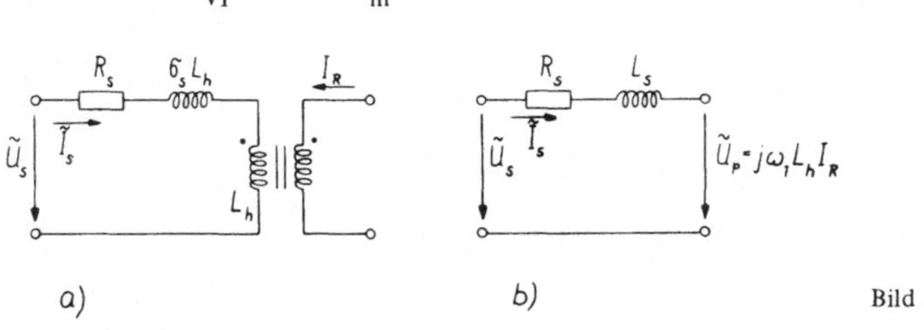

Bild 13.2

Die Wirkleistung $P_w = \text{Re}\,(\tilde{P})$ setzt sich also aus den Stromwärmeverlusten im Ständer, P_{v1}, und der mechanischen Leistung

$$P_m = \omega_1 m_a = 3\, \omega_1 L_h I_R I_{Sq} \tag{7}$$

zusammen. Mechanische Leistung kann bei einem rotationssymmetrischen Läufer ja nur in Verbindung mit der Rotordurchflutung entstehen. Die vom Ständer aufgenommene Blindleistung

$$P_b = \text{Im}\,(\tilde{P}) = -\, 3\, \omega_1 L_h \left[(1 + \sigma_S)\, I_S^2 + I_R I_{Sd} \right] \tag{8}$$

ist für $I_{Sd} > 0$ stets induktiv; kapazitive Blindleistung ist nur für $I_{Sd} < 0$ möglich. Wegen der Speisung des Motors aus einem Umrichter ist der Fall verschwindender Blindleistung,

$$(1 + \sigma_S)\, (I_{Sd}^2 + I_{Sq}^2) + I_R I_{Sd} = 0\, ,$$

von besonderer Bedeutung. Die entstehende quadratische Gleichung in I_{Sd} liefert bei vorgegebenen Werten von I_R und m_a, d.h. I_{Sq}, zwei mögliche Lösungen für I_{Sd}; an Hand einer einfachen graphischen Darstellung wird dies deutlich.

Mit der in Abschn. 12.1 eingeführten Definition des „Ständer-Magnetisierungsstromes“

$$\tilde{I}_{mS} = (1 + \sigma_S)\, \tilde{I}_S + I_R \tag{9}$$

und mit der Näherung $R_S \approx 0$ folgt aus Gl. (5)

$$\tilde{U}_S \approx j\omega_1 L_h \tilde{I}_{mS}\, . \tag{10}$$

Unter der Bedingung, daß dem Ständer der Maschine reine Wirkleistung zugeführt wird, d.h. die Zeiger $\tilde{U}_S$ und $\tilde{I}_S$ in Phase sind, gilt dann die in Bild 13.3a, b gezeigte Konstruktion des Zeigerdiagramms: Die Vorgabe einer bestimmten Wirkleistung $P_w \sim I_R I_{Sq}$ führt auf zwei Schnittpunkte der Geraden $(1 + \sigma_S)\, I_{Sq} = \text{const}$ mit dem über der

Strecke I_R konstruierten Halbkreis. Damit lassen sich die Stromzeiger $(1 + \sigma_S)\,\tilde{I}_S$ und $\tilde{I}_{mS}$ eintragen; einander entsprechende Zeiter in den beiden möglichen Arbeitspunkten haben unterschiedliche Länge und Phasenlage. Die zugehörigen Zeiger der Ständerspannung $\tilde{U}_S$ folgen aus dem Magnetisierungsstrom $\tilde{I}_{mS}$ gemäß Gl. (10). Da aber zusammengehörige Zeiger $\tilde{I}_S$, $\tilde{I}_{mS}$ wegen der Kreiskonstruktion senkrecht aufeinander stehen, ist damit der Zeiger der Ständerspannung gerade in Phase mit dem Zeiger des Ständerstromes; der Motor nimmt also in beiden Fällen reine Wirkleistung gleicher Größe auf.

Man erkennt, daß dies im Fall (a) bei kleinem Ständerstrom und großer Spannung, im Fall (b) bei großem Strom und kleiner Spannung geschieht. Wegen der polradwinkelabhängigen Steuerung der Ständerströme sind im Prinzip beide Betriebspunkte stabil. Der Grenzfall $I_{Sq} = 0$, d.h. verschwindendes Drehmoment, entspricht bei (a) primärem Leerlauf ($I_S = 0$), bei (b) dagegen primärem Kurzschluß ($U_S = 0$); zwar ist in beiden Fällen die mechanische Leistung Null, doch unterscheiden sich die Strombelastung und damit die Verluste des Umrichters und des Motors beträchtlich. Für die praktische Anwendung ist deshalb nur der Betriebspunkt (a) mit kleinem Lastwinkel δ von Interesse. Wie schon an Hand von Gl. (6) zu erkennen war, ist die Längskomponente I_{Sd} des Ständerstromes in beiden Fällen negativ; dem Betriebspunkt (a) entspricht dabei die betragsmäßig kleinere Gegenerregung $I_{Sd}|_b < I_{Sd}|_a < 0$.

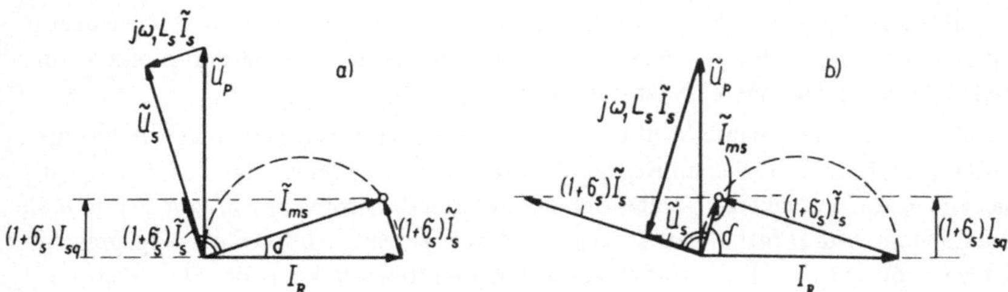

Bild 13.3

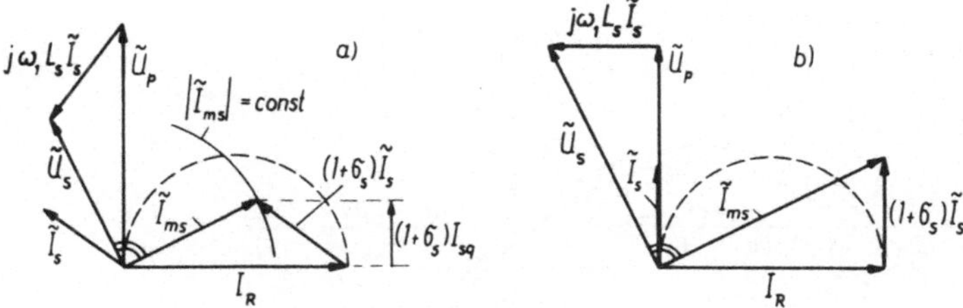

Bild 13.4

Den Diagrammen 13.4a, b ist zu entnehmen, daß der Halbkreis mit dem Durchmesser I_R die Grenzkurve zwischen dem Gebiet kapazitiver und induktiver Ständer-Blindleistung darstellt. Liegt die Spitze des Dreiecks, bestehend aus den Seiten I_R, $(1 + \sigma_S)\,\tilde{I}_S$ und $\tilde{I}_{mS}$, innerhalb des Halbkreises, so ergibt sich kapazitive, andernfalls induktive Ständer-Blindleistung;

ein entsprechender Zusammenhang gilt für $I_{Sq} < 0$, d.h. generatorischen Betrieb. Die Konstruktion läßt insbesondere auch erkennen, daß bei konstantem Erregerstrom I_R und zunehmendem Drehmoment für $(1 + \sigma_S) I_{Sq} > I_R/2$ ein kapazitiver Betrieb nicht mehr möglich ist, da die Spitze des Dreiecks dann auf jeden Fall außerhalb des Kreises liegt. Der Betrag des Ständer-Magnetisierungsstromes $\tilde{I}_{mS}$ ist auf Kreisen um den Ursprung konstant (Bild 13.4a).

Aus Gl. (8) folgt ein normierter Ausdruck für die Ständerblindleistung

$$p_b = \frac{P_b}{3\,\omega_1 L_S I_R^2} = -\left[\left(\frac{I_{Sq}}{I_R}\right)^2 + \frac{1}{1+\sigma_S}\frac{I_{Sd}}{I_R} + \left(\frac{I_{Sd}}{I_R}\right)^2\right]; \qquad (11)$$

es handelt sich dabei im wesentlichen um ein Maß für den Ständerblindstrom. In Bild 13.5 ist der Verlauf dieser Funktion über der bezogenen Längskomponente I_{Sd}/I_R des Ständerstromes für verschiedene Werte der Querkomponente I_{Sq}/I_R aufgetragen. Bei reiner Wirkleistung erhält man so die beiden gemäß Bild 13.3 zu erwartenden möglichen Arbeitspunkte a, b.

Ein mögliches Verfahren zur betriebsmäßigen Einstellung der Längskomponente des Ständerstromes besteht nun darin, bei konstantem Erregerstrom I_R den Blindstrom $I_b \sim p_b$ auf einen vorgegebenen Sollwert zu regeln. Um einen sicheren Betrieb bei schwankender Last zu ermöglichen, empfiehlt es sich, einen kleinen negativen Sollwert zu wählen, so daß ein leicht induktiver Ständerstrom entsteht (Bild 13.5). Gleichzeitig hat eine solche Regelung zur Folge, daß sich nur der gewünschte Betriebspunkt a′ einstellen kann, da der andere (b′) instabil wird.

In Bild 13.6 ist das gesamte Strukturbild des stromrichtergespeisten Synchronmotors einschließlich einer möglichen Regelung in Rotorkoordinaten gezeigt. Mit den vereinfachenden Annahmen eingeprägter Ständer- und Läuferströme beschränkt sich nun die maschineninterne Dynamik auf die mechanischen Vorgänge; infolge des eingeprägten Erregerstromes I_R ist das Drehmoment ja eine unmittelbare Folge des Ständerstromvektors i_S (t) und des Drehwinkels ϵ (t). Als Normierungsgröße für das Drehmoment wurde im Bild die Größe $m_0 = 3\, L_h I_R^2$ verwendet.

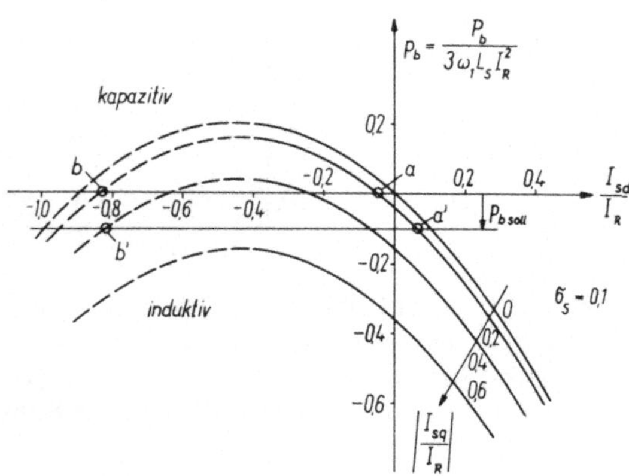

Bild 13.5

Die Sollwerte der Quer- und Längskomponenten $(i_{Sd}, i_{Sq})_{soll}$ werden durch Regler wieder in Rotorkoordinaten vorgegeben. Anschließend erfolgt durch Modulation mit dem Drehwinkel ϵ und Phasenspaltung die Transformation in das dreiphasige Sollwertsystem für die Ständerströme; hierzu ist ein Polradwinkelgeber erforderlich, der die Modulationsgrößen sin ϵ, cos ϵ erzeugt. Der Motor kann in allen vier Quadranten der Drehzahl-Drehmoment-Ebene betrieben werden.

Um die Steuereigenschaften im Drehzahlkanal zu verbessern, ist ein Wirkstromregler eingefügt; der für stabilen Betrieb erforderliche Lastwinkel wird gemäß Bild 13.5 über den Blindstromregler eingestellt. Der Erregerstrom I_R ist in Bild 13.6 als konstant angenommen; eine andere Möglichkeit besteht darin, neben dem Ständerstrom $\mathbf{i}_S$ auch den Rotorstrom I_R z.B. so vorzugeben, daß der Magnetisierungsstrom $\mathbf{i}_{mS}$ konstanten Betrag hat (Bild 13.4a).

Bei den bisherigen Überlegungen wurde angenommen, daß der Motor durch eingeprägte und im stationären Zustand angenähert sinusförmige Ständerströme gespeist wird. Hierfür kommt entweder ein stromgeregelter Direktumrichter (Abschn. 11.1.1) oder ein Pulswechselrichter (Abschn. 11.1.2.)

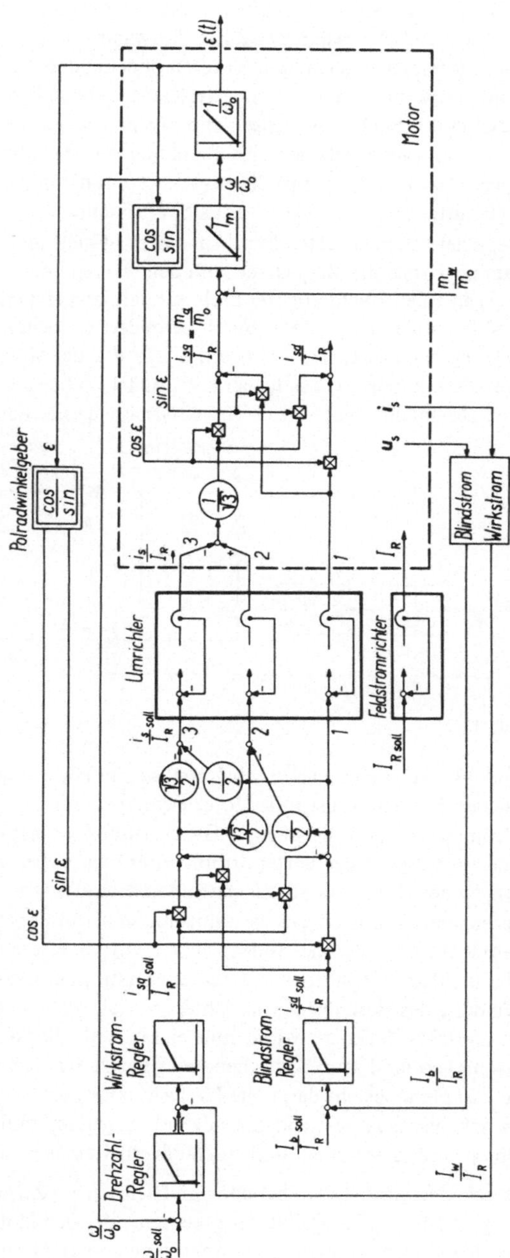

Bild 13.6

in Frage. Im ersten Fall liegt eine natürliche Kommutierung durch die Netzspannungen vor, was an sich erwünscht ist. Der Aufwand von drei Gegenparallelschaltungen ist sehr groß, wenn auch bei großen Motoren ohnehin eine Unterteilung der Stromrichterleistung notwendig ist; die Ständerfrequenz ist beim Direktumrichter auf niedrige Werte beschränkt. Beim Pulswechselrichter ist man wegen des Gleichstrom-Zwischenkreises von einer grundsätzlichen Einschränkung der Frequenz frei, allerdings auf Kosten einer hohen Umschaltfrequenz, die besondere Thyristoren erfordert und infolge der Zwangskommutierung zusätzliche Verluste verursacht.

Bei einem fremderregten Synchronmotor besteht im Gegensatz zum Asynchronmotor nun aber auch die Möglichkeit, mit den während des Laufes induzierten Polradspannungen einen Wechselrichter nach Art der netzgeführten Wechselrichter zu kommutieren. Dies führt zu gerätetechnisch besonders einfachen Lösungen, z.B. [121]. Voraussetzung ist dabei allerdings (Abschn. 8.2), daß der Motor auf der Ständerseite kapazitiven Blindstrom führt, was sich aber nach Bild 13.5 bei ausreichender Erregung des Motors und geeigneter Steuerung des Wechselrichters erreichen läßt.

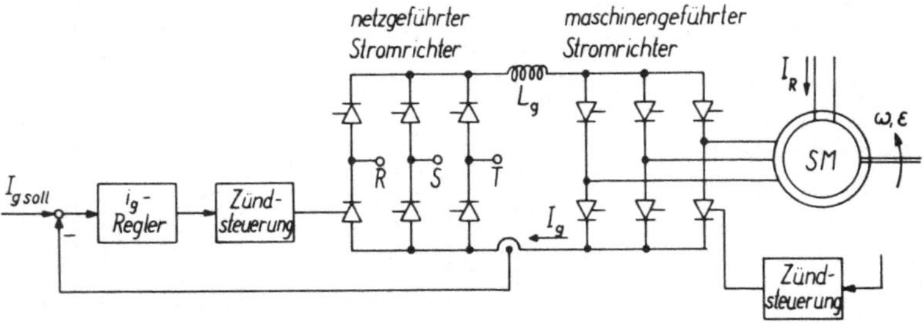

Bild 13.7

Bild 13.7 zeigt eine solche Schaltung; sie umfaßt nur noch zwei Stromrichterbrücken, die nun freilich für die volle Motorleistung auszulegen sind. Ein netzgeführter geregelter Stromrichter speist dabei einen Gleichstrom-Zwischenkreis mit eingeprägtem Strom, und ein maschinengeführter Stromrichter kommutiert diesen Strom auf die Ständerwicklungen des Motors; der Ständerstrom hat somit angenähert die in Bild 8.19d, 8.20d gezeichnete Form, so daß die Annahme sinusförmiger Ständerströme nicht mehr angebracht ist. Da der maschinengeführte Stromrichter in jedem Betriebszustand induktiven Blindstrom benötigt, sind der Erregerstrom des Motors und die polradabhängige Zündung des Maschinenstromrichters so einzustellen, daß der Motor gegenüber dem Stromrichter kapazitiv wirkt. Eine einfache Möglichkeit, die Anpassung des Erregerstromes an die Last zu erreichen und gleichzeitig die Oberschwingungen im Läuferkreis zu dämpfen, besteht darin, die Läuferwicklung als Glättungsdrossel im Gleichstromzwischenkreis zu verwenden, so daß die Erregerdurchflutung dem Ständerstrom proportional wird; dies hat ein Reihenschlußverhalten des ungeregelten Antriebes zur Folge.

Durch Umkehrung der Spannung im Gleichstrom-Zwischenkreis ist es ohne weiteres möglich, den Leistungsfluß umzukehren, d.h., den Motor generatorisch zu bremsen. Der Maschinenstromrichter arbeitet dann als gesteuerter Gleichrichter, der Netz-Stromrichter als Wechselrichter. Durch Eingriff in die Steuerung ist auch eine Umkehrung der Drehrichtung möglich.

Bei sehr niedrigen Drehzahlen, d.h. beim Anfahren, wenn die in der Maschine induzierte Spannung für eine Kommutierung des Stromrichters noch nicht ausreicht, besteht die Möglichkeit, mit dem netzgeführten Stromrichter einen pulsierenden Gleichstrom im Zwischenkreis zu erzeugen, der vom Maschinenstromrichter auch ohne induzierte Maschinenspannung auf die Ständerwicklungen des Motors verteilt werden kann. Damit ist auch im Anlauf eine ordnungsgemäße Kommutierung sichergestellt. Bei höherer Drehzahl wird im Zwischenkreis ein kontinuierlicher Stromfluß erzeugt; die Kommutierung erfolgt dann wieder durch die induzierten Maschinenspannungen [120], [121], [139].

Die günstigen Betriebseigenschaften des stromrichtergespeisten Synchronmotors bleiben bei der in Bild 13.7 skizzierten Lösung unverändert erhalten. Gleichzeitig wird aber der Aufwand auf der Stromrichterseite, auch an Steuerelektronik, gegenüber dem mit sinusförmigen Strömen gespeisten Synchronmotor gesenkt, weshalb diese Schaltung auch für kleinere Leistungen in Frage kommt. Anstelle des Polrades mit Gleichstromerregung kann dann ein permanent erregtes Polrad treten, so daß Schleifringe und Läuferwicklungen entfallen. Auch ist es möglich, statt des Vollpolrotors ein unbewickeltes Polrad mit längs des Umfangs periodisch veränderlichem magnetischen Leitwert zu verwenden [116], [120]. Dabei erzeugt eine Wicklung im Ständer den Erregerfluß, dem der Wechselfluß durch die Arbeitswicklung überlagert wird. Nachteilig ist bei diesem Reluktanzprinzip allerdings die geringere magnetische Ausnutzung, da die Induktion im Luftspalt ihr Vorzeichen nicht ändert. Wegen des unbewickelten Läufers sind solche Maschinen im Prinzip für hohe Drehzahlen geeignet, wenn es gelingt, durch eine glatte Läuferoberfläche die Luftgeräusche zu vermindern.

Die Entwicklung von Antrieben mit maschinengeführten Stromrichtern ist noch keineswegs abgeschlossen. Vielmehr ist damit zu rechnen, daß noch neue Varianten entstehen, die zu einer stärkeren Verbreitung dieses Maschinentyps führen werden.

14. Einige Anwendungsbeispiele

In den vorangegangenen Abschnitten wurden verschiedene Formen von Antrieben untersucht. Der Aspekt der Regelung war dabei nur insoweit von Interesse, als dies für den Betrieb der Maschine notwendig war; die Überlegungen bezogen sich vorwiegend auf die Wahl der Regeleingriffe und die Struktur des Antriebes als dynamisches System. Dagegen war von den speziellen Problemen bei der Anwendung solcher Regelantriebe noch nicht die Rede. Dies ist zum einen durch die Tatsache begründet, daß mit der Aufgabenstellung gewöhnlich noch kein bestimmter Maschinentyp festgelegt ist, zum andern durch die große Zahl unterschiedlicher Anwendungsprobleme.

In einem abschließenden Kapitel soll nun diese Vielfalt wenigstens andeutungsweise aufgezeigt werden. Dabei wird ein 4-Quadrant-Regelantrieb mit der in Bild 14.1 gezeigten Struktur zugrunde gelegt; der Drehzahlregelkreis enthält zur Begrenzung des Drehmomentes wieder einen inneren Regelkreis. Bezüglich der Art des Antriebes erfolgt keine Festlegung; es kann sich im Prinzip also um einen Gleichstrom- oder auch einen Drehstromantrieb handeln.

Bei vielen Antriebsaufgaben wird gefordert, daß die Antriebswelle des Motors oder der Arbeitsmaschine einen vorgegebenen Drehwinkel einnimmt bzw. daß sich ein angekoppeltes Maschinenteil in einer bestimmten translatorischen Lage befindet, während die Geschwindigkeit erst in zweiter Linie interessiert; man spricht dann von einer Lage- oder Wegregelung. Es kann sich dabei natürlich auch um eine Komponente einer mehrdimensionalen Bewegung handeln, wie etwa bei den Stellantrieben einer Werkzeugmaschine.

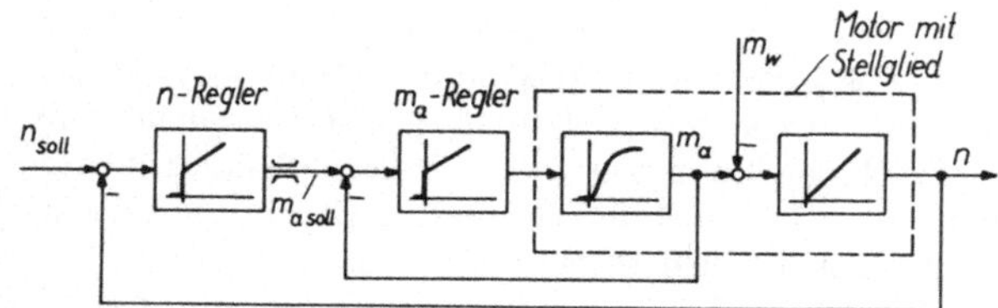

Bild 14.1

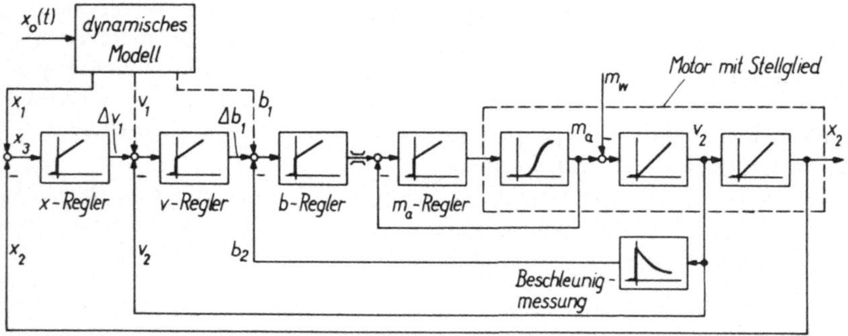

Bild 14.2

Je nach Anwendung werden an Antriebe mit Lageregelung recht unterschiedliche Forderungen gestellt. Dies soll im folgenden an Hand einiger Beispiele erläutert werden; obwohl auch sie noch weitgehend abstrahiert sind, lassen sie doch die außerordentliche Vielseitigkeit elektrischer Antriebe erkennen.

14.1. Lineare Lageregelung mit festem Bezugspunkt

Eine besonders übersichtliche Situation liegt vor, wenn bei stetig steuerbarem Antrieb und kontinuierlicher Istwerterfassung und Sollwertvorgabe eine lineare Regelung angestrebt wird. Diese Aufgabenstellung kommt z.B. bei Aufzugs- und Förderanlagen, bei Stellantrieben für Radar- und Astronomieantennen, Werkzeugmaschinen mit Bahnregelung, vor allem Fräsmaschinen, sowie bei der Betätigung von Steuerflächen an Flugzeugen und Schiffen vor. Wenn der Sollwert mechanisch vorgegeben wird, spricht man anschaulich von einer Nachlaufregelung, da der Lage-Istwert dem Sollwert folgt; in den meisten Fällen wird der Sollwert jedoch durch eine elektrische Größe abgebildet.

Bei den weiteren Überlegungen wird angenommen, daß die Drehbewegung des Motors durch ein Getriebe in eine translatorische Bewegung mit der Geschwindigkeit v und der Lage x übertragen wird. Abbildungsfehler lassen sich dabei nur durch Verwendung präziser Spindeln, evtl. mit Verspannung zum Ausgleich des Zahnspiels, oder durch Verwendung von Meßgebern für die Linearbewegung vermeiden. Bei den Lage-Meßeinrichtungen besteht eine große Vielfalt unterschiedlicher Prinzipien und Genauigkeitsklassen, die vom einfachen Potentiometer über rotierende und lineare Drehmelder bis zu optischen Präzisionsverfahren mit Laser reichen [24].

Die in Bild 14.1 gezeigte Drehzahlregelung ist in Bild 14.2 durch eine übergeordnete Regelschleife zu einer Lageregelung ergänzt. Der Istwert x entspricht dem Drehwinkel der Motorwelle bzw. dem Ort des zu regelnden Maschinenteils. Es handelt sich dabei um eine konsequente Anwendung des Prinzips der Kaskadenregelung, die sich wegen ihrer Vorzüge hinsichtlich eines einfachen und übersichtlichen Entwurfes, der schnellen Ausregelung von Störgrößen, der Begrenzungsmöglichkeit für Zwischengrößen sowie der einfachen Inbetriebnahme allgemein durchgesetzt hat (z.B. [21]).

Bei bestimmten Anwendungen kann es notwendig sein, noch einen Beschleunigungsregelkreis einzufügen, dessen Istwert durch verzögerte Differentiation des Meßwertes für die Geschwindigkeit gebildet wird; die Verwendung eines besonderen Beschleunigungsgebers ist meistens nicht möglich und auch nicht erforderlich. Wie die Struktur in Bild 14.2 erkennen läßt, hat der Beschleunigungsregler vor allem die Aufgabe, das als Störgröße wirksame Lastmoment auszugleichen; einen Ersatz des Drehmoment- oder Stromregelkreises stellt der Beschleunigungsregelkreis allerdings nicht dar, da im Störungsfall, z.B. bei mechanischer Blockierung des Antriebs, kein Beschleunigungs-Istwert verfügbar und somit auch keine definierte Drehmomentbegrenzung möglich wäre.

Der dynamische Lagefehler läßt sich beträchtlich reduzieren, wenn man, wie dies in Bild 14.2 angedeutet ist, die inneren Regler für Geschwindigkeit und Beschleunigung vorsteuert, da dann die Sollwertbildung nicht erst durch eine Regelabweichung im jeweils nächsten übergeordneten Regelkreis erfolgen muß (z.B. [21]). Die hierzu erforderlichen Sollwerte sind einem dynamischen „Modell“ zu entnehmen, das gleichzeitig den Bezugs-Lagesollwert x_0 (t) so verschleift, daß die Lage-, Geschwindigkeits- und Beschleunigungs-Sollwerte vom Antrieb ohne Übersteuerung verarbeitet werden können. Für ein solches Modell sind in der Praxis verschiedene Ausführungen möglich; bei einem Aufzug kann eine analoge Rechenschaltung genügen, während bei einer automatischen Werkzeugmaschine die Sollwerte für Lage, Geschwindigkeit und Beschleunigung mit einem Digitalrechner erzeugt und auf einem Datenträger, etwa einem Magnetband, bis zum Abruf gespeichert werden können. Dieses Verfahren ist insbesondere bei mehrdimensionalen Stellbewegungen von Bedeutung.

Bei Werkzeugmaschinen mit einer hohen Auflösung des Lagesollwertes, z.B. 10^{-5} m bei einem Gesamtweg von 1 m, ist es zweckmäßig, nicht nur den Sollwert x_1 als Zahl vorzugeben – z.B. aufgrund eines gespeicherten Programmes –, sondern auch den Istwert x_2 und die Soll-Ist-Differenz digital darzustellen. Dadurch lassen sich die bei einem analogen Vergleich zu befürchtenden Driftfehler vermeiden. Der Regler muß ja in der Lage sein, z.B. die Differenz $x_3 = x_1 - x_2 = 15227 - 15226$, fehlerfrei zu bilden.

Eine mögliche Anordnung eines digitalen Lagereglers ist in Bild 14.3 gezeigt. Der z.B. einem Programmspeicher entnommene Lage-Sollwert x_1 ist dabei in digitaler Form, etwa im Dualcode, in ein Sollwertregister übertragen, während der Lage-Istwert x_2 durch Summierung der Ist-Lageinkremente Δx_2 in einem Istwert-Zähler gebildet wird [47], [48], [123]. Die Ist-Inkremente werden durch einen optischen oder magnetischen Impulsgeber erzeugt, der für jedes Lageinkrement, z.B. alle 10^{-5} m, einen Vor- oder Rückwärtsimpuls abgibt. Dieses als Δ-Modulation zu interpretierende sog. inkrementelle Meßverfahren ist gerätetechnisch besonders einfach; allerdings muß die Nullstellung des Zählers, d.h. die Synchronisierung von Zählerstand und Istwert, überwacht werden, um eventuell aufgetretene Fehlimpulse zu korrigieren. Dieser Nachteil ließe sich mit einem Parallel-Verschlüssler vermeiden, der den Lage-Istwert in jedem Augenblick in eine Zahl abbildet; allerdings ist der Aufwand hierfür erheblich größer.

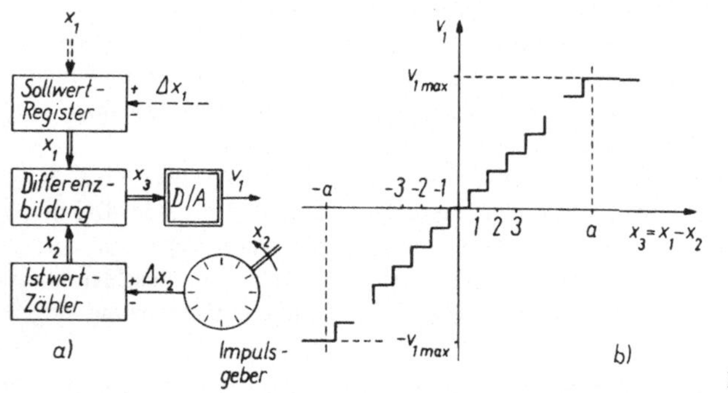

Bild 14.3

Aus den Soll- und Ist-Zahlen x_1, x_2 wird nun der Lagefehler x_3 nach Betrag und Vorzeichen gewonnen. Hierfür wird eine elektronische Rechenschaltung benötigt, die i.a. mit integrierten Halbleiterschaltungen aufgebaut ist und innerhalb weniger μs, d.h. unverzögert, das Ergebnis x_3 liefert. Dieses wird anschließend einem Digital-Analog-Wandler (D/A) mit der in Bild 14.3b skizzierten stufenförmigen Kennlinie zugeführt, der als analoge Ausgangsgröße den Geschwindigkeits-Sollwert v_1 erzeugt. Mit Hilfe eines nachgeschalteten PI-Gliedes ist es prinzipiell auch möglich, anstelle des proportional wirkenden Lagereglers einen PI-Regler zu realisieren.

Es könnte zunächst so scheinen, als sei nach Einführung des D/A-Wandlers auch das Drift-Problem wieder aufgetaucht; dies ist jedoch nicht der Fall, da es normalerweise nicht notwendig ist, mit dem D/A-Wandler den gesamten Zahlenbereich zwischen $-x_{1\,max} < x_3 < x_{1\,max}$ linear abzubilden; meistens genügt ein linearer Ausschnitt, $-a < x_3 < a$, mit anschließend konstanter Ausgangsgröße, wie dies in Bild 14.3b gezeigt ist. Die in der Kennlinie des D/A-Wandlers auftretenden Stufen sind gewöhnlich vernachlässigbar klein, so daß der digitale Lageregelkreis im mittleren Bereich des D/A-Wandlers näherungsweise als linear betrachtet werden kann. In unmittelbarer Nähe des Abgleiches, d.h. für den Übergang von $x_3 = \pm 1$ nach $x_3 = 0$, gilt dies allerdings nicht mehr; hier ist die Unstetigkeit der Wandlerkennlinie zu beachten, wenn auch die Amplitude des Sprunges sehr klein ist.

Es ist darauf hinzuweisen, daß die in den Bildern 14.2 und 14.3 enthaltenen Zusatzeinrichtungen, d.h. Beschleunigungsregler, Vorsteuerung und digitale Lageregelung, nur bei hohen Ansprüchen an die statische und dynamische Genauigkeit der Regelung notwendig sind. In den meisten Fällen, etwa bei der Fernsteuerung von Rudermaschinen oder beim Kopierfräsen mit mechanisch abgetastetem Modell, ist der gewünschte Zweck mit wesentlich einfacheren Mitteln erreichbar.

14.2. Lineare Lageregelung mit beweglichem Bezugspunkt

Bei der in Abschn. 14.1 beschriebenen Lageregelung bestand die Regelgröße aus dem Abstand des zu regelnden Maschinenteils von einem festen Bezugspunkt. Daneben gibt es auch Anwendungen, in denen die Lage des Bezugspunktes veränderlich ist und als Führungs- bzw. Störgröße wirkt; dadurch erhält man eine etwas andere Struktur der Regelung.

14.2.1. Digitale Drehzahlregelung. Bei bestimmten Anwendungen, z.B. bei Papiermaschinen, Dauer-Prüfständen oder in der Energieversorgung (Netzregler), sind die Grenzen für die zulässigen Drehzahl- bzw. Frequenzabweichungen so eng (z.B. Langzeitdrift $< 10^{-4}$/Tag), daß es wegen der bei analoger Signalverarbeitung unvermeidlichen Drift schwierig ist, diese Forderungen zu erfüllen [124] bis [131]. In solchen Fällen bieten digitale Lösungen wesentliche Vorteile, da mit digitalen Mitteln eine driftfreie Drehzahl-Frequenz-Wandlung, Differenzbildung und Integration möglich ist. Da man Regler dieser Art auch als Lageregler deuten kann, soll in vorliegendem Zusammenhang der Grundgedanke eines dieser Verfahren erläutert werden [127].

Die Regelung ist in Bild 14.4 schematisch dargestellt. Aus der von einem quarzstabilisierten Oszillator (Frequenzabweichung $< 10^{-6}$) oder einem Leitantrieb gelieferten Bezugsfrequenz f_0 wird mit einem einstellbaren Frequenzteiler eine Impulsfolge abgeleitet, deren Frequenz f_1 als Drehzahlsollwert dient. Aus f_1 bildet man mit einem Frequenz-Spannungswandler zunächst einen analogen Drehzahlsollwert n_1 der in einer Drehzahlregelung üblicher Art mit dem Meßwert eines analogen Drehzahlgebers verglichen wird. Die dynamischen Eigenschaften einer solchen Regelung sind gut, doch ist wegen der analogen Signalverarbeitung mit einem stationären Fehler im Bereich $< 10^{-2}$ zu rechnen.

Um diese Abweichung zu beseitigen, ist dem analogen Regelkreis eine digitale Schleife überlagert. Hierzu wird mit Hilfe eines Impulsgebers aus dem Drehwinkel ϵ eine Impulsfolge erzeugt, wobei jedem Impuls ein von der Geberwelle zurückgelegtes Winkelinkrement $\Delta\epsilon$ entspricht. Diese Ist-Impulse werden nun mit der fehlerfreien Soll-Impulsfolge (f_1) zählend verglichen; die festgestellten Differenzimpulse summiert man in einem elektronischen Differenzzähler vorzeichenrichtig auf. Der Stand x_3 dieses Zählers entspricht somit der Abweichung zwischen dem vom Sollfrequenzgeber definierten zeitlich linear zunehmenden Soll-Winkel ϵ_i und dem tatsächlichen Drehwinkel ϵ_2 des Motors. Um diesen Winkelfehler klein zu halten und nach Möglichkeit zu eliminieren, wird der Zählerstand x_3 durch einen D/A-Wandler in einen kleinen analogen Zusatz-Sollwert Δn_1 umgeformt und dem Drehzahlregler korrigierend aufgeschaltet. Man erhält also insgesamt eine proportionale Winkelregelung und einen bezüglich der Drehzahl driftfreien Lauf; der Antrieb hat damit ein ausgeprägtes Synchronverhalten. Im Bedarfsfall kann der D/A-Wandler auch zu einem PI-Glied erweitert werden, so daß eine integral wirkende Winkelregelung entsteht und der Langzeit-Winkelfehler verschwindet.

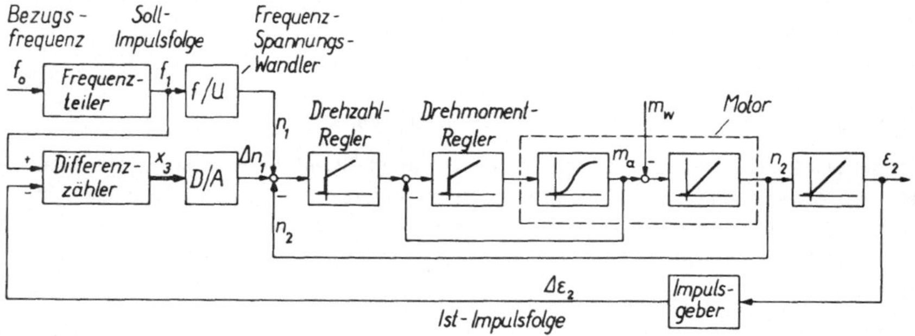

Bild 14.4

Ein besonderes Problem stellt bei dieser Regelung die driftfreie Einstellung der Sollfrequenz f_1 dar; hierfür ist eine zählende Frequenzteilerschaltung erforderlich, deren Ausgangs-Impulse bei feinstufiger Einstellbarkeit des Untersetzungsverhältnisses $f_1/f_0 < 1$ nicht völlig äquidistant sind. Wegen der Restverzögerung des Regelkreises stört dies jedoch gewöhnlich nicht. Regelungen dieser Art gibt es in verschiedenen Varianten, etwa bei Gruppenantrieben, die in relativem Gleichlauf, d.h. mit einstellbarem Drehzahlverhältnis, arbeiten müssen. Dies ist z.B. bei Papiermaschinen und kontinuierlichen Walzwerken der Fall.

Das gleiche Prinzip wird auch bei Durchfluß- und Mischungsregelungen angewendet (z.B. [132]). Als Meßgeber dienen dabei Turbinenrad-Durchflußmesser, die eine dem Durchfluß proportionale Frequenz abgeben; jedem Impuls entspricht also eine bestimmte Volumeneinheit der Flüssigkeit. Eine digitale Durchflußregelung läßt sich damit als Drehzahlregelung des Meßrades, eine Mischungsregelung als Drehzahl-Verhältnis-Regelung zweier Meßräder deuten.

14.2.2. Schlingen- und Abstandsregelung. Bei verschiedenen kontinuierlichen Produktionsprozessen, z.B. in der Papier- und Faserstoffindustrie, der Kabelherstellung oder bei Walzwerken, besteht die Aufgabe, aufeinanderfolgende Fertigungsstationen in der Geschwindigkeit so zu regeln, daß das durchlaufende Material keinen unzulässigen Zugspannungen ausgesetzt wird, andererseits sich aber auch keine Falten bilden. In solchen Fällen ist es zweckmäßig, einen Materialspeicher in Form einer Schlinge mit definierter Spannung vorzusehen und dadurch eine Entkopplung der Antriebe herbeizuführen. Da die Schlinge die Differenz des zu- und abgeführten Materials aufzunehmen hat, stellt sie ein Maß für die Güte des Gleichlaufs dar. Man wird versuchen, die Schlinge nach Möglichkeit in einer mittleren Größe konstant zu halten, um bei den unvermeidlichen Drehzahlschwankungen der speisenden und abziehenden Antriebe genügend Regelreserven nach beiden Seiten zu haben [133].

Das Problem ist in Bild 14.5a an einem Beispiel erläutert, das bei Magnetbändern von Rechenanlagen auftritt. Das von einer Spule zugeführte magnetisch beschichtete Kunststoffband wird dabei mit rechnergesteuerten Andrückrollen gegen die Antriebsrollen A_1, A_1' gepreßt und mit hoher Geschwindigkeit v_1 und Beschleunigung b_1 an einem Schreib-Lesespalt S vorbeigeführt; anschließend wird das Band auf einer zweiten Spule aufgewickelt. Dabei entsteht die Schwierigkeit, daß bei starrer Kopplung aller Teilantriebe die zulässige Beschleunigung des Bandes durch die mit dem Trägheitsmoment der Spulen belasteten Auf- und Abwickelantriebe begrenzt würde; außerdem wäre mit starken mechanischen Beanspruchungen des Bandes zu rechnen. Um dies zu vermeiden, wird auf beiden Seiten der Antriebsrollen eine Bandschleife vorgesehen, die mechanisch oder pneumatisch straff gehalten wird. Die bei einem Schreib-Lesevorgang in kurzer Zeit (< 5 ms) zu beschleunigende Bandmasse wird dadurch stark reduziert; das gleiche gilt für die auf das Band zu übertragenden Kräfte. Die langsamer beschleunigenden Rollenantriebe müssen aber natürlich eine ausreichende maximale Geschwindigkeit aufweisen, um zu verhindern, daß die Schleifen die obere oder untere Begrenzung erreichen.

Im folgenden wird nur die linke Hälfte der in Bild 14.5a gezeichneten Anordnung betrachtet. Die Geschwindigkeit v_1 wird dabei als unabhängige Störgröße angenommen; die Zulaufgeschwindigkeit v_2 ist demnach über die Antriebsrollen A_2 so zu steuern, daß die Länge x_2 der Bandschleife möglichst dem Sollwert entspricht. Mit der Beziehung $dx_2/dt = (v_2 - v_1)/2$ ergibt sich das in Bild 14.5b skizzierte Regelschema; der Bandspeicher stellt also einen Integrator dar. Es sei angenommen, daß die Zufuhrspule auf konstante Abzugskraft des Bandes gebremst wird.

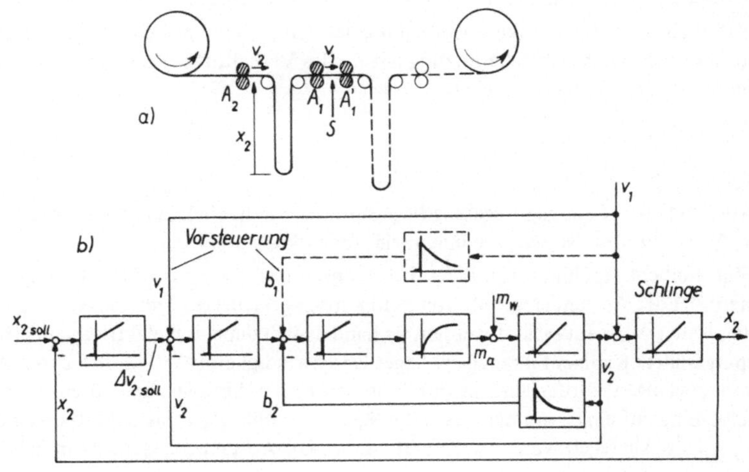

Bild 14.5

Durch Vorsteuerung der Antriebsrollen A_2 mit der Geschwindigkeit v_1 läßt sich die Güte der Schlingenregelung wesentlich verbessern. Bei hohen dynamischen Beanspruchungen und begrenzter Maximallänge der Schlinge kann außerdem eine Beschleunigungsaufschaltung notwendig sein, wie dies in Bild 14.5b gestrichelt angedeutet ist. Eine Besonderheit besteht bei dieser Anwendung darin, daß das Trägheitsmoment des Spulenantriebs sich je nach dem Füllgrad der Spule stark ändert. Die Arbeitsrichtung ist bei den meisten Bandgeräten umkehrbar.

Bei kontinuierlichen Walzwerken liegt wegen der veränderten Aufgabenstellung eine unterschiedliche Geometrie der Schlingenregelung vor. Nach Bild 14.6 wird das bandförmige Material zwischen zwei Walzgerüsten durch einen elektrisch oder hydraulisch bewegten Schlingenheber mit einer definierten Kraft f_S nach oben gedrückt. Aufgrund der geometrischen Beziehungen besteht ein nichtlinearer Zusammenhang zwischen der Länge 2ℓ und der Auslenkung x_2 des Bandes, $x_2 = \sqrt{\ell^2 - a^2}$, der auf eine nichtlineare Differentialgleichung für den Bandspeicher führt,

$$\frac{2a}{v_0} \frac{x_2}{\ell} \frac{d \frac{x_2}{a}}{dt} = \frac{v_2}{v_0} - \frac{v_1}{v_0} .$$

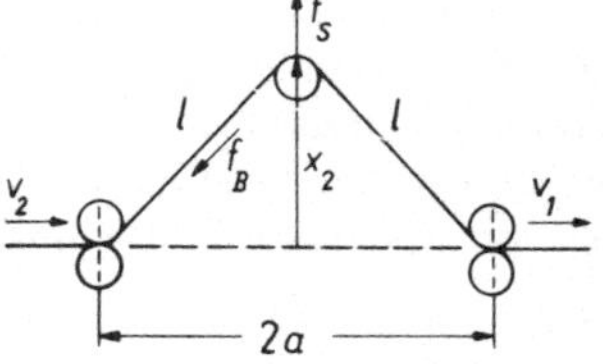

Bild 14.6

v_0 ist dabei eine beliebige Bezugsgeschwindigkeit.
Die wirksame Integrierzeit

$$T_i = \frac{2a}{v_0} \frac{x_2}{\ell}$$

hängt also vom Verhältnis x_2/ℓ im Betriebspunkt ab. Für $x_2/\ell = 1$ ergibt sich gerade der in Bild 14.5 beschriebene Sonderfall. Um die Schlingenregelung auch bei kleinen Werten von x_2/ℓ betreiben zu können, ist wegen der abnehmenden Integrierzeit der Schlinge also ein dynamisch besonders hochwertiger Antrieb erforderlich.

Natürlich ist auch die Zugbeanspruchung des Bandes von der Form der Schlinge abhängig; wegen der Hebelübersetzung gilt für das Verhältnis der Bandzugkraft f_B zur Anpreßkraft des Schlingenhebers f_S

$$\frac{f_B}{f_S} = \frac{1}{2} \frac{\ell}{x_2} .$$

Auch bei einer Bandzug-Regelung liegt der kritische Bereich bei kleinen Werten von x_2/ℓ, wo die Regelstrecke die maximale Verstärkung annimmt.

Eine ähnliche regelungstechnische Aufgabenstellung wie bei der Schlingenregelung besteht bei der Abstandsregelung von automatisch gesteuerten Fahrzeugen, wie sie für den Nahverkehr entwickelt werden. Es handelt sich dabei um elektrisch angetriebene spurgeführte Kabinenfahrzeuge geringer Geschwindigkeit (< 50 km/h), deren Abstand vom jeweiligen Vorderfahrzeug durch Steuerung der Antriebs- bzw. Bremskraft f_a selbsttätig auf einen von der Geschwindigkeit v_2 abhängigen Sicherheitsabstand $x_{2\,soll}(v_2)$ geregelt werden soll (Bild 14.7a). Die Abstandsmessung kann dabei z.B.

durch Radar erfolgen. Nimmt man wieder an, daß die Geschwindigkeit v_1 des Vorderfahrzeuges eine unabhängige Störgröße darstellt und daß das zu regelnde Folgefahrzeug mit einer Kaskadenregelung für Antriebskraft und Geschwindigkeit ausgestattet ist, so entsteht das in Bild 14.7b gezeichnete Schema der Abstandsregelung. Der Soll-Abstand $x_{2\,soll}$ vom Vorderfahrzeug wird dabei verzögert aus einer z.B. parabolischen Funktion der Geschwindigkeit v_2 abgeleitet.

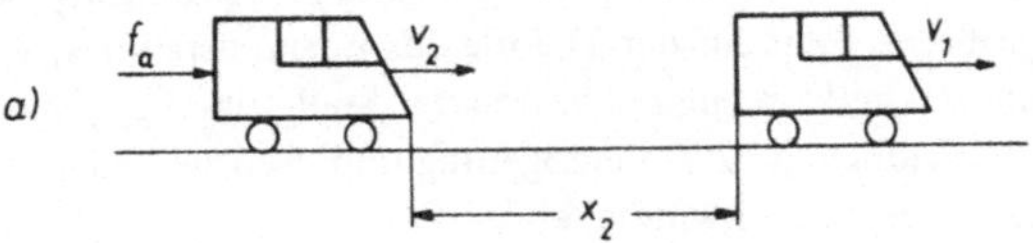

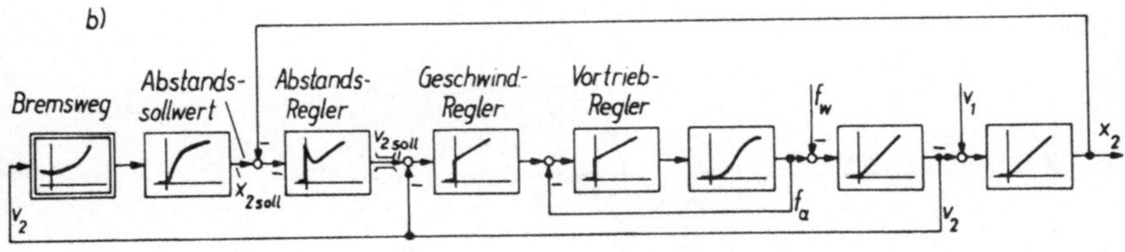

Bild 14.7

In Bild 14.8 sind gerechnete Einschwingvorgänge des Abstandregelkreises bei einem Bremsvorgang des Vorderfahrzeuges dargestellt; dabei wurde ein PID-Regler für den Abstand und eine lineare Abstandsfunktion $x_{2\,soll}\,(v_2)$ angenommen. Bremsvorgänge dieser Art und ihre Gefahren sind aus der Praxis des Autoverkehrs wohlbekannt. Es ist im Prinzip natürlich auch möglich, die Abstandshaltung durch Vorwarnung, d.h. Aufschaltung der Verzögerung des Vorderfahrzeuges oder der Änderungsgeschwindigkeit des Abstandes auf das Folgefahrzeug zu verbessern, wie dies im Straßenverkehr z.B. durch Verwendung von Bremsleuchten oder Warntafeln angestrebt wird.

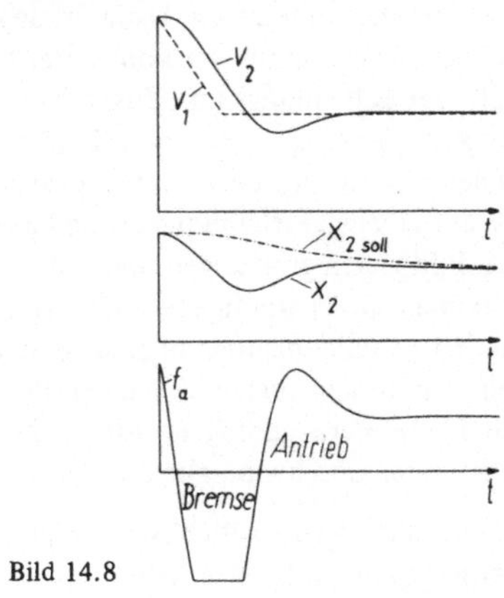

Bild 14.8

14.3. Zeitoptimale Lageregelung mit festem Zielpunkt

Diese Aufgabenstellung kommt bei Positionierantrieben vor, wo das zu bewegende Maschinenelement, z.B. die Oberwalze eines Walzgerüstes oder der Werkzeugträger bei einem Bohrwerk, in möglichst kurzer Zeit aus der einen Ruhelage in eine sprungartig vorgegebene neue Ruhelage gebracht werden soll. Betrachtet man den Stellantrieb vereinfacht als zweifachen Integrator mit der Beschleunigung b_2 als Eingangs- und der Lage x_2 als Ausgangsgröße, so folgt aus der Theorie des Zustandsraumes, z.B. [22], daß der zugehörige optimale Verstellvorgang bei begrenzter Stellgröße b_{max} zwei Abschnitte maximaler Beschleunigung bzw. Verzögerung und eventuell einen dazwischen liegenden Abschnitt maximaler Geschwindigkeit umfaßt.

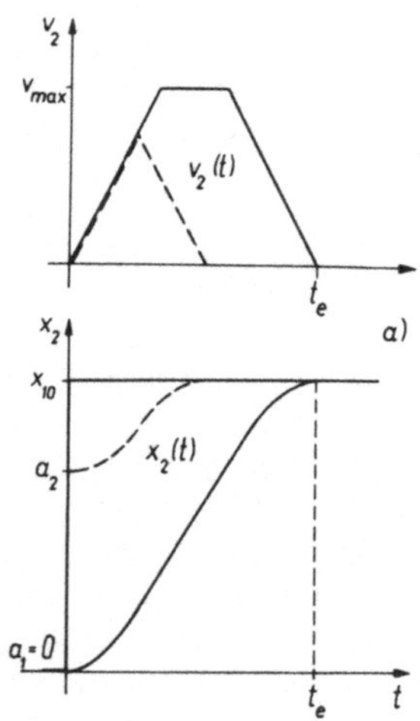

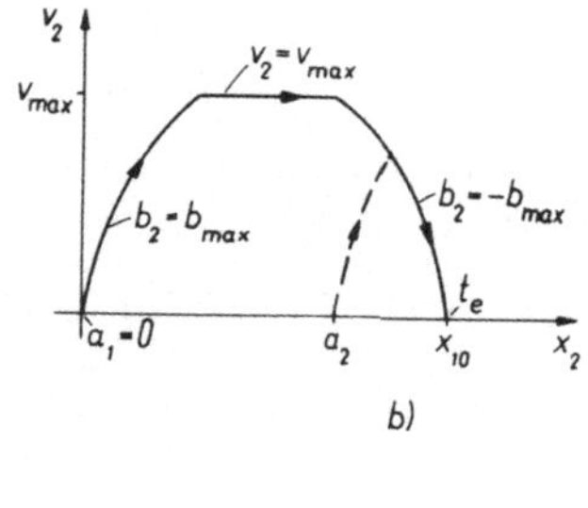

Bild 14.9

In Bild 14.9 sind zwei Einstellvorgänge dieser Art über der Zeit und in der x_2, v_2-Zustandsebene aufgetragen. Dabei ist angenommen, daß bei $t = 0$, beginnend im stationären Zustand, ein neuer konstanter Lage-Sollwert x_{10} vorgegeben wurde. Der Antrieb befindet sich anfangs im „Zustand" $x_2(0) = a_1$, $v_2(0) = 0$; der Zielpunkt liegt bei $x_2(t_e) = x_{10}$, $v_2(t_e) = 0$. Eine zeitoptimale Verstellung mit vorgegebener maximaler Antriebskraft erfordert zunächst einen Hochlauf mit voller Beschleunigung b_{max} bis zur Höchstgeschwindigkeit und anschließend eine Zielbremsung mit maximaler (im Bild gleich groß angenommener) Verzögerung. Bei der Anfangslage a_2 wird die maximale Geschwindigkeit nicht erreicht. Die Bremsung schließt sich hier unmittelbar an den Beschleunigungsvorgang an; der Bremseinsatz erfolgt beim halben zurückgelegten Weg. In der Zustandsebene erscheinen die Abschnitte mit konstanter Beschleunigung bzw. Verzögerung als mit der Zeit t bezifferte Parabelbögen, der Abschnitt mit konstanter Geschwindigkeit als eine zur x_2-Achse parallele Gerade.

Die in Bild 14.10 als Blockschaltbild gezeichnete Lageregelung hat Eigenschaften, die weitgehend dem Idealverhalten gemäß Bild 14.9 entsprechen [36], [47], [123]. Um eine reproduzierbare Genauigkeit bei hoher Auflösung des Verstellweges zu erreichen, ist der Lageregler wie in Bild 14.3 digital ausgeführt. Zum Unterschied von der dort gezeichneten Anordnung ist aber nun zwischen den Ausgang des Lagereglers und den Führungsgrößen-Eingang des Geschwindigkeitsreglers ein nichtlinearer Funktionsgeber der Form

$$v_1 = \sqrt{2b_{max} \quad |x_3|} \text{ sign } (x_3)$$

eingefügt. Damit ergibt sich während eines Verstellvorganges folgende Wirkungsweise des Antriebs:

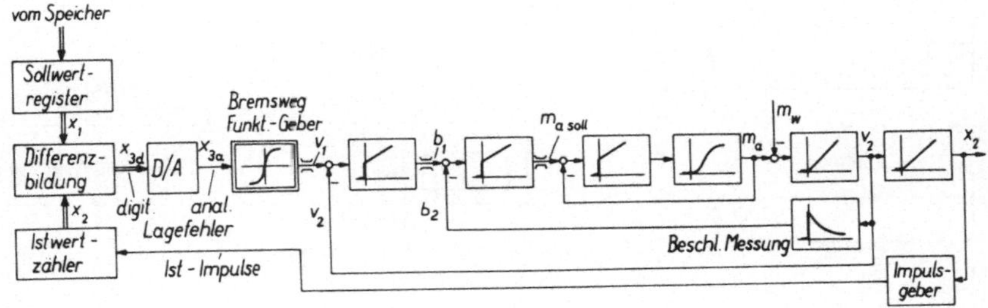

Bild 14.10

Bei sprungförmiger Änderung des Lagesollwertes x_1 um einen Wert, der den zweifachen maximalen Bremsweg überschreitet, nimmt v_1 den maximalen Wert $v_{1\,max}$ an; der Geschwindigkeitsregler wird dadurch übersteuert und der Antrieb fährt mit maximaler Beschleunigung an. Sobald die Drehzahl den Sollwert erreicht hat, löst sich der Drehzahlregler aus der Übersteuerung und stellt die konstante maximale Drehzahl ein. Da der Lagefehler stetig kleiner wird, kommt auch der nichtlineare Funktionsgeber zu irgendeinem Zeitpunkt aus der Begrenzung; die dann wirksame Kennlinie v_1 (x_3) für den Drehzahlsollwert ist so gewählt, daß der Antrieb mit konstanter Verzögerung in den Abgleich geführt wird. Der Funktionsgeber bestimmt also den Bremseinsatzpunkt und bewirkt eine geregelte aperiodische Zielbremsung in minimaler Zeit; nach Erreichen des Zielpunktes wird der Antrieb in den meisten Fällen abgeschaltet und mit einer mechanischen Bremse arretiert. Falls der vorgegebene Verstellweg den doppelten maximalen Bremsweg unterschreitet, geht der Motor aus der Beschleunigung unmittelbar in die Bremsung über, noch bevor die maximale Geschwindigkeit erreicht ist. Die Stromregelung dient wieder nur als Sicherheit im Störungsfall, z.B. bei mechanischer Blockierung; der Grenzstrom ist so hoch einzustellen, daß er auch bei Beschleunigung mit maximaler Last nicht erreicht wird.

Natürlich ist eine vereinfachte Betrachtung des Antriebes als System 2. Ordnung nur sinnvoll, wenn die Regelung, insbesondere der Stromregelkreis, sehr schnell arbeitet. Für Antriebe dieser Art kommt deshalb nur Stromrichterspeisung in Betracht. In Bild 14.11 ist ein Verstellvorgang gezeigt, der mit einer digitalen Nachbildung der in Bild

14.10 gezeichneten Anordnung gewonnen wurde. Der Funktionsgeber v_1 (x_3) ist dabei durch eine Stufenkurve approximiert [47]. Eine dynamische Interpolation erfolgt durch den Beschleunigungsregler. Die angenommenen Daten entsprechen denen eines Gleichstromantriebes mit 6-pulsigem Stromrichter. Man erkennt am Verlauf der Kurven, daß sich der Vorgang mit den getroffenen Vereinfachungen noch genügend genau beschreiben läßt, wenn bei der gewählten Einstellung auch ein leichtes Überschwingen zu beobachten ist. Falls die Verzögerung des Stromregelkreises nicht vernachlässigt werden kann, ergeben sich bei der Forderung nach zeitoptimaler Verstellung zusätzliche Komplikationen [134].

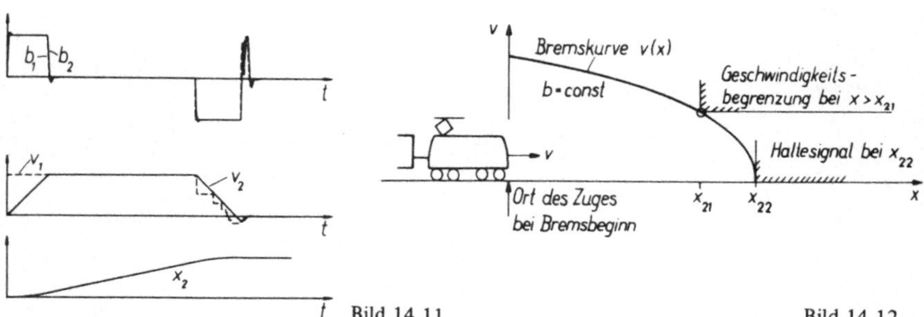

Bild 14.11

Bild 14.12

Bremswegkurven wie in Bild 14.9b werden auch bei anderen Antrieben verwendet, die eine Zielbremsung erfordern, zum Beispiel bei automatisch gesteuerten Zügen, s. Bild 14.12. Auch auf freier Strecke muß in jedem Augenblick eine gedachte Bremskurve v (x, b) bekannt sein, längs der der Zug im Bedarfsfall mit definierter Verzögerung teilgebremst oder zum Stillstand gebracht werden könnte. Vergleicht man die dem Zug „vorauseilende" Bremskurve mit ortsgebundenen Geschwindigkeitsbeschränkungen – im Grenzfall einem Haltesignal –, so kann daraus der Zeitpunkt bestimmt werden, in dem die Bremsung spätestens beginnen muß.

Ähnliche Aufgaben kommen auch bei schnellfahrenden Personenaufzügen vor, um während der Fahrt entscheiden zu können, ob ein zusätzlicher Ruf in Fahrtrichtung oder ein verspäteter Haltewunsch eines Passagiers sofort oder erst bei einer späteren Fahrt bedient werden kann.

14.4. Lageregelung mit bewegtem Zielpunkt

Zusätzliche Probleme entstehen, wenn der anzusteuernde Zielpunkt sich bewegt und das lagegeregelte Maschinenelement beim Zusammentreffen die gleiche Geschwindigkeit wie der Zielpunkt aufweisen soll. Diese Aufgabenstellung kommt z.B. bei rotierenden Scheren vor, die zum Zerteilen von bewegtem Walzgut in Abschnitte vorgegebener Länge eingesetzt werden; ähnliche Forderungen bestehen auch bei Rotations-Druckmaschinen, um während des Laufes, d.h. ohne die Produktion unterbrechen zu müssen, eine neue Papierrolle an das Ende der auslaufenden Rolle ankleben zu können.

Die Situation ähnelt der Übergabe bei einem Staffellauf, wo es darauf ankommt, daß der ablösende Läufer im richtigen Augenblick startet, um den Stab im vorgegebenen Wegbereich sicher übernehmen zu können; auch beim Einfädeln eines Fahrzeugs in eine dicht befahrene Autobahn liegt diese Aufgabe vor. Allgemein gesprochen handelt es sich dabei um den eindimensionalen Fall eines „Rendezvous"-Problems wie es beim Ankoppeln von Raumfahrt-Satelliten auftritt.

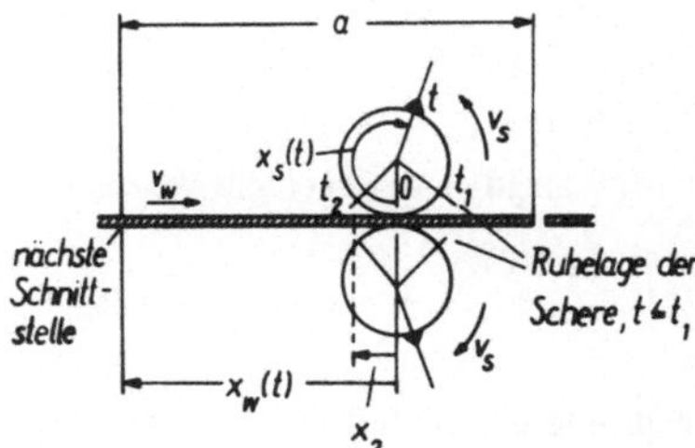

Bild 14.13

In Bild 14.13 ist der grundsätzliche Aufbau einer rotierenden Schere skizziert. Das zu teilende band- oder stabförmige Material hat das Walzgerüst verlassen und bewegt sich mit der Geschwindigkeit v_w durch die Schere. Diese besteht aus zwei mechanisch gekoppelten und gegenläufig bewegten Trommeln, die an einer Stelle des Umfanges ineinandergreifende Messer tragen. Zunächst befirde sich die Schere in einer Ruhelage; zu einem bestimmten Zeitpunkt t_1 ist die Schere so zu beschleunigen, daß die Messer das Walzgut gerade an der vorgesehenen Stelle zerteilen. Die Schere soll sich im Zeitpunkt des Schnittes möglichst synchron mit dem Walzgut bewegen; eine geringe Drehzahlüberhöhung ist meistens erwünscht. Nach dem Schnitt ist die Schere abzubremsen und in eine Ruhelage zu fahren.

Neben diesem diskontinuierlichen Betrieb ist es bei kürzeren Schnittlängen auch möglich, daß die Schere zwischen den Schnitten nicht zum Stillstand kommt; dieser Fall wird hier nicht betrachtet. Im folgenden interessiert vor allem der Beschleunigungsvorgang bis zum Schnitt; die Rückkehr in die Ruhelage entspricht dem in Abschn. 14.3 behandelten Fall. Für die Steuerung von Scheren gibt es unterschiedliche Strategien; das hier beschriebene Verfahren stellt nur eine von verschiedenen Möglichkeiten dar [135] bis [138].

In Bild 14.14a sind die wesentlichen Größen über der Zeit idealisiert dargestellt. Zeit- und Ortskoordinaten sind auf den Augenblick und den Ort des Schnittes bezogen. Der Beschleunigungsvorgang liegt also im Bereich negativer Werte für Zeit und Ort. Die Geschwindigkeit v_w des Walzgutes wird als konstant angenommen.

Bei t_1 beginnt die Schere mit $b_S = b_{S\,max} = \text{const}$ zu beschleunigen, erreicht bei t_2 die Geschwindigkeit des Walzgutes und läuft anschließend synchron mit dem Walzgut bis zum Schnitt. Der Abschnitt $t_2 < t < 0$ ist als Korrekturstrecke für die Lageregelung gedacht; hier sollen Lagefehler ausgeglichen werden, die infolge von Toleranzen während des Anlaufes und wegen der endlichen Einschwingzeit der Drehzahlregelung unvermeidlich sind.

Die Restlänge $x_w(t)$ ändert sich bei Annahme konstanter Walzgutgeschwindigkeit zeitlinear, während der Abstand $x_S(t)$ der Scherenmesser von der Schnittstelle im Bereich $t_1 < t < t_2$ parabolisch abnimmt. Die entsprechenden Vorgänge sind in Bild 14.14b in der Zustandsebene aufgetragen.

Die Lagekoordinaten der Schere und des mit dem Walzgut bewegten Zielpunktes lassen sich angenähert in folgender Weise beschreiben: Der während der Beschleunigungszeit

$$t_b = t_2 - t_1 = \frac{v_w}{b_{S\,max}} \tag{1}$$

vom Walzgut zurückgelegte Weg ist

$$x_w(t_2) - x_w(t_1) = v_w t_b = \frac{v_w^2}{b_{S\,max}}. \tag{2}$$

Während dieser Zeit steigt die Geschwindigkeit der Schere gemäß

$$v_S(t) = b_{S\,max}(t - t_1) = v_w \frac{t - t_1}{t_2 - t_1}, \quad t_1 \leqslant t \leqslant t_2. \tag{3}$$

Die zugehörige Beschleunigungsstrecke ist

$$x_S(t_2) - x_S(t_1) = \frac{b_{S\,max}}{2}(t_2 - t_1)^2 = \frac{1}{2}\frac{v_w^2}{b_{S\,max}}; \tag{4}$$

dies entspricht gerade der Hälfte der während der gleichen Zeit vom Walzgut durchlaufenen Strecke. Der Rest des Weges, $t_1^{\cdot} < t < 0$, wird von der Schere gemeinsam mit dem Walzgut zurückgelegt,

$$x_S(t_2) = x_w(t_2) = v_w t_2 < 0. \tag{5}$$

Es wäre möglich, die Schere zeitabhängig zu steuern, doch erscheint ein vom Ort des Zielpunktes gesteuerter Hochlauf mit anschließender Lageregelung hinsichtlich der bei

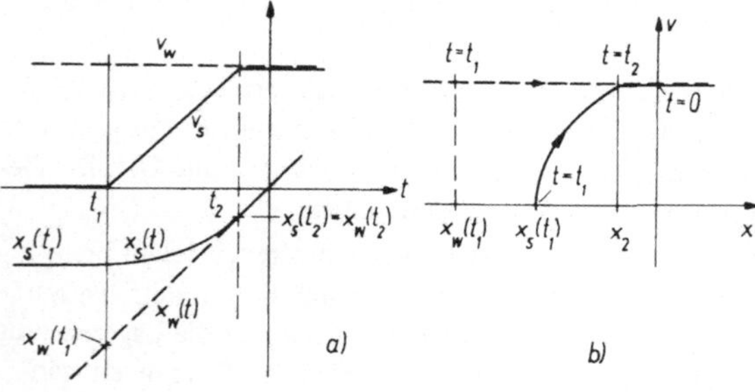

Bild 14.14

Schwankungen der Walzgeschwindigkeit zu erwartenden Längenfehler günstiger. Als Führungsgröße dient dabei die veränderliche Restlänge x_w (t), die meistens digital, als Stand eines Restlängenzählers, vorliegt. Dieser wird bei jedem Schnitt auf die nächste gewünschte Länge – a gesetzt und anschließend mit einem vom Walzgut bewegten Impulsgeber gegen Null gezählt. Die zu t_1 gehörige Restlänge folgt aus Gl. (2), (5),

$$x_w(t_1) = -\frac{v_w^2}{b_{S\,max}} + v_w t_2 ;$$

bei Verwendung eines konstanten Korrekturintervalles, $t_2 = -t_k$,

gilt $$x_w(t_1) = -\left(\frac{v_w^2}{b_{S\,max}} + v_w t_k\right). \qquad (6)$$

Sobald der Zählerstand diesen Wert erreicht hat, ist der Beschleunigungsvorgang auszulösen.

Um zu erreichen, daß der Vorgang den in Bild 14.14 skizzierten Verlauf nimmt, muß die Schere im Startzeitpunkt die durch Gl. (4), (5) bestimmte Anfangslage einnehmen,

$$x_{S0} = x_S(t_1) = -\left(\frac{v_w^2}{2b_{S\,max}} + v_w t_k\right). \qquad (7)$$

Die Ruhestellung der Schere ist also ebenfalls von der Geschwindigkeit des Walzgutes abhängig.

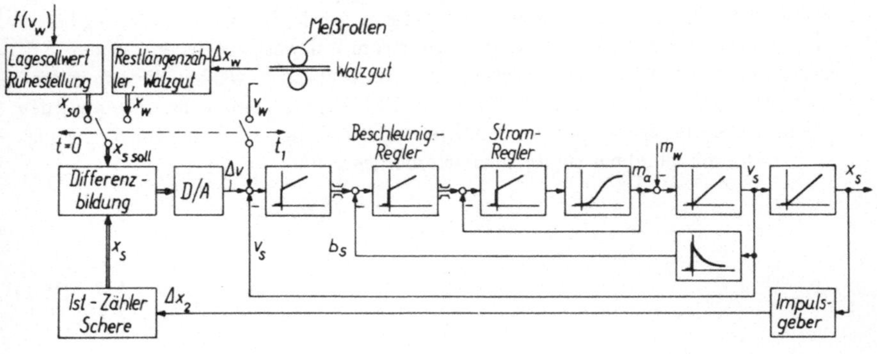

Bild 14.15

In Bild 14.15 ist eine mögliche Antriebsregelung für die Schere schematisch gezeigt. Es handelt sich dabei wieder um eine mehrschleifige Kaskade mit digitaler Lageregelung, ähnlich wie in Bild 14.10; der wesentliche Unterschied besteht in der Sollwertvorgabe für Drehzahl und Lage. Die Schere befinde sich anfangs in der vorgeschriebenen Ruhelage; man erreicht dies durch Vorgabe eines entsprechenden digitalen Lagesollwertes x_{S0}, der gemäß Gl. (7) aus der Walzgutgeschwindigkeit abgeleitet wird. Die Kapazität des Istwert-Zählers ist so zu wählen, daß genau eine Umdrehung der Schere abgebildet wird; bei jeder vollen Drehung wird also der gesamte Zahlenbereich durchlaufen. Durch die in Bild 14.15 als mechanische Umschaltung angedeutete Einrichtung ist im Ruhezustand der Geschwindigkeitssollwert v_w unterbrochen.

Wie vorher beschrieben, wird der Restlängenzähler mit einer der Walzgutgeschwindigkeit proportionalen Frequenz gegen Null gezählt. Sobald x_w den durch Gl. (6) bestimmten Wert erreicht hat, wird der Lagesollwert für die Schere dem Restlängenzähler entnommen; gleichzeitig wird der Geschwindigkeitssollwert v_w aufgeschaltet, so daß die Schere wegen der Begrenzung des Drehzahlreglers mit maximaler Beschleunigung anläuft. Nachdem bei t_2 angenähert Synchronismus mit dem Walzgut erreicht ist, übernimmt der digitale Lageregler während der nun folgenden Korrekturphase die Führung der Schere bis zum Schnitt. Dabei können auch noch kleinere Schwankungen der Walzgutgeschwindigkeit ausgeglichen werden. Nach dem Schnitt ($t = 0$) wird die Schere durch erneute Umschaltung des Lagesollwertes in die Anfangslage für den nächsten Schnitt gebracht. Da dieser Zustand bis zum nächsten Beschleunigungsbefehl bestehen bleibt, erfolgt auch hierbei eine Anpassung an Schwankungen der Walzgutgeschwindigkeit.

Die mit einem solchen Verfahren erreichbaren Schnittoleranzen hängen von der Genauigkeit der analogen Geschwindigkeitsregelung einschließlich der Abbildung der Walzgutgeschwindigkeit, von der Genauigkeit der Beschleunigungsbegrenzung, der Längen-Auflösung der Impulsgeber und schließlich von der für die Lagekorrektur verfügbaren Zeit t_k ab.

Der regelungstechnische Aufwand für eine Scherensteuerung ist zwar beträchtlich, doch ist auch der erreichbare Produktivitätsgewinn gegenüber einer Schere, die nur ruhendes Walzgut schneidet, erheblich. Ein weiterer Schritt der Automatisierung besteht nun darin, während der Materialbewegung vom Walzwerk zur Schere aus der gesamten Länge des Walzgutes handelsübliche Schnittlängen zu wählen, die minimalen Verschnitt ergeben und sofort als Sollwerte an die Scherensteuerung übertragen werden können. Da für die verschnittoptimale Aufteilung nur wenige Sekunden zur Verfügung stehen, ist hierfür allerdings ein Rechner erforderlich.

Literatur

A. Lehrbücher

[1] B ö d e f e l d , Th.; S e q u e n z , H.: Elektrische Maschinen. 8. Aufl. Berlin–Heidelberg –New York 1971

[2] W e h , H.: Elektrische Netzwerke und Maschinen in Matrizen-Darstellung. Mannheim 1968. = BI-Hochschultaschenbücher 108/108a

[3] K o v a c z , K. P.; R a c z , J.: Transiente Vorgänge in Wechselstrommaschinen. Budapest 1959

[4] L e o n h a r d , A.: Elektrische Antriebe. 2. Aufl. Stuttgart 1959

[5] K ü m m e l , F.: Elektrische Antriebstechnik. Berlin–Heidelberg–New York 1971

[6] L e h m a n n , W.; G e i s w e i d , R.: Die Elektrotechnik und die elektrischen Antriebe. 6. Aufl. Berlin–Göttingen–Heidelberg 1962

[7] B ü h l e r , H.: Einführung in die Theorie geregelter Gleichstromantriebe. Basel–Stuttgart 1962

[8] P f a f f , G.: Regelung elektrischer Antriebe I. München 1971

[9] M ö l t g e n , G.: Netzgeführte Stromrichter mit Thyristoren. Siemens-Fachbuch 1970

[10] W a s s e r r a b , Th.: Schaltungslehre der Stromrichtertechnik. Berlin–Göttingen–Heidelberg 1962

[11] M a r t i , K.; W i n o g r a d , O.: Stromrichter. München 1933

[12] U n g e r , H. G.; S c h u l t z , W.: Elektronische Bauelemente und Netzwerke I. 2. Aufl. Braunschweig 1971

[13] H e u m a n n , K.; S t u m p e , A. C.: Thyristoren. Eigenschaften und Anwendungen. 2. Aufl. Stuttgart 1969

[14] H o f m a n n , A.; S t o c k e r , K.: Thyristor-Handbuch. Siemens-Fachbuch 1965

B. Ergänzende Bücher

[20] L e o n h a r d , W.: Wechselströme und Netzwerke. 2. Aufl. Braunschweig 1971

[21] – : Einführung in die Regelungstechnik: Lineare Regelvorgänge. 2. Aufl. Braunschweig 1972

[22] – : Einführung in die Regelungstechnik: Nichtlineare Regelvorgänge. Braunschweig 1970

[23] – : Diskrete Regelsysteme. Mannheim 1972. = BI-Hochschultaschenbücher 523/523a

[24] V o l k , P.: Antriebstechnik in der Metallverarbeitung. Berlin–Heidelberg–New York 1966

[25] S c h i l l e r , F.: Elektrische Antriebe in der Zellstoff- und Papierindustrie. Berlin–Heidelberg–New York 1964

[26] M e y e r , M.: Stromrichter mit erzwungener Kommutierung. Siemens-Fachbuch 1968

[27] VEM Handbuch. Die Technik der elektrischen Antriebe. Berlin 1963

[28] Z u r m ü h l , R.: Praktische Mathematik für Ingenieure und Physiker. 5. Aufl. Berlin–Heidelberg–New York 1965

[29] H a m m i n g , R. W.: Numerical methods for scientists and engineers. New York–Toronto – London 1962

[30] L i p p m a n n , H.: Schwingungslehre. Mannheim 1968. = BI-Hochschultaschenbücher 189

[31] M o h r , O. (Hrsg.): Steuerungen und Regelungen elektrischer Antriebe. Berlin 1959. = VDE-Buchreihe, Bd. 4

[32] K e ß l e r , C. (Hrsg.): Digitale Signalverarbeitung in der Regelungstechnik. Berlin 1962 = VDE-Buchreihe, Bd. 8

[33] S t e i m e l , K.; J ö t t e n , R. (Hrsg.): Energieelektronik und geregelte elektrische Antriebe. Berlin 1966. = VDE-Buchreihe, Bd. 11

[34] J o r d a n , H.; W e i s , M.: Asynchronmaschinen. Braunschweig 1969

[35] L o o c k e , G.: Elektrische Maschinenverstärker. Berlin–Göttingen–Heidelberg 1958

[36] L e r n e r , A. J.: Schnelligkeitsoptimale Regelungen. München 1963

C. Aufsätze und Einzelprobleme

[40] Leonhard, A.: Kennlinien von Gleichstrommotoren. Elektrotechn. Masch.bau (1942) 261

[41] Bader, W.: Theorie der Schaltungen für die Widerstandsbremse von selbsterregten Gleichstrom-Reihenschlußmotoren bei elektrischen Fahrzeugen.
Wiss. Veröff. a. d. Siemens-Konzern (1930) 209

[42] Ludwig, E.: Dt. Patent 1.072 704 (1960)

[43] Keßler, C.; Meinhardt, W.; Neuffer, J.; Rube, G.: Die Gleichstrom-Fördermaschine mit Siemens-TRANSIDYN-Regelung. Siemens-Z. (1958) 555

[44] Ströle, D.; Vogl, H.: TRANSIDYN-Regelungen für Walzwerkantriebe. Regelungstechn. (1960) 194

[45] Völker, C. F.: Dt. Patent 906 951 (1944)

[46] Geyer, W.: Regelungstechnische Probleme bei der Regelung eines Gleichstrommotors bei gleichzeitigem Eingriff in Anker- und Feldstromkreis. Berlin 1966. = VDE-Buchreihe, Bd. 11, 472

[47] Anke, K.; Ertel, K.; Sinn, G.: Digitale Wegregelung. Siemens-Z. (1960) 664

[48] Latzel, W.: Regelungstechnische Ergebnisse an numerisch gesteuerten Werkzeugmaschinen. Berlin 1962. = VDE-Buchreihe, Bd. 8, 198

[49] Meyer, M.: Über die untersynchrone Stromrichterkaskade. ETZ (1961) 589

[50] Meyer, H.; Möltgen, G.; Wesselak, F.: Der Quecksilberdampf-Stromrichter als Stellglied in Regelkreisen. Siemens-Z. (1960) 592

[51] Leonhard, W.: Dynamic behaviour of a nonlinear sampled-data control loop using pulse width controlled thyristors as power amplifiers. Beitrag 34 G. 3. IFAC Kongreß, London 1965

[52] Fieger, K.: Über die Anwendung der Abtasttheorie auf nichtlineare Regelkreise mit nichtstetigen Stellgliedern. Diss. TH Braunschweig 1967

[53] Hugel, J.: Die Berechnung von Stromrichter-Regelkreisen. Arch Elektrotechn. **53** 224

[54] Jötten, R.: Regelungstechnische Probleme bei elastischer Verbindung zwischen Motor und Arbeitsmaschine. Berlin 1966. = VDE-Buchreihe, Bd. 11, 446

[55] Foerst, R.: Der Löschwinkelregelkreis einer Hochspannungs-Gleichstrom-Übertragung mit symmetrischer Drehspannung. Diss. TH Darmstadt 1967

[56] Ainsworth, J. D.: Harmonic instability between controlled static convertors and a. c. networks. Proc. IEE (1967) 949

[57] Keßler, C.: Steuerungen und Regelungen elektrischer Antriebe. (Diskussion zu R. Jötten: Regelungsdynamik stromrichtergespeister Antriebe für durchlaufende Walzenstraßen). Berlin 1959. = VDE-Buchreihe, Bd. 4

[58] Fieger, K.; Middel, J.: Vereinfachte Behandlung linearer Abtastregelkreise. Regelungstechn. (1967) 445

[59] Schröder, F.: Untersuchung der dynamischen Eigenschaften von Stromrichterstellgliedern mit natürlicher Kommutierung. Diss. TH Darmstadt 1969

[60] Eisenack, H.; Cordes, D.: Digitale Nachbildung der Vorgänge in Stromrichterschaltungen. ETZ-A (1971) 120

[61] Keßler, C.: Das symmetrische Optimum. Regelungstechn. (1958) 395, 432

[62] Skudelny, H. Ch.: Stromrichterschaltungen für Wechselstrom-Triebfahrzeuge. ETZ (1966) 249

[63] Korb, F.: Die Gefäßfolgesteuerung, ein Mittel zur Verminderung der Blindleistung von Stromrichteranlagen. ETZ-A (1958) 273

[64] Hengsberger, A.; Putz, U.; Vetters, L.: Thyristor-Stromrichter für Bahnmotoren. AEG-Mitt. (1964) 435

[65] Wagner, R.: Elektronischer Gleichstromsteller für die Geschwindigkeitssteuerung elektrischer Triebfahrzeuge. Siemens-Z. (1964) 14

[66] – : Beitrag zur Theorie des direkten Gleichstrom-Gleichstrom-Umrichters. Diss. TU Braunschweig 1968

[67] L e o n h a r d , W.: Regelkreis mit gesteuertem Stromrichter als nichtlineares Abtastproblem. ETZ (1965) 513

[68] F i e g e r , K.: Zum dynamischen Verhalten thyristorgespeister Gleichstrom-Regelantriebe. ETZ-A (1969) 311

[69] L e o n h a r d , W.: Regelungsprobleme bei der stromrichtergespeisten Drehstrom-Asynchronmaschine. VDE-Fachber. (1968) 50

[70] G e w e c k e , J.: Untersynchrone Drehstrom-Bremsschaltungen für Hebezeuge. Siemens-Z. (1929) 9

[71] F l ö t e , R.: Geregelte Gleichstrombremsung einer Drehstrom-Fördermaschine. AEG-Mitt. (1957) 13

[72] L e o n h a r d , A.: Anlassen von Asynchronmotoren über KUSA-Widerstand. Elektrotechn. Masch.bau (1943) 122

[73] J ö t t e n , R.: Frz. Patent 133 1612 (1961)

[74] S c h n ö r r , R.: Der Drehstrommotor mit Umrichterspeisung. VDE-Fachber. (1964) 225

[75] S c h ö n u n g , A.; S t e m m l e r , H.: Geregelter Drehstrom-Umkehrantrieb mit gesteuertem Umrichter nach dem Unterschwingungsverfahren. BBC-Nachr. (1964) 555

[76] A b r a h a m , L.; K o p p e l m a n n , F.: Käfigläufermotoren mit hoher Drehzahldynamik. AEG-Mitt. (1965) 118

[77] B l a s c h k e , F.; H ü t t e r , G.; S c h n e i d e r , U.: Drehzahlsteuerung von Drehstrommotoren über Zwischenkreisumrichter. Siemens-Z. (1965) 254

[78] B y s t r o n , K.: Strom- und Spannungsverhältnisse beim Drehstrom-Drehstrom-Umrichter mit Gleichspannungs-Zwischenkreis. ETZ-A (1966) 264

[79] Z ü r n e c k , H.: Ein drehzahlgeregelter spannungsgesteuerter Stromrichter-Asynchronmotor. Diss. TH Darmstadt 1965

[80] N a u n i n , D.: Ein Beitrag zum dynamischen Verhalten der frequenzgesteuerten Asynchronmaschine. Diss. TU Berlin 1968

[81] H a s s e , K.: Zur Dynamik drehzahlgeregelter Antriebe mit stromrichtergespeisten Asynchron-Kurzschlußläufermaschinen. Diss. TH Darmstadt 1969

[82] B l a s c h k e , F.; R i p p e r g e r , H.; S t e i n k ö n i g , H.: Regelung umrichtergespeister Asynchronmaschinen mit eingeprägtem Ständerstrom. Siemens-Z. (1968) 773

[83] B l a s c h k e , F.: Das Verfahren der Feldorientierung zur Regelung der Asynchronmaschine. Siemens Forschungs- und Entwicklungsber. **1**, Nr. 1 (1972)

[84] F l ö t e r , W.; R i p p e r g e r , H.: Die Transvektor-Regelung für den feldorientierten Betrieb einer Asynchronmaschine. Siemens-Z. (1971) 761

[85] H e i n t z e , K.; T a p p e i n e r , H.; W e i b e l z a h l , M.: Pulswechselrichter zur Drehzahlsteuerung von Asynchronmaschinen. Siemens-Z. (1971) 154

[86] L e o n h a r d , W.: Zählende Rechenschaltungen für Regelaufgaben. Arch. Elektrotechn. (1964) 215

[87] G r e b e n e , A. B.: The monolithic phase-locked loop – a versatile building block. IEEE Spectrum, März 1971

[88] H o l l m a n n , H.-H.: Aufbau eines digitalen Schlupffrequenz-Meßgerätes. Dipl.-Arb. TU Braunschweig 1971

[89] S c h r ö d e r , R.: Drehzahlgeregelte Asynchronmaschine mit Umrichterspeisung. Dipl.-Arb. TU Braunschweig 1970

[90] L a n g w e i l e r , F.; R i c h t e r , M.: Flußerfassung in Asynchronmaschinen. Siemens-Z. (1971) 768

[91] S o b o t t k a , U.: Einfluß der Temperatur auf das Betriebsverhalten der drehzahlgeregelten Asynchronmaschine. Siemens-Z. (1969) 760

[92] H a n n a k a m , L.: Übergangsverhalten des Drehstrom-Schleifringläufermotors. Regelungstechn. (1959) 393, 421

[93] – : Digitales Universalprogramm für Schaltvorgänge an Drehstrom-Asynchronmaschinen. ETZ-A (1961) 493

[94] K a f k a , W.; D ö l l , W.: Der durch Magnetverstärker gesteuerte Asynchronmotor. ETZ (1957) 884

[95] L e o n h a r d , W.: Elements of reactor controlled reversible induction motor drives. Trans AIEE (1959) Pt. II, 106

[96] S c h ö n f e l d , R.; K r u g , H.: Näherungsverfahren zur dynamischen Beschreibung des Stromrichterstellgliedes. Messen, Steuern, Regeln (1972) 246

[97] H o l t z , J.: Ein neues Zündsteuerverfahren für Stromrichter am schwachen Netz. ETZ-A (1970) 345

[98] – : Über den Einsatz des Digitalrechners bei der Nachbildung statischer und dynamischer Vorgänge in Verbundnetzen unter besonderer Berücksichtigung der Hochspannungs-Gleichstromübertragung. Diss. TU Braunschweig 1969

[99] – : Ein Digitalrechenprogramm zur Nachbildung statischer und dynamischer Vorgänge in Synchronmaschinen unter Berücksichtigung der Eisensättigung. ETZ-Report **2** (1970)

[100] E i s e n a c k , H.; H o f m e i s t e r , H.: Digitale Nachbildung von elektrischen Netzwerken mit Dioden und Thyristoren. Arch. Elektrotechn. (1972) 32

[101] S a d e k , K.: Digitale Simulation einer Hochspannungs-Gleichstrom-Übertragung. Diss. TU Braunschweig 1972

[102] S a d e k , K.; S c h m i d t , H. H.: Neuere Ergebnisse bei der Nachbildung von HGÜ-Systemen. ETZ-A (1970) 642

[103] M a u r e r , F.: Digitale Nachbildung von stromrichtergespeisten Synchronmotoren. Interne Ber. TU Braunschweig 1972

[104] T h e u e r k a u f , H.: Digitale Nachbildung der geregelten Asynchronmaschine mit Stromrichterspeisung. Interne Ber. TU Braunschweig 1972

[105] I n k m a n n , H.: Digitale Nachbildung einer drehzahlgeregelten Asynchronmaschine mit Feldsteuerung. Dipl.-Arb. TU Braunschweig 1972

[106] L e h m a n n , K. J.: Leistungsverstärker für Stellmotoren. Dipl.-Arb. TU Braunschweig 1970

[107] L a u f f e r , H.: Die Drehstrommaschine mit polradwinkelabhängig eingeprägten Läuferströmen. Arch. Elektrotechn. (1968) 289

[108] D i r r , R.; N e u f f e r , I.; S c h l ü t e r , W.; W a l d m a n n , H.: Neuartige elektronische Regeleinrichtungen für doppeltgespeiste Asynchronmotoren großer Leistung. Siemens-Z. (1971) 362

[109] E l g e r , H.; W e i ß , M.: Untersynchrone Stromrichterkaskade als drehzahlregelbarer Antrieb für Kesselspeisepumpen. Siemens-Z. (1968) 308

[110] B l a s c h k e , F.; S t r ö l e , D.: Transformationen zur Entflechtung elektrischer Antriebsregelstrecken. Regelungstechn. (1973) 105

[111] S c h r ö d e r , D.: Einsatz adaptiver Regelverfahren bei Regelkreisen mit Stromrichter-Stellgliedern. VDE-Aussprachetag Freiburg 1973, 81

[112] B u x b a u m , A.: Einsatz von adaptiven Reglern bei geregelten Stromrichter-Stellgliedern. VDE-Aussprachetag Freiburg 1973, 99

[113] W i l l i s , G. H.: A study of the thyratron commutator Motor. Gen. Electr. Rev. (1933)

[114] A l e x a n d e r s o n , E. F. W.; M i t t a g , A. H.: The Thyratron Motor. Electr. Eng. (1934)

[115] K ü b l e r , E.: Der Stromrichtermotor. ETZ-A (1958) 15

[116] G r a b n e r , A.: Synchron- und Gleichrichtermaschinen mit unbewickeltem Läufer. Elektrotechn. Masch.-Bau (1966) 577

[117] H a b ö c k , A.: Speisung von Synchronmaschinen über Umrichter mit eingeprägtem Strom im Zwischenkreis. Ber. VDE-Fachtagung Elektronik (1969) 163

[118] S t e m m l e r , H.: Speisung einer langsamlaufenden Synchronmaschine mit einem direkten Umrichter. Ber. VDE-Fachtagung Elektronik (1969) 177

[119] R i e h l e i n , D.: Getriebeloser Antrieb für eine Zementmahlanlage. Siemens-Z. (1971) 189

[120] E t t l i n g e r , G.; L e i t g e b , W.; P o p p i n g e r , H.: Simotron-Antriebe mittlerer Leistung. Siemens-Z. (1971) 186

[121] N i t s c h k e , H. J.: Der bürstenlose Motor, ein neuer universeller drehzahlregelbarer Drehstromantrieb. AEG-Mitt. (1973) 73

[122] B a y e r , K. H., W a l d m a n n , H.; W e i b e l z a h l , M.: Die Transvektor-Regelung für den feldorientierten Betrieb einer Synchronmaschine. Siemenz-Z. (1971) 765

[123] L e o n h a r d , W.: Digitale Regelung und Programmregelung. In: Digitale Signalverarbeitung in der Regelungstechnik. Berlin 1962. = VDE-Fachbuch, Bd. 8, S 101

[124] A n k e , K.; K e s s l e r , G.; M ü l l e r , H.: Digitale Drehzahlregelung. Siemens-Z. (1960) 660

[125] F r i t z s c h e , W.: Genaue und schnelle Regelungen von Drehzahlen durch digitale Methoden. AEG-Mitt. (1960) 419

[126] K e s s l e r , G.: Digitale Regelung der Drehzahl und der Relation zweier Drehzahlen. In: Digitale Signalverarbeitung in der Regelungstechnik. Berlin 1962. = VDE-Fachbuch, Bd. 8, 152

[127] L e o n h a r d , W.; M ü l l e r , H.: Ein stetig wirkender digitaler Drehzahlregler. ETZ-A (1962) 381

[128] W a l l e r , S.: Digitale Programmregelung für Prüfstände der Kraftfahrzeugindustrie. In: Digitale Signalverarbeitung in der Regelungstechnik. Berlin 1962. = VDE-Fachbuch, Bd. 8, 142

[129] E r n s t , D.: Digitale Regelung von Dampfturbinen. In: Digitale Signalverarbeitung in der Regelungstechnik. Berlin 1962. = VDE-Fachbuch, Bd. 8, 246

[130] d e Q u e r v a i n , A.: Aufbau der digitalen Netzregler für den Verbundbetrieb. In: Digitale Signalverarbeitung in der Regelungstechnik. Berlin 1962. = VDE-Fachbuch, Bd. 8, 233

[131] A l b r e c h t , K.; H ä h l e , E.; M a i e r , F.: Ein Netzregler mit digitalem Meßkreis. Siemens-Z. (1965) 1050

[132] R i b b e c k , G.; G u d a k o w s k i , M.: Digitale Mischungsregelung. System BLENDOMAT. AEG-Mitt. (1963) 217

[133] K e s s l e r , G.: Das zeitliche Verhalten einer kontinuierlichen elastischen Bahn zwischen aufeinanderfolgenden Walzenpaaren. Regelungstechn. (1960) 436 (1961) 154

[134] K u n z , U.: Eine digitale zeitoptimale Lageregelung. Diss. TH Darmstadt 1971

[135] K o o p m a n n , K.; M e e r s m a n n , H.: Restendloses Aufteilen von Walzgut durch rotierende Scheren. Siemens-Z. (1964) 218

[136] K l e i n , G.; S t e b e l , H.: Steuerung und Regelung von Hochlaufscheren und -sägen. BBC-Nachr. (1964) 200

[137] B e n d e r , K.; P a n d i t , M.; W e b e r , W.: Verlustoptimale Regelung von rotierenden Scheren. Regelungstechn. (1970) 540 (1971) 8

[138] B e n d e r , K.: Beschleunigungsgeregelte Antriebe in optimalen Regelkreisen. Regelungstechn. (1972) 423

[139] G ö l z , G.; G r u m b r e c h t , P.: Umrichtergespeiste Synchronmaschinen. AEG-Mitt. (1973) 141

Sachverzeichnis

Teubner Studienbücher Fortsetzung

Mathematik

Clegg: **Variationsrechnung**
138 Seiten. DM 12,80

Collatz: **Differentialgleichungen**
Eine Einführung unter besonderer Berücksichtigung der Anwendungen. 5. Aufl. 226 Seiten. DM 18,80 (LAMM)

Collatz/Krabs: **Approximationstheorie**
Tschebyscheffsche Approximation mit Anwendungen. 208 Seiten. DM 26,80

Constantinescu: **Distributionen und ihre Anwendung in der Physik**
144 Seiten. DM 16,80

Grigorieff: **Numerik gewöhnlicher Differentialgleichungen**
Band 1: Einschrittverfahren. 202 Seiten. DM 12,80
Band 2: Mehrschrittverfahren

Hainzl: **Mathematik für Naturwissenschaftler**
311 Seiten. DM 29,– (LAMM)

Hilbert: **Grundlagen der Geometrie**
11. Aufl. VII, 271 Seiten. DM 16,80

Jaeger/Wenke: **Lineare Wirtschaftsalgebra**
Eine Einführung
Band 1: XVI, 174 Seiten. DM 16,– (LAMM)
Band 2: IV, 160 Seiten. DM 16,– (LAMM)

Kochendörffer: **Determinanten und Matrizen**
IV, 148 Seiten. DM 12,80 (Vertrieb nur in der BRD und West-Berlin)

Stiefel: **Einführung in die numerische Mathematik**
Eine Darstellung unter Betonung des algorithmischen Standpunktes. 4. Aufl. 257 Seiten. DM 18,80 (LAMM)

Stummel/Hainer: **Praktische Mathematik**
299 Seiten. DM 26,80

Biologie

Françon: **Physik für Biologen, Chemiker und Geologen**
Band 1: 208 Seiten. DM 16,80
Band 2: 171 Seiten. DM 14,80

Vangerow: **Grundriß der Paläontologie**
132 Seiten. DM 14,80